Springer-Lehrbuch

Heribert Cypionka

Grundlagen
der Mikrobiologie

4., überarbeitete und aktualisierte Auflage

 Springer

Prof. Dr. Heribert Cypionka
Universität Oldenburg
Institut für Chemie und Biologie des Meeres
(ICBM)
Carl-von-Ossietzky-Str. 9-11
26111 Oldenburg
Deutschland
cypionka@icbm.de

ISSN 0937-7433
ISBN 978-3-642-05095-4   e-ISBN 978-3-642-05096-1
DOI 10.1007/978-3-642-05096-1
Springer Heidelberg Dordrecht London New York

Bibliografische Information der Deutschen Nationalbibliothek
Die Deutsche Nationalbibliothek verzeichnet diese Publikation in der Deutschen Nationalbibliografie;
detaillierte bibliografische Daten sind im Internet über http://dnb.d-nb.de abrufbar.

Einbandgestaltung: WMX Design GmbH, Heidelberg

Gedruckt auf säurefreiem Papier

Springer ist Teil der Fachverlagsgruppe Springer Science+Business Media (www.springer.de)

Vorwort zur 4. Auflage

Dem Springer-Verlag sei herzlich gedankt, dass er für die neue Auflage eine durchgehend farbige Ausstattung des Buches ermöglicht hat. Viele Fotos sind deshalb hinzugekommen, viele Abbildungen und der Text wurden überarbeitet, Kapitel 4 weitgehend neu geschrieben. Meine Arbeitsgruppe hat meine Abwesenheit während der Bearbeitung ohne Murren getragen – vielen Dank dafür! Der Biologischen Anstalt Helgoland (Alfred-Wegener-Institut) sowie der Murdoch University in Perth danke ich für die Gastfreundschaft während dieser Zeit. Viele haben wertvolle Hinweise gegeben und Bilder zur Verfügung gestellt. Dafür herzlichen Dank an Hans-Dietrich Babenzien, Tobias Bockhorst, Ralf Cord-Ruwisch, Anna Cypionka, Ruth Cypionka, Bert Engelen, Arne Feinkohl, Susanne Fetzner, Nina Gunde-Cimermann, Kilian Hennes, Nicole Hildebrandt, Yvonne Hilker, Jasmin Hübner, Ulrich Kattmann, Renate Kort, Martin Könneke, Jorge Lalucat, Aharon Oren, Heike Oetting, Teresa Ottenjann, Eberhard Raap, Erhard Rhiel, Henrik Sass, Bernhard Schink, Andrea Schlingloff, Dirk Schüler, Meinhard Simon, Sonja Standfest, Karl-Otto Stetter, Sebastian Stockfleth, Klaus Wolf, Mariel Zapatka und viele andere, hier nicht genannte.

Oldenburg, im Februar 2010   Heribert Cypionka

Vorwort zur 1. Auflage

Dieses Buch ist aus einführenden Vorlesungen in die allgemeine Mikrobiologie, die Physiologie der Mikroorganismen und die mikrobielle Ökologie sowie aus Vorbereitungskursen für das Vordiplom Biologie und Marine Umweltwissenschaften an der Universität Oldenburg hervorgegangen. Es soll grundlegende Zusammenhänge und die vielfältigen Aspekte der Mikrobiologie darstellen. Dabei kann und soll es nicht eine enzyklopädisch vollständige Darstellung des gesamten Stoffes der Mikrobiologie geben. Ich habe versucht, die Datenfülle der vorhandenen Lehrbücher zu vermeiden und die wichtigsten Grundlagen möglichst anschaulich zu erklären.

Im Mittelpunkt stehen die Prokaryoten, ihr Energiestoffwechsel, ihre Lebenskonzepte, ihre spezifischen Leistungen in der Natur und für die Menschen. Viren und eukaryotische Mikroorganismen werden an verschiedenen Stellen vergleichend einbezogen. Morphologie und Systematik werden nur knapp behandelt. Aspekte, die auch in der Botanik, Zoologie, Biochemie und Genetik behandelt werden, treten gegenüber den spezifisch mikrobiologischen Fragestellungen in den Hintergrund. Allerdings werden moderne molekularbiologische Methoden erklärt.

Das Buch soll die Anforderungen des Vordiploms darstellen und erlernbar machen. Ich hoffe, dass auch Lehrende davon profitieren können. (Besonders an den Schulen wäre die Vermittlung eines anderen Bildes der Mikroben als das von heimtückischen Schädlingen wünschenswert). Ausgangspunkt eines jeden Kapitels sind jeweils Fragen, wie sie etwa in der Vordiplom-Prüfung gestellt werden. (Ich empfehle die Prüfungsvorbereitung zu zweit. Im wechselweisen Frage- und Antwortspiel lassen sich Zusammenhänge mit relativ wenig Mühe erarbeiten.) Die Abbildungen sind bewusst einfach gehalten, so dass man sie beim Lernen oder auch in einer Prüfung nachzeichnen kann. Die wichtigsten Begriffe werden in einem Glossar am Ende eines jeden Kapitels kurz definiert. Der Index am Schluß des Buches ist sehr ausführlich und enthält Hinweise auf Glossar, Abbildungen und Tabellen.

Wertvolle Hinweise zum Manuskript habe ich von den Kollegen Susanne Fetzner und Ulrich Kattmann aus Oldenburg sowie von Bernhard Schink aus Konstanz erhalten. Aus meiner Familie haben Ruth (sen.) und Anna bei der Korrektur des Manuskripts geholfen, die anderen – wie auch meine Arbeitsgruppe – klaglos meine zeitweise erheblich eingeschränkte Verfügbarkeit ertragen. Auch von den Studierenden kamen Verbesserungsvorschläge. Ihnen allen danke ich sehr herzlich!

Oldenburg, im Dezember 1998   Heribert Cypionka

Inhaltsverzeichnis

Mikrobiologie – Wissenschaft von unsichtbaren Lebewesen

1

Themen und Lernziele: Rolle der Mikroorganismen für die Entwicklung des Lebens und ihre heutigen Aktivitäten; Teilgebiete und Vernetzung der Mikrobiologie mit anderen Wissenschaften; Gruppen von Mikroorganismen; Konsequenzen der geringen Größe

1.1
Welt der Mikroben

Mikroorganismen haben kein hohes Ansehen (im ursprünglichen Wortsinn sogar überhaupt keines, da das menschliche Auge sie ohne Hilfsmittel nicht wahrnehmen kann). Spontan denken die Menschen oft an Krankheit und Verderbnis, wenn von Mikroben oder Keimen die Rede ist. Tatsächlich können von Mikroorganismen und Viren tödliche Gefahren ausgehen. Dabei handelt es sich aber um relativ selten auftretende Vorfälle. Die normale Lebenstätigkeit der Mikroorganismen bleibt meist unbeachtet. Dabei haben wir allen Grund, ihnen Respekt zu zollen:

> › Mikroorganismen waren die ersten Lebewesen auf der Erde und haben die Entwicklung aller anderen Organismen ermöglicht.
> › Sie haben die längste Zeit der Evolution erlebt und sind deshalb hochgradig an ihre Umwelt angepasst, auch wenn wir sie abschätzig als „niedere Organismen" bezeichnen.
> › Sie sind (mit Ausnahme der Viren) vollständige Organismen, auch wenn alle Lebensfunktionen in einer einzigen Zelle und nicht in Organen, sondern in Organellen lokalisiert sind.

H. Cypionka, *Grundlagen der Mikrobiologie,*
© Springer 2010

1

> Mikroorganismen haben viele Fähigkeiten zur Umsetzung von Stoffen, die man bei den so genannten höheren Organismen nicht findet. Sie könnten auch ohne die höheren Organismen überleben. Umgekehrt ginge das nicht.
> Auch wenn wir verschiedene Mikroorganismen nur mit Mühe voneinander unterscheiden können und erst wenige Arten beschrieben haben, ist heute aufgrund molekularbiologischer Untersuchungen klar: Mikroorganismen weisen die größte Vielfalt (Diversität) aller Lebewesen auf.
> Nicht nur in vergangenen Erdzeitaltern haben Mikroorganismen die großen (biogeochemischen) Kreisläufe der Elemente angetrieben, auch heute noch sind die meisten chemischen Reaktionen auf der Erdoberfläche mikrobieller Stoffwechsel.

Die Bedeutung der Mikroorganismen und die Notwendigkeit, zu ihrer Untersuchung besondere Methoden einzusetzen, führten zur Entwicklung einer neuen Wissenschaftsdisziplin.

1.2
Mikrobiologie

Die Mikrobiologie befasst sich mit Objekten, die einzeln mit dem bloßen Auge nicht sichtbar sind. Die Auflösungsgrenze des **menschlichen Auges** liegt bei etwa **0,02 mm** oder **20 μm**. Viele Einzeller, seien es Algen, Protozoen oder Hefezellen erreichen diese Größe nicht (Abb. 1.1). **Bakterien** sind meist noch weitaus kleiner (**0,03 bis 1 μm**). Bis zur ersten Beobachtung mit einem **Mikroskop** durch **Antonie van Leeuwenhoek** (1684) haben die Menschen deshalb nicht gewusst, dass es Mikroorganismen gibt, auch wenn sie bereits seit Jahrtausenden erfolgreich zur Herstellung von Wein oder Käse eingesetzt wurden. Dass Mikroorganismen aber zum Beispiel für verschiedene Gärungen sowie auch für manche Krankheiten verantwortlich sind, haben erst **Louis Pasteur** (1866) und **Robert Koch** (1876) fast 200 Jahre später überzeugend nachgewiesen. Viren konnten erst nach der Entwicklung des **Elektronenmikroskops** im 20. Jahrhundert sichtbar gemacht werden. Heute nimmt die Mikrobiologie einen gleichberechtigten Rang neben Botanik und Zoologie ein und hat darüber hinaus Auswirkungen in verschiedene wissenschaftliche und angewandte Bereiche. Ein wenig ist es in der Biologie so wie in der Physik: Wie sich die Prozesse im Weltall nur erklären lassen, wenn man Atome und subatomare Teilchen kennt, so lassen sich die globalen chemischen Prozesse auf unserer Erde, die Evolution und viele grundlegende Fragen der Biologie nur verstehen, wenn man die Mikroorganismen und die mikrobiellen (nicht zu verwechseln mit den mikrobiologischen, auf die Wissenschaft Mikrobiologie bezogenen) Aktivitäten kennt.

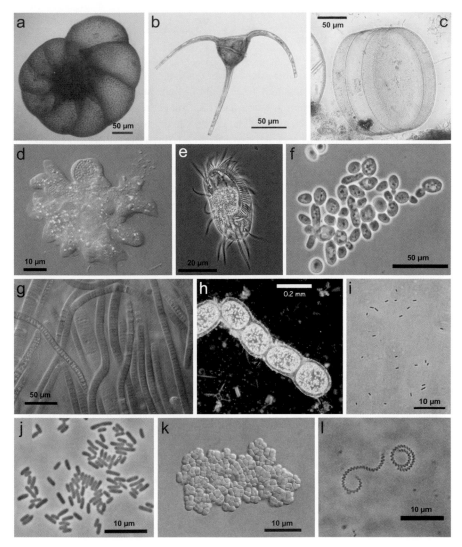

Abb. 1.1 a–l Mikroorganismen unter dem Mikroskop. **a–f** Eukaryoten: **a** Schale einer Foraminifere; **b** Dinoflagellat; **c** Kieselalge; **d** Amöbe; **e** Wimperntierchen; **f** Hefezellen. **g–l** Prokaryoten: **g** Cyanobakterien; **h** das größte bekannte Bakterium, *Thiomargarita namibiensis*; **i** *Nitrosopumilus maritimus*, ein Archaeon (Aufnahme Martin Könneke); **j** *Escherichia coli*, das berühmteste Bakterium; **k** Pakete bildendes Bakterium aus einem Heuaufguss; **l** ein Spirochaet aus einer Kläranlage

1

1.3
Mikroorganismen und Viren

Durch die oberflächliche Definition der Mikroorganismen anhand ihrer Größe kommen grundverschiedene Organismen als Forschungsgegenstand der Mikrobiologie in Betracht (Abb. 1.1): Mikroskopisch kleine Einzeller mit echtem Zellkern (**Eukaryoten**) werden oft als **Protisten** bezeichnet. Manche von diesen können sowohl den Tieren (Urtierchen oder **Protozoen**) als auch den Pflanzen (**Algen** oder **Pilzen**) zuzuordnen sein. Diese Gruppen werden auch in der Zoologie (Protozoologie) oder Botanik (Algologie und Mykologie) behandelt. Im Mittelpunkt der allgemeinen Mikrobiologie stehen die **Prokaryoten**, zu denen die **Bacteria** (oder **Eubakterien**) und **Archaea** (oder **Archaebakterien**) zählen. (In diesem Buch wird der Begriff Bakterien (mit k) für Prokaryoten benutzt, wenn die Zuordnung zu den Archaea oder Bacteria nicht von Belang ist.) Prokaryoten haben einfach gebaute Zellen ohne abgegrenzten Zellkern. Die **Viren** hingegen haben keine vollständigen Zellen und sind als **obligate Parasiten** für grundlegende Stoffwechselvorgänge wie die Proteinsynthese auf Komponenten ihrer Wirtszelle angewiesen.

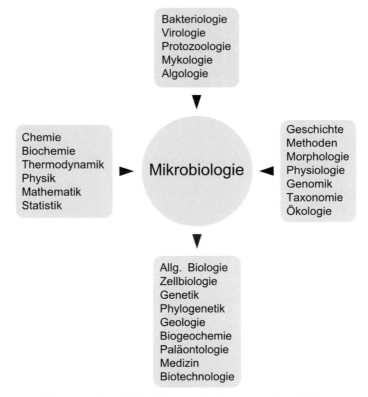

Abb. 1.2 Basis-Wissenschaften, Teildisziplinen nach den untersuchten Objekten und nach Themen sowie durch die Mikrobiologie beeinflusste Disziplinen

1.4
Wissenschaftliche Basis der Mikrobiologie

Wie die klassischen biologischen Disziplinen nutzt die Mikrobiologie Methoden und Ansätze der anderen **Naturwissenschaften** und der **Mathematik** (Abb. 1.2). Diese Disziplinen können ohne Mikrobiologie betrieben werden – umgekehrt geht es nicht. Grundlegend sind **Physik**, **Chemie** und besonders die **Biochemie**, mit deren Hilfe die vielfältigen Stoffwechselleistungen der Mikroben beschrieben werden. Die **Thermodynamik** ermöglicht es, den Energiestoffwechsel der Mikroorganismen zu bilanzieren. Fast immer treten Mikroben in großen Anzahlen auf, die mit **statistischen Verfahren** behandelt werden.

1.5
Teilgebiete

Innerhalb der Mikrobiologie werden verschiedene Teilaspekte untersucht, die nicht der Gruppierung nach Organismen folgen und auch in Zoologie und Botanik vertreten sind (Abb. 1.2). So ist das Wissen über die **geschichtliche Entwicklung** des Fachs sehr hilfreich für das Verständnis mikrobiologischer Zusammenhänge. Die Mikrobiologie entwickelt spezielle mikrobiologische (nicht zu verwechseln mit den mikrobiellen) **Methoden**, die oft mit der geringen Größe ihrer Objekte zu tun haben, etwa mikroskopische Verfahren, solche zur Sterilisierung von Lösungen und Geräten oder zur Gewinnung von Reinkulturen aus einer einzelnen Zelle. Die **Morphologie** beschreibt den Bau der Organismen. Ihrer geringen Größe und morphologischen Differenzierung steht eine außerordentliche Vielfalt an Stoffwechselmöglichkeiten gegenüber, die Gegenstand der **Physiologie** sind und einen großen Teil dieses Buches einnehmen. Die **Taxonomie** ordnet die Mikroben systematisch ein. So sind zum Beispiel derzeit nur etwa 7 000 Bakterienarten beschrieben. Es wird aber immer klarer, dass die tatsächliche Anzahl um mehrere Größenordnungen höher liegt. Die meisten Mikroben warten noch darauf, entdeckt zu werden. Dies ist schwieriger als bei höheren Pflanzen und Tieren, denn selbst mit Hilfe eines Mikroskops sind Mikroben in der Regel nicht zu identifizieren. Man muss zusätzliche physiologische und molekularbiologische Techniken einsetzen, um eine sichere Zuordnung zu erhalten. Heute kann man mit molekularbiologischen Verfahren das **Genom** (Erbgut) vollständig entschlüsseln und durch den Vergleich der Gensequenzen die Stammesentwicklung (**Phylogenie**) in Grundzügen rekonstruieren und Hinweise auf den Verlauf der **Evolution** gewinnen. Mikroorganismen waren die ersten Lebewesen auf unserer Erde. Etwa drei Milliarden Jahre lang waren sie die einzigen. Sie haben alle grundlegenden Lebensprozesse erfunden. Die fossilen Spuren mikrobieller Aktivitäten, die in der **Paläontologie** untersucht werden, sind sicherlich weniger spektakulär als Dinosaurierknochen, aber oft viel älter. Meistens sind Zellen nicht mehr zu erkennen. Es

1

gibt jedoch Hinweise auf den Stoffwechsel sowie geschichtete Strukturen, die als Reste von Mikrobenmatten erhalten geblieben sind. Die **mikrobielle Ökologie** untersucht die Wechselbeziehungen der Mikroorganismen mit anderen Organismen und ihrer Umwelt, wobei tiefgreifende Beziehungen klar werden.

1.6
Auswirkungen der Mikrobiologie

In der Mikrobiologie gewonnene Erkenntnisse beziehen sich keinesfalls nur auf die untersuchten winzigen Organismen. Stattdessen hat die Mikrobiologie eine weitreichende Ausstrahlung in viele biologische und nichtbiologische Bereiche (Abb. 1.2). Grundlegende Fragen der **allgemeinen Biologie** und **Zellbiologie** lassen sich nur und besonders gut unter Berücksichtigung der Mikroben studieren. Dasselbe gilt für die Mechanismen der Vererbung in der **Genetik** und Fragen der **Evolution** der Lebewesen. In der **Gentechnologie** werden Bakterien als Träger von veränderten Genen auch da eingesetzt, wo Pflanzen oder Tiere Ziel der Veränderung sind. Auch die **Geologie** hat wichtige mikrobiologische Aspekte. So ist die Entstehung von Lagerstätten mit Erdgas, Öl und Kohle, aber auch Schwefel und Eisenerzen wesentlich von Bakterien mitgestaltet worden. Dennoch haben die Mikroben in unserer Gesellschaft kein hohes Ansehen. Die Menschen fürchten sie als unsichtbare Feinde, obwohl – wie unter den Tieren und Pflanzen – nur wenige Mikroorganismen **pathogen** (krankheitserregend) sind. Einige Protozoen, Bakterien und Viren können aber eine tödliche Bedrohung darstellen. Deren Bekämpfung ist Gegenstand der **medizinischen Mikrobiologie**, der Immunologie oder auch der Tiermedizin und Phytopathologie. In der Vielfalt ihrer Stoffwechselphysiologie, d. h. der Möglichkeiten biochemischer Umsetzungen, sind die Mikroorganismen jedem Chemiker überlegen. **Biotechnologie** ist überwiegend angewandte Mikrobiologie. Neben dem Einsatz von Mikroben für klassische Verfahren wie der Herstellung von Wein, Bier, Jogurt, Käse, Essig, Sauerkraut, Glutamat und Citronensäure werden zunehmend hoch spezifische Verfahren wie die Produktion von Antibiotika und Hormonen oder die stereospezifische mikrobielle Umsetzung von chemischen Verbindungen eingesetzt. Die **Umweltmikrobiologie** untersucht, wie Mikroorganismen gezielt zur Sanierung von durch menschliche Aktivitäten belasteten Böden und Gewässern eingesetzt werden können.

1.7
Kleine und große Zahlen

Betrachtet man nur eine Dimension, die Länge, so ist das Größenverhältnis zwischen einem Bakterium und einem Menschen (1:5 Millionen) etwa wie das zwischen

Mensch (1,80 m) und Erddurchmesser (1:7 Millionen; Abb. 1.3). Noch gewaltiger ist der Unterschied, wenn man den dreidimensionalen Raum vergleicht. Hier entspricht 1 cm^3 aus der Perspektive der Bakterien einem Raum von 100 Millionen Kubikmetern in den uns vertrauten Größenordnungen (Abb. 1.4). In einer normalen menschlichen Zelle ist Platz für viele tausend Bakterien. Der geringen Größe von Mikroben stehen gewaltige Individuenzahlen gegenüber. Man benötigt deshalb in der Mikrobiologie neben kleinen auch große Zahlen (Tafel 1.1), wenn man Anzahl, Leistung und viele andere Aspekte beschreiben will. Aber nicht nur die Anzahl der Mikroben ist gewaltig, sondern auch ihre **Biomasse**. Sie beträgt etwa 60 bis 100% der aller Pflanzen und Tiere.

Tafel 1.1　Präfices für kleine und große Zahlen

10^{-3}	10^{-6}	10^{-9}	10^{-12}	10^{-15}
Milli- (m)	Mikro- (µ)	Nano- (n)	Pico- (p)	Femto- (f)
10^3	10^6	10^9	10^{12}	10^{15}
Kilo- (k)	Mega- (M)	Giga- (G)	Tera- (T)	Peta- (P)

Angelsächsisch: billion = Milliarde, deutsch: Billion = 1000 Milliarden
1 Ångstrøm (Å) = 0.1 nm

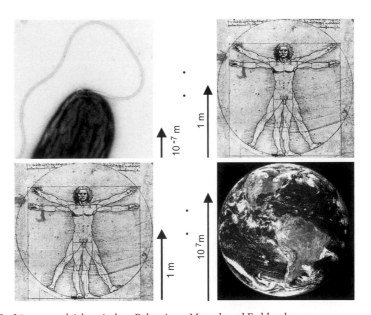

Abb. 1.3　Längenvergleich zwischen Bakterium, Mensch und Erddurchmesser

Raum

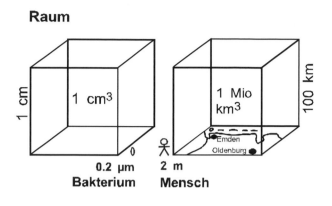

Fläche

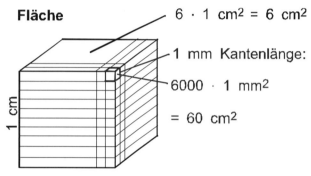

Abb. 1.4 Verhältnisse von Raum zu Körpergröße bei Bakterien und Menschen sowie Fläche eines Würfels vor und nach dem Zerschneiden in kleinere mit 1/10 der ursprünglichen Kantenlänge

1.8
Oberflächen-Volumen-Verhältnis

Die zur Verfügung stehende **Oberfläche** ist ganz entscheidend für die **biologische Aktivität**. Dies gilt für Pflanzen, deren Photosyntheseleistung mit der Größe der Blattflächen ansteigt, wie für Tiere, die z. B. in Lungenbläschen oder Darmzotten eine sehr große innere Oberfläche entwickeln. Die bei weitem größte biologische Oberfläche auf der Erde haben aber die Mikroben. Dies ist darauf zurückzuführen, dass das Verhältnis der Oberfläche zum Volumen eines Körpers mit sinkender Größe steigt (Abb. 1.4). In einen Würfel mit 1 cm Kantenlänge passen 10^{12} kubische Bakterien mit einer Kantenlänge von 1 µm und einer Fläche von 6 m². Mikroorganismen sind Spezialisten darin, die verschiedensten Stoffe durch Membranen aufzunehmen und zu verarbeiten. Die **Stoffwechselaktivität** der Mikroben übertrifft daher die aller so genannten höheren Pflanzen und Tiere bei weitem. Die meisten biologischen und chemischen Umsetzungen auf der Erde werden durch Mikroben geleistet. Überall, wo auf dem Land Pflanzen gedeihen, leben sie in enger Vergesellschaftung mit Bakterien und Pilzen des Bodens. In den Ozeanen wird die **Primärproduktion** von Biomasse ganz überwiegend von Photosynthese treibenden Mikroorganismen geleistet. Auch der Abbau der biologischen Produktion in den **biogeochemischen Kreisläufen** wird von Mikroben getragen. Besonders an den Kreisläufen von Stickstoff und Schwefel sind spezialisierte Bakterien beteiligt, die nicht von höheren Organismen ersetzt werden können. Fast alles, was je an organischem Material gebildet worden ist, ist längst – und zwar überwiegend durch Mikroben – wieder zurückgeführt worden in seine mineralischen Bestandteile. Die fossilen Vorräte an Kohle, Öl, Erdgas und Methanhydraten stellen nur geringe Bruchteile der biologischen Produktion in der Erdgeschichte dar.

1.9
Sind die Mikroben primitiv?

Findet man bei höheren Lebewesen eine Differenzierung von Zellen über Gewebe und Organe zum Organismus, so handelt es sich bei den Mikroorganismen in der Regel um **Einzeller**, die keine Gewebe oder gar Organe ausbilden. Manchmal werden Ketten von Zellen gebildet, nur ganz selten gibt es eine Differenzierung in Zellen mit verschiedenen Funktionen. Der einfache Bau und die geringe Größe (Abb. 1.5) sollten jedoch nicht mit Primitivität verwechselt werden. Geniale Konstruktionen sind oft einfach!

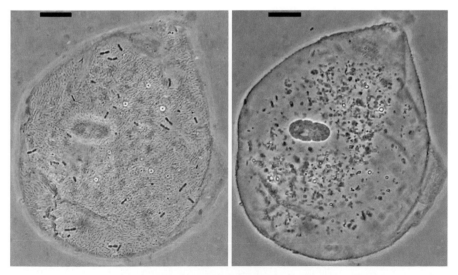

Abb. 1.5 Blick auf eine menschliche Mundschleimhautzelle, die von zahlreichen Bakterien besiedelt wird (*links*). *Rechts* ist der Fokus auf das Zellinnere gestellt. Man erkennt den Kern, Fetttröpfchen als helle Punkte und andere Zellbestandteile etwa in der Größe von Bakterien (Phasenkontrast-Aufnahmen, Maßstab = 10 μm)

Mikroben (nicht die Viren) sind vollständige **Organismen**, also Lebewesen, die alle Fähigkeiten, von der Orientierung in ihrer Umwelt, der Beweglichkeit, der Nahrungsaufnahme und Verdauung bis hin zur Vermehrung, in einer einzigen Zelle leisten. An diese Zelle werden also Anforderungen gestellt, die bei höheren Lebewesen auf verschiedene spezialisierte Zellen verteilt sind.

Mikroben waren die ersten Lebewesen auf der Erde. Deshalb haben sie mit Abstand die längste Zeit der **Evolution** hinter sich. Dabei ist ihre **Generationszeit** viel kürzer als die so genannter höherer Organismen. Manche Bakterien können sich unter guten Bedingungen alle zehn Minuten verdoppeln. Selbst bei einer Verdopplungszeit von einem Tag haben Bakterien während einer menschlichen Generationszeit etwa 10 000 Teilungen hinter sich. Dabei könnten theoretisch $2^{10\,000}$ (mehr als $10^{3\,000}$) Nachkommen eines Bakteriums entstehen. Da das gesamte Universum nur etwa 10^{80} Atome enthält, kann man allerdings sicher sein, dass die Bakterien dazu nicht genügend Futter finden werden. Dennoch gab es während der Evolution stets eine ungeheuer große Anzahl von Mikroorganismen. Der morphologisch geringen Differenzierung der Mikroben steht eine unübertroffene Vielfalt physiologischer Leistungen gegenüber. Wenn es vorteilhaft gewesen wäre, größer zu sein, wären die kleinsten Organismen längst ausgestorben. So aber kann man sagen: Die Primitivität der Mikroorganismen dürfte vor allem die unserer Vorstellungen über ihr Leben sein.

Glossar

> **Archaea** (Einzahl **Archaeon**):   Archaeen oder Archaebakterien, Gruppe der Prokaryoten
> **Bacteria:**   Eubakterien, Gruppe der Prokaryoten
> **Biogeochemie:**   Untersuchung des Einflusses biologischer Umsetzungen auf geologische Prozesse
> **Eukaryoten**:   Eucarya: Organismen mit echtem Zellkern
> **Koch, Robert:**   (1843–1910): Führte u. a. den Nachweis, dass bestimmte Krankheiten von Bakterien ausgelöst werden
> **Leeuwenhoek, Antonie van:**   (1632–1723): Beobachtete als erster Bakterien mit dem Mikroskop
> **Methanhydrate:**   Eisähnliche Methan-Wasser-Gemische (Clathrate), die in gewaltigen Mengen am Rande der Kontinente vorkommen
> **mikrobiell:**   Durch Mikroorganismen bewirkt
> **mikrobiologisch:**   Der Wissenschaft Mikrobiologie zuzuordnen
> **Morphologie:**   Lehre von der Gestalt und Formbildung
> **obligat:**   Unbedingt
> **Paläontologie:**   Untersuchung des Lebens vergangener Erdzeitalter
> **parasitisch:**   Sich von lebenden Wirten ernährend

> **Pasteur, Louis**: (1822–1895): Zeigte u. a., dass Fäulnis und Gärungen auf Mikroben zurückzuführen sind
> **Phylogenetik:** Untersuchung der natürlichen stammesgeschichtlichen Verwandtschaftsverhältnisse
> **Physiologie:** Untersuchung der Funktionsweise von Zellen und Organismen
> **Primärproduktion:** Bildung organischer Substanz aus anorganischen Vorstufen
> **Prokaryoten:** Einzellige Organismen ohne Zellkern, **Archaea** und **Bacteria**
> **Protisten:** Große heterogene Gruppe eukaryotischer, ein- bis wenigzelliger Lebewesen
> **Protozoen:** Einzellige Urtierchen
> **Taxonomie:** Wissenschaftliche Klassifizierung und Benennung (Nomenklatur) von Lebewesen
> **Thermodynamik:** Wärmelehre, beschreibt die energetischen Zustände von Systemen

Prüfungsfragen

> Mit welchen Objekten beschäftigt sich die Mikrobiologie?
> Wer hat als erster Bakterien gesehen?
> Wer hat nachgewiesen, dass Gärung ein mikrobiell katalysierter Prozess ist?
> Wer hat als erster nachgewiesen, dass eine Infektionskrankheit durch Bakterien ausgelöst werden kann?
> Welche Mikroorganismen werden auch in Botanik und Zoologie untersucht?
> Welche Mikroben zählen zu den Prokaryoten?
> Weshalb sind Viren keine Lebewesen?
> Welche Disziplinen bilden die Basis der Mikrobiologie?
> In welche Teilgebiete lässt sie sich einteilen?
> Welche Ausstrahlung hat die Mikrobiologie in andere Bereiche?
> Inwiefern sind Mikroben nicht primitiv?
> Welche Folgen hat die geringe Größe für die Stoffwechselaktivität von Mikroorganismen?
> Was ist der Unterschied zwischen mikrobiologisch und mikrobiell?

Aufbau der Zelle – der Grundbedarf des Lebendigen

2

Themen und Lernziele: Hinterfragung der wissenschaftlichen Arbeitsweise; Kennzeichen von Leben; chemische Bestandteile der Zelle; Aufbau prokaryotischer und eukaryotischer Zellen; Unterschiede zwischen Bacteria und Archaea; Grundprinzipien der Replikation, Transkription und Translation

2.1
Weshalb ist der Frosch grün?

Die Frage, weshalb ein Frosch grün ist, scheint leicht zu beantworten: Damit er sich besser vor dem Storch verstecken kann! Diese Antwort ist allerdings falsch. Ein Frosch handelt nicht zielgerichtet. Er weiß wahrscheinlich nicht, dass und weshalb er grün ist, und hat keine Möglichkeit, sich rot anzuziehen. Selbst die meisten Menschen wissen wohl nicht, dass sie in der Tränenflüssigkeit einen Stoff namens **Lysozym** (s. Kap. 3) absondern, „um damit" Bakterien auf der Augenoberfläche aufzulösen. Eine richtige, aber sicher unbefriedigende Antwort auf die oben gestellte Frage wäre etwa: Der Frosch ist grün, weil er entsprechende Pigmente in seiner Haut hat. Ein wissenschaftlicher Erklärungsversuch könnte etwa so lauten: Von allen Farbvarianten, die zufällig im Laufe der Evolution aufgetreten sind, hatten grün pigmentierte Exemplare die höchsten Überlebens- und Fortpflanzungsraten, wahrscheinlich, weil sie besser getarnt waren als anders gefärbte Exemplare. Die wissenschaftliche Erklärung gibt keine Begründung, weshalb etwas so geworden ist, wie wir es vorfinden, sondern beruht auf der Annahme, dass es dem Organismus Vorteile gebracht haben dürfte, dass es so ist. Sie geht davon aus, dass die Evolution nicht zielgerichtet (**final, teleologisch**), sondern aufgrund zufälliger Veränderungen und einer anschließenden Selektion abläuft. Häufig greifen aber unsere Erklärungsversuche zu kurz, wie etwa in dem folgenden provozierenden Beispiel aus der Literatur: Ein Forscher beobachtet wiederholt, dass ein

H. Cypionka, *Grundlagen der Mikrobiologie*,
© Springer 2010

2

Maikäfer von seiner Hand abfliegt, wenn er ihm gesagt hat: „Maikäfer flieg!" Nachdem er ihm die Flügel abgeschnitten hat, misslingt dieser Versuch. Daraus schließt er wissenschaftlich korrekt: Ein Maikäfer ohne Flügel kann nicht hören. Derartige Fehlschlüsse sind recht häufig, da wir nicht alle Aspekte einer Frage überblicken können und man in der Wissenschaft zunächst die einfachste Erklärung eines komplexen Zusammenhanges als die beste annimmt. Gerade die Biologie hat aber den **Umweg als Regelfall**, wie wir an vielen Beispielen sehen werden. Die meisten Bestandteile und Vorgänge in der Zelle haben mehr als eine Funktion und sind mit monokausalen Erklärungen nicht angemessen zu begründen. Dies gilt besonders für Mikroorganismen, bei denen eine einzige Zelle alle Lebensfunktionen trägt. Ein Lehrbuch muss vereinfachen und abfragbare Fakten anbieten. Man sollte sich aber stets bewusst sein, dass die Frage „Welche Funktion hat die Membran um den Protoplasten einer Bakterienzelle?" nicht leichter zu beantworten ist als die nach der Funktion der menschlichen Hand.

2.2
Kennzeichen von Leben

Es gibt keine einfache Definition des Begriffs Leben. Einige der typischen Kennzeichen von Lebensprozessen findet man auch in der unbelebten Natur. So könnte man sagen, dass ein Feuer **Nahrung** aufnimmt und **Stoffwechsel** zeigt, indem es chemische Reaktionen durchführt. **Wachstum** und **Teilung** kann man wie bei Feuer auch an Kristallen beobachten oder bei einem Wassertropfen, der an einer Schräge herabläuft. Lebewesen sind jedoch viel **komplexer** aufgebaut als Kristalle oder Wassertropfen. Sie bewirken viele chemische Reaktionen, die nicht nur Stoffe zersetzen, sondern auch **neue aufbauen**. Sie leisten eine **Selbstreplikation** nach einem Plan, der unabhängig von den äußeren Bedingungen zu gleichen Nachkommen führt. Dabei durchlaufen Organismen verschiedene Stadien, sie zeigen **Differenzierung** und **reagieren** auf chemische und physikalische Signale aus ihrer Umwelt, verarbeiten also Information, ohne direkt dem chemischen Gleichgewicht zu folgen. Ein Regentropfen folgt der Schwerkraft und dem Wind; ein Käfermännchen kämpft erfolgreich gegen diese Kräfte an, wenn es nur wenige Duftstoffmoleküle eines Weibchens wahrgenommen hat. Selbst Bakterien können eine ihnen förderliche Umgebung erkennen und aus eigener Kraft aufsuchen. Eine wesentliche Eigenschaft lebender Organismen ist die Fähigkeit zur **Evolution.** Das ist die Hervorbringung neuer Eigenschaften, die an die Nachkommen vererbt werden. So entstand (und entsteht immer noch) eine ungeheure Vielfalt von Lebewesen, von denen wir bis heute nur die wenigsten kennen (gerade weil die meisten Mikroorganismen sind). Ein jedes sorgt für Nachkommen der eigenen Art, während Schneeflocken bei aller Formenfülle keine Chance haben, Einfluss darauf zu nehmen, ob ihre spezifische Gestalt noch einmal reproduziert wird.

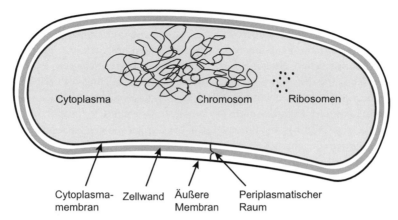

Abb. 2.1 Aufbau einer Prokaryotenzelle. Das ringförmige Chromosom (Nucleoid) liegt frei im Cytoplasma, das normalerweise keine membranumschlossenen Organellen enthält. Die Cytoplasmamembran als wichtigster Leistungsträger von Transport- und Energiewandlungsprozessen ist von einer Zellwand umgeben. Die äußere Membran, die den periplasmatischen Raum umgrenzt, ist typisch für Gram-negative Bakterien und nicht bei Gram-positiven Bakterien und Archaeen zu finden

2.3
Aufbau einer Prokaryotenzelle

Die einfachsten vollständigen Zellen findet man bei den Prokaryoten, zu denen die **Eubakterien** (Bacteria) und **Archaebakterien** (Archaea) zählen (Abb. 2.1). Man unterscheidet eine **Zellhülle** und das von ihr umschlossene **Cytoplasma,** das man sich in seiner Konsistenz etwa wie dünnflüssigen Honig vorstellen kann. Die Hülle ist in der Regel aus einer äußeren **Wand** und einer **Membran** zusammengesetzt, etwa wie ein Luftballon im Jutesack. Sie hat nicht nur die Funktion einer Verpackung wie bei einem Geschenk. Die Membran ist wesentlich an Transportprozessen und am Energiestoffwechsel beteiligt. Das Cytoplasma enthält auf einem **Chromosom** die genetische Information sowie die **Ribosomen, Proteine, Coenzyme** und alle weiteren Bestandteile, die aus den aufgenommenen Stoffen durch mehr als tausend verschiedene, aber wohlkoordinierte biochemische Reaktionen letztendlich zwei Tochterzellen entstehen lassen.

2.4
Zellwand

Eine Zellwand gibt der Zelle Druckfestigkeit gegen den osmotisch (durch die gelösten Teilchen) bedingten Überdruck, unter dem das Cytoplasma steht. Auch die Form der

Zelle wird von der Zellwand bestimmt. Daneben gibt es im Cytoplasma filamentöse Proteine, die das **Cytoskelett** bilden und an Formgebung und Zellteilung beteiligt sind (s. Kap. 8). Die Zellwand kann aus verschiedenen Stoffen bestehen und ist in der Regel keine Barriere für gelöste Stoffe. Bei den Eubakterien findet man eine Zellwand aus **Murein** (s. Kap. 3), einer Substanz, die dem von Tieren und einigen Pilzen bekannten Chitin verwandt ist. Bei Archaeen gibt es kein Murein, sondern Wände aus **Protein, Polysacchariden** oder **Pseudomurein** (s. Abb 3.3). Als weitere Zellwandbildner findet man bei Pflanzen **Cellulose**, bei Pilzen **Chitin**, bei den Kieselalgen **Kieselsäure** (Silikat) oder bei manchen Einzellern **Kalkschalen**. Einige Mikroben, etwa die Chlamydien als parasitisch in Zellen ihrer Wirte lebende Bakterien, das Archaeon *Thermoplasma* oder (unter den Eukaryoten) die meisten Amöben haben keine Zellwand. Der Besitz einer Zellwand ist also keine Vorbedingung für Leben.

2.5
Zellmembran

Jede Zelle hat eine Zellmembran oder **Cytoplasma-Membran**. Diese grenzt das Individuum ab, ist undurchlässig für die meisten Stoffe, trägt aber Komponenten, welche die Kommunikation mit der Außenwelt, den spezifischen Transport von Stoffen und wesentliche Teile des Energiestoffwechsels leisten. Die Membran bildet mit dem umschlossenen Cytoplasma den **Protoplasten**. Sie ist nicht reißfest, aber nur für wenige Stoffe durchlässig (**semipermeabel**). Biologische Membranen haben bei allen Lebewesen einen einheitlichen Grundaufbau aus einer Phospholipid-Doppelschicht. Es gibt allerdings charakteristische Unterschiede zwischen den großen Organismengruppen. So sind in die Membran eingelagerte **Steroide** typisch für Eukaryoten, **Hopanoide** für Prokaryoten und **Etherlipide** für Archaeen.

Grundbestandteile eines typischen Phospholipids sind **Glycerin, Fettsäuren** und **Phosphat** (Abb. 2.2), an das verschiedene Reste gebunden sein können. Ein Phospholipid entsteht dadurch, dass unter Wasserabspaltung von den OH-Gruppen der Alkohol- und Säurereste (Veresterung) ein Molekül mit einem **hydrophilen** Kopf (Phosphat-Ende) und einem **hydrophoben** Schwanz (aus den Fettsäure-Enden) gebildet wird. Die Phospholipide lagern sich zu einer Doppelschicht von etwa 8 nm Dicke zusammen, deren Innenbereich stark hydrophob ist. Aufgelagert und teilweise die Lipidschicht ganz durchspannend sind **Membranproteine,** deren Anteil bis zu 50% der Trockenmasse ausmachen kann. Sie sind aus Aminosäure-Ketten aufgebaut, wobei die Bereiche innerhalb der Membran typischerweise einen hohen Anteil an hydrophoben Aminosäuren enthalten, die oft in Form einer Spirale (Helix) die Membran durchspannen.

Die **Etherlipide** der Archaeen enthalten Glycerin, das mit zwei langkettigen (C_{20}) Alkoholen eine Etherbindung eingegangen ist. Bei **hyperthermophilen** Archaeen und Bakterien, die bei Temperaturen über 80 °C wachsen, findet man stabilisierte Membranen, die aus nur einer Lipidschicht bestehen. Dabei sind die hydrophoben Schwänze der Lipidmoleküle zu einem doppelt langen Molekül kovalent verbunden.

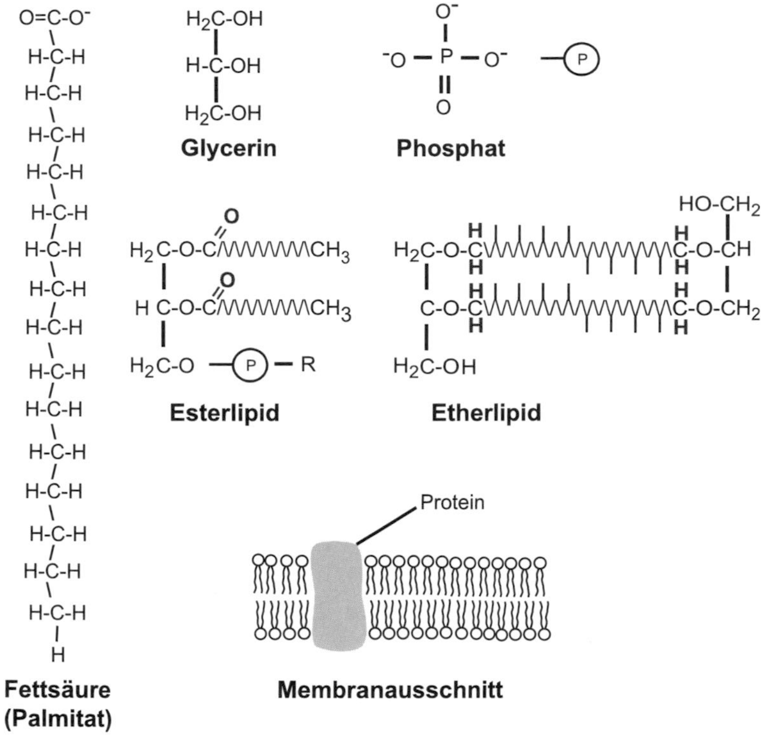

Abb. 2.2 Bausteine von Membranen. Esterlipide sind typisch für Eukaryoten, Etherlipide für Archaeen. Dargestellt ist ein Tetraetherlipid, das stabile einschichtige Membranen bilden kann

2.6
DNA

Die genetische Information über Bau und Funktion der Zelle ist in der **Desoxyribonukleinsäure** (**DNA**) niedergelegt. Dabei handelt es sich bei Prokaryoten fast immer um ein **einziges doppelsträngiges** Molekül, das **ringförmig** geschlossen und nicht von einer Kernhülle umschlossen ist und als Nukleoid bezeichnet wird. Das Grundgerüst des DNA-Moleküls bilden Desoxy-Ribose-Einheiten, die an zwei C-Atomen (5' und 3') mit Phosphat-Gruppen verestert sind. Die Hydroxylgruppe des 1'-C-Atoms der Desoxy-Ribose bildet unter Wasserabspaltung mit dem Stickstoffatom einer Base eine N-glykosidische Bindung. Die vier Basen der DNA sind **Adenin, Guanin, Cytosin** und **Thymin**. Oft findet man sie mit ihrem ersten Buchstaben abgekürzt. Die beiden gegenläufigen Stränge der DNA-**Doppelhelix** sind durch je zwei **Wasserstoffbrücken** zwischen den Basen A und T und je drei zwischen G und C aneinander gebunden (Abb. 2.3).

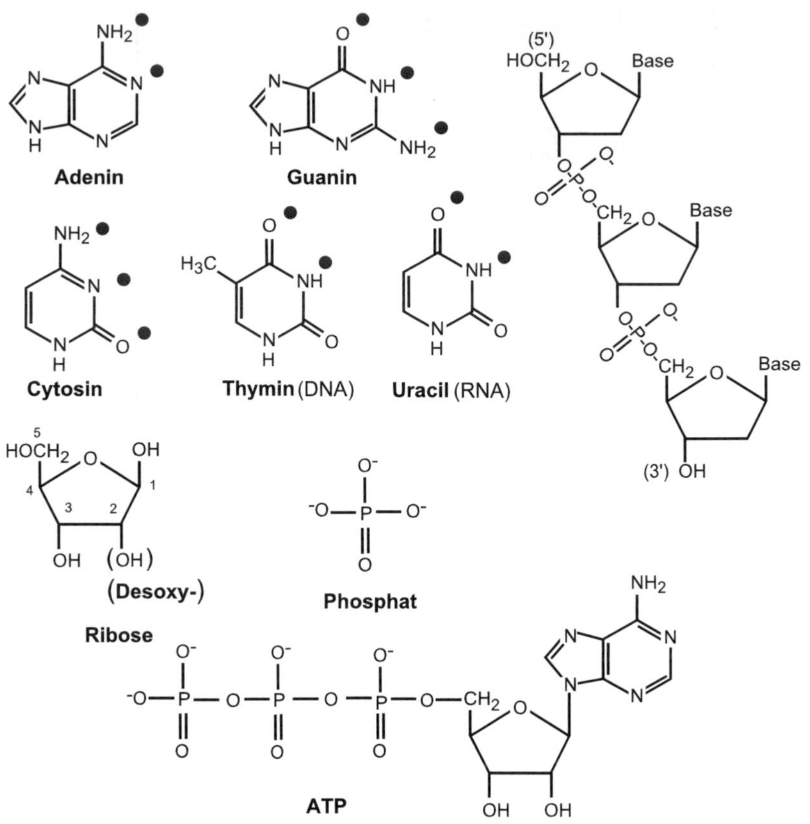

2

Abb. 2.3 Bausteine der Nukleinsäuren, ein DNA-Abschnitt aus drei Nukleotiden und das Nukleotid Adenosintriphosphat (ATP). Die Atome, die in doppelsträngiger Nukleinsäuren Wasserstoffbrücken ausbilden, sind mit roten Punkten gekennzeichnet

Das Chromosom der Prokaryoten ist nicht wie in der eukaryotischen Zelle von einer Doppelmembran umschlossen und wird als **Nucleoid** bezeichnet. An einer Stelle hat es in der Regel Verbindung zur Cytoplasma-Membran. Darüber hinaus ist die Doppelhelix vielfach um sich selbst gewunden (*supercoiled*), und es gibt verschiedene Enzyme (Helicasen, Topoisomerasen, Gyrasen), die an der Verdrillung und dem für die Replikation und Transkription (s. unten) nötige Lockerung mitwirken.

Ein Bakterienchromosom (Abb. 2.4) ist etwa **1 mm** lang, also tausendmal so lang wie die Zelle. Es enthält etwa **4000 Gene**, welche die Information für jeweils ein Protein enthalten. Die Information ergibt sich aus der Reihenfolge von **vier Nukleotiden**, von denen etwa **2 bis 4 Millionen** hintereinander aufgereiht sind. Die Nukleotide sind aus einer **Base**, einem **Zucker** und **Phosphatgruppen** aufgebaut (Abb. 2.3).

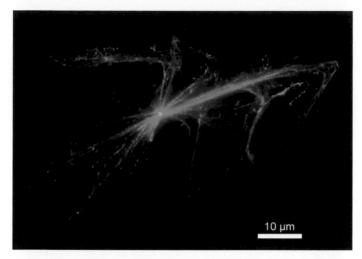

Abb. 2.4 Ein Bakterienchromosom, das nach Lyse der Zelle (durch Bakteriophagen) aus dieser heraustritt. Die DNA wurde sichtbar gemacht durch den Farbstoff SybrGreen, der nach Anlagerung an DNA im UV-Licht fluoresziert

2.7
Plasmide

Oft haben Prokaryoten neben dem Chromosom ein oder mehrere weitere kleinere, ebenfalls (meist) ringförmige DNA-Moleküle, die als **Plasmide** bezeichnet werden. Plasmide sind nicht für die Vermehrung der Zelle essenziell, sondern tragen zusätzliche Informationen, die nur unter bestimmten Bedingungen benötigt werden, z. B. zur Codierung von Resistenzproteinen gegen Antibiotika.

2.8
Informationsgehalt

Die Zahl der vollständig sequenzierten Genome steigt rapide. Es hat sich eine eigene Wissenschaftsdisziplin, die **Bioinformatik** gebildet. Hier werden nicht nur Sequenzen verglichen und Datenbanken entworfen, sondern auch Strukturen und Funktionen vorhergesagt und neue Verfahren der Genomauswertung entwickelt.

Der **Informationsgehalt** der DNA lässt sich folgendermaßen abschätzen: Mit zwei Ja-Nein-Entscheidungen (Bits) lässt sich aus vier Möglichkeiten eine auswählen. Jedes Nukleotid entspricht also einem Informationsgehalt von zwei Bit. Jeweils acht Bit sind ein Byte und entsprechen etwa dem Informationsgehalt eines Buchstabens. Das heißt,

2

der Informationsgehalt des Bakterienchromosoms entspricht etwa 1 Megabyte oder der Anzahl der Buchstaben in diesem Buch. Zum Vergleich: Die DNA der **menschlichen Chromosomen** ist insgesamt etwa 1 m lang und enthält etwa 4 Milliarden Nukleotide, also etwa tausendmal mehr als bei einem Bakterium. Es sind darauf jedoch nur etwa 30 000 Gene enthalten, also nur zehnmal soviel wie bei Prokaryoten. Große Teile der menschlichen Chromosomen sind nämlich **Introns**, die keine in Protein umsetzbare Information enthalten. Auf prokaryotischen Chromosomen hingegen überwiegen exprimierbare Bereiche (**Exons**).

2.9
Mechanismen der Genübertragung bei Prokaryoten

Prokaryoten können sich durch Zweiteilung ohne sexuelle Vorgänge vermehren (s. Kap. 8). Sexuelle Vorgänge und die Meiose gehören nicht in ihren normalen Lebenszyklus. Jedoch gibt es auch bei ihnen einige Mechanismen, durch die DNA von einer Zelle in andere übertragen werden kann. Dabei wird jedoch nie ein vollständiges Chromosom ausgetauscht, sondern Teile des Chromosoms oder Plasmide.

Bei der **Konjugation** wird DNA von einer Zelle, der Donorzelle, über eine Cytoplasmabrücke in eine Empfängerzelle übertragen. Am besten untersucht ist das F-Plasmid von *Escherichia coli*. Donorzellen, die das Plasmid übertragen, werden als F⁺ und männlich bezeichnet, Empfängerzellen als F⁻ und weiblich. An der Übertragung sind mehrere Proteine beteiligt. Wird DNA aus der Umgebung ohne Kontakt zu einer anderen Zelle aufgenommen, spricht man von **Transformation**. Auch hier ist die Aufnahme nur unter bestimmten physiologischen Bedingungen, im **Zustand der Kompetenz**, möglich. Weiterhin ist eine Übertragung von DNA durch Viren, die als **Transduktion** bezeichnet wird, möglich. Diese ist in Kap. 5 näher beschrieben.

Die Übertragung von DNA in Prokaryoten ist weniger artspezifisch als bei den Eukaryoten. Es gibt einen horizontalen Gentransfer über Artgrenzen hinweg. Jedoch sorgen meistens **Restriktions-Endonukleasen** (s. Kap. 19) dafür, dass artfremde DNA sofort in der Zelle abgebaut und nicht in die eigene DNA eingebaut wird. Die eigene DNA ist durch Methylgruppen an den von den Restriktions-Endonukleasen erkannten Stellen vor Abbau geschützt.

2.10
DNA-Replikation

Die fehlerfreie Verdopplung des Chromosoms ist ein zentraler Vorgang bei der Teilung der Zelle. Sie erfolgt durch Synthese von jeweils komplementären Strängen. Der Mechanismus wird als **semikonservativ** bezeichnet, da jeweils einer der beiden Stränge im Tochterchromosom erhalten bleibt. Die Replikation beginnt an einem Initiationspunkt, an dem durch **Helicasen** und **Topoisomerasen** die beiden verdrillten Stränge entwunden werden. An der dann erfolgenden Synthese der komplementären Stränge sind verschiedene Enzyme beteiligt, die komplementäre Nukleotide anfügen (**DNA-Polymerasen**) oder DNA-Stücke miteinander verbinden (**DNA-Ligasen**).

2.11
Transkription und Translation

Ein weiterer fundamentaler Prozess in jeder lebenden Zelle ist die Umsetzung der DNA-Sequenz in Proteine mit entsprechender Aminosäure-Sequenz (Abb. 2.5). Hierzu wird nicht das kostbare DNA-Molekül direkt verwendet, sondern es wird zunächst eine Kopie eines DNA-Abschnitts mit gleicher Information, aber etwas anderer Form erstellt, vergleichbar der Herstellung einer Arbeitskopie eines Kapitels aus einem kostbaren Bibliotheksbuch. Diesen Vorgang nennt man **Transkription**. Die Zelle synthetisiert dazu ein zu dem codierenden DNA-Strang komplementäres Molekül aus **Ribonuklein-säure (RNA)**. RNA ist im Unterschied zur DNA-Doppelhelix einsträngig. Weiterhin unterscheidet sich RNA von DNA durch das Vorhandensein der bei DNA fehlenden OH-Gruppe der **Ribose** sowie in einer Base: Statt **Thymin** in der DNA enthält RNA **Uracil**. Das durch Transkription aus der DNA entstandene Stück wird als **mRNA** (von engl. *messenger*) bezeichnet. Es bringt die Information zu den Zentren der Proteinsynthese, den **Ribosomen** (griech. Traubenkörperchen), die aus einem Gemisch verschiedener Proteine (etwa 50) und aus **rRNA** (ribosomaler RNA, nach Größe und dem Zentrifugations-Verhalten als 5 S-, 16 S- und 23 S-rRNA bezeichnet) bestehen. Eine

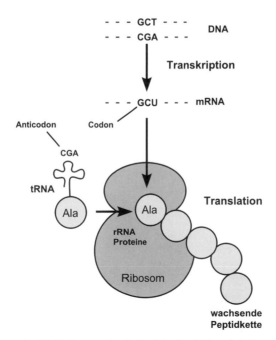

Abb. 2.5   Umsetzung der DNA-Sequenz in ein Protein durch Transkription und Translation

2

wachsende Bakterienzelle enthält mehrere tausend Ribosomen. Die Ribosomen der **Eukaryoten** sind etwas größer als die der Prokaryoten und enthalten auch mehr Proteine und längere RNA-Moleküle. Man unterscheidet nach dem Zentrifugations-Verhalten die **80 S-Ribosomen** der Eukaryoten von den **70 S-Typen der Prokaryoten**.

In den Ribosomen wird die Information der mRNA abgelesen und in eine Kette von Aminosäuren umgesetzt. Diesen Vorgang bezeichnet man als **Translation**. Jeweils drei Nukleotide bilden ein **Codon** (Abb. 2.6). Ein Codon definiert, welche von zwanzig (manchmal auch 22) verschiedenen Aminosäuren (Abb. 2.7), aus denen Proteine bestehen, eingebaut werden soll. Einige Codons werden als **Start-** oder **Stoppsignal** interpretiert. An der Übertragung der Aminosäuren auf den wachsenden Peptidfaden ist die dritte Sorte von RNA beteiligt, die **tRNA** (**Transfer-RNA**). Hiervon gibt es für jede Aminosäure mindestens eine, die den jeweils passenden Aminosäurerest auf den wachsenden Proteinfaden überträgt, sobald vom Ribosom das entsprechende Codon in der mRNA gelesen wird.

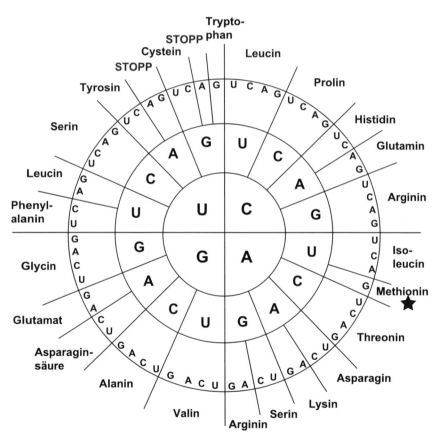

Abb. 2.6 Der genetische Code. Die Sequenz von je drei Basen (von innen nach außen zu lesen) legt fest, welche Aminosäure in ein Protein eingebaut wird. Einige Codons werden als Startsignal (*Stern*) oder Stoppsignale genutzt. UGA und UAG können in einigen Fällen auch als Codon für Selenocystein oder Pyrrolysin interpretiert werden

Allgemeine Formel

$$^+H_3N-\underset{\underset{R}{|}}{\overset{\overset{COO^-}{|}}{C}}-H$$

Ausbildung einer Peptidbindung

$$H_3N^+\text{-CH-}\underset{\overset{\|}{O}}{\overset{\overset{R}{|}}{C}}\text{-OH} + \text{H-}\underset{\overset{|}{}}{\overset{\overset{H\ R}{|\ |}}{N}}\text{-CH-COO}^- \longrightarrow H_3N^+\text{-CH-}\underset{\overset{\|}{O}}{\overset{\overset{R}{|}}{C}}\text{-N-CH-COO}^-$$

$$H_2O$$

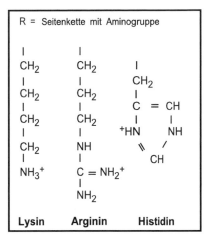

R = unpolare aliphatische Seitenkette

Glycin   Alanin   Valin

Prolin   Leucin   Isoleucin

R = Seitenkette mit Aminogruppe

Lysin   Arginin   Histidin

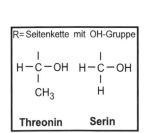

R = Seitenkette mit OH-Gruppe

Threonin   Serin

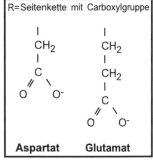

R = Seitenkette mit Carboxylgruppe

Aspartat   Glutamat

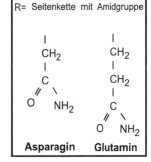

R = Seitenkette mit Amidgruppe

Asparagin   Glutamin

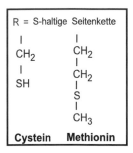

R = S-haltige Seitenkette

Cystein   Methionin

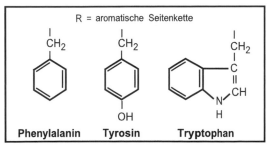

R = aromatische Seitenkette

Phenylalanin   Tyrosin   Tryptophan

Abb. 2.7 Strukturformeln der zwanzig wichtigsten Aminosäuren und Ausbildung einer Peptidbindung

2.12
Stoffwechselkatalyse

Biologische Makromoleküle weisen eine **lineare Grundstruktur** auf, die meistens unter Wasserabspaltung aus gleichen oder ähnlichen Molekülen entsteht. Die dazu nötige Information liegt als Reihenfolge in **einer Dimension** vor (Primärstruktur). Die Funktionen, die von den Makromolekülen erfüllt werden, spielen sich hingegen in der **zweiten** und **dritten Dimension** ab (Sekundär- und Tertiärstruktur). Dies gilt vor allem für die Proteine, die durch die Faltung der Peptidkette hoch spezifische räumliche Formen und dadurch ihre katalytische Aktivität erhalten.

Proteine sind die Leistungsträger des Stoffwechsels. Sie können zwar auch Zellstrukturen bilden, ihre Hauptaufgabe liegt jedoch in der **enzymatischen Katalyse** und **Regulation** von Stoffwechsel (**Metabolismus**). Proteine katalysieren Transportprozesse, die Synthese von Zellbausteinen, den Abbau von Futtermolekülen (Substraten). Sie sind beteiligt an der Bewegung der Zelle, der Verarbeitung von Signalen und der Regulation des Stoffwechsels. Bei der vollständigen Sequenzierung der Bakteriengenome hat sich gezeigt, dass tatsächlich die meisten Gene Information für Regulationsproteine tragen.

2.13
Unterschiede zwischen Prokaryoten und Eukaryoten

Das Fehlen oder Vorhandensein eines Zellkerns, das in der Namensgebung der **Prokaryoten** (griech. Vorkernige) und **Eukaryoten** (griech. Echtkernige) erkennbar wird, ist nur eines von vielen Merkmalen, die diese beiden Gruppen unterscheiden (Tab. 2.1). Wesentliche Ursache, die viele der Unterschiede nach sich zieht, ist die Größe und ein damit verbundener höherer Organisationsgrad der Eukaryoten. Diese Organisation wird durch intrazelluläre Membranen erreicht, welche die Eukaryotenzelle in zahlreiche **Kompartimente** unterteilen (Abb. 2.8), während Prokaryoten in der Regel nicht kompartimentiert sind. Auffälligstes Organell der Eukaryotenzelle ist natürlich der Kern, der von einer Kernhülle aus zwei Membranschichten umgeben ist.

Die Zellatmung und damit Energieversorgung der Eukaryotenzelle wird von den **Mitochondrien** geleistet. Sie haben etwa Bakteriengröße, enthalten eigene DNA und Ribosomen und sind von zwei Membranen umgeben. Die innere Membran ist vielfach aufgefaltet und ähnelt in ihrer Zusammensetzung der von Prokaryotenzellen. Tatsächlich sind die Mitochondrien nach der heute nicht mehr ernsthaft bezweifelten **Endosymbiontentheorie** in der Evolution aus intrazellulär lebenden Bakterien hervorgegangen. Dafür sprechen zahlreiche weitere Befunde, z. B. dass die Ribosomen dem 70 S-Typ der Prokaryoten und nicht dem 80 S-Typ der Eukaryoten ähneln. Mitochondrien sind aber schon lange nicht mehr außerhalb der Eukaryotenzelle lebensfähig. Ihre DNA reicht nicht aus, alle Komponenten des Mitochondriums zu codieren. Es wird zusätzliche Information, die in dem Genom der Eukaryotenzelle vorhanden ist, benötigt. Dennoch kann man mit guten Argumenten sagen, dass in jeder Eukaryotenzelle zahlreiche Bakterienzellen stecken und dort essenzielle Funktionen übernehmen.

Ähnliches gilt für die **Chloroplasten** in den photosynthetisch aktiven Zellen der grünen Pflanzen. Sie sind ähnlich aufgebaut wie Mitochondrien, enthalten ebenfalls 70 S-Ribosomen und zwei Membranen. Die inneren, **Thylakoidmembranen** tragen den Photosyntheseapparat, an dem die lichtabhängigen Schritte der Photosynthese stattfinden. Eigentlich ist die Photosynthese damit ein rein bakterieller Prozess, auch wenn er im Inneren eukaryotischer Zellen abläuft.

Ein als **endoplasmatisches Reticulum** (griech./lat. kleines Netz im Plasma) bezeichnetes System von Membranen durchzieht die Eukaryotenzelle. Dieses ermöglicht es, verschiedene Prozesse räumlich getrennt ablaufen zu lassen. Darüber hinaus können

Tabelle 2.1 Unterschiede zwischen Bacteria, Archaea und Eukarya

	Bacteria	Archaea	Eukarya
Kompartimentierung durch Membranen	nein (selten)	nein (selten)	Kernhülle Mitochondrien, Chloroplasten, Endoplasmatisches Reticulum, Membranvesikel, Vakuolen
	z. T. Gasvakuolen aus Protein, z. T. Endosporen		
Größe	≈ 1 µm	≈ 1 µm	≈ 20 µm
Chromosomen	1	1	meist mehrere
	(evtl. Plasmide)		
Sexuelle Reproduktion	nein	nein	Meiose
	(Konjugation, partielle Übertragung von DNA möglich)		
Ribosomen	70 S	70 S	80 S
Flagellen	einfach	einfach	vielsträngig (9+2-Muster)
Zellwand	Murein	Proteine, Polysaccharide u. a. Pseudomurein	Cellulose, Kalk, Silikat u. a.
Membranen enthalten	Hopanoide	Etherlipide	Steroide

2

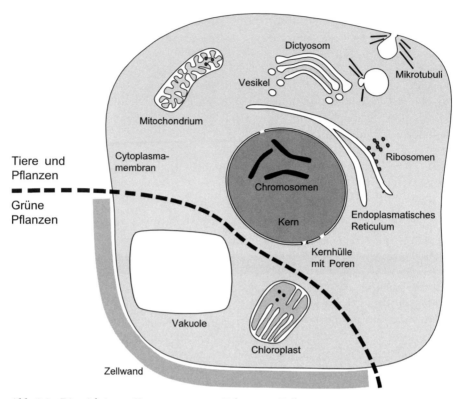

Abb. 2.8   Die wichtigsten Komponenten von Eukaryoten-Zellen

von dem Membransystem Vesikel abgeschnürt und an anderer Stelle wieder integriert werden. Stoffe können so innerhalb der Zelle transportiert werden, oder es werden Partikel (**Phagocytose**) oder Tröpfchen (**Pinocytose**) aus der Umgebung aufgenommen oder freigesetzt, etwa aus einer **Verdauungsvakuole**. Die Form der Zelle, die Kompartimentierung und die Abschnürung von Vesikeln wird durch Proteinfilamente (Actinfilamente und Mikrotubuli) bewirkt, die das **Cytoskelett** bilden.

Neben den bisher genannten Unterschieden gibt es viele weitere von vielleicht weniger grundlegender Bedeutung (Tab. 2.1). So findet man **Endosporenbildung** nur bei Prokaryoten. Eukaryoten weisen meist mehr als ein einziges Chromosom auf und haben einen komplexeren Aufbau.

2.14
Einheit der Biochemie

Auch wenn Eukaryoten etwas andere Ribosomen (80 S) als die Bakterien und Archaeen (70 S) haben, sind doch der genetische Code und die biochemischen Mechanismen der Proteinsynthese als **universell** zu bezeichnen, vom Bakterium über die Himbeere bis zum Elefanten. Nur ganz langsam und gegen einen hohen Selektionsdruck haben sich Veränderungen bei diesen fundamentalen Prozessen entwickelt. Deshalb bietet die Analyse der Ribosomen eine Möglichkeit, Hinweise auf die Evolution und die natürliche Verwandtschaft von Organismen zu gewinnen. Hierbei wird derzeit vor allem die etwa **1500 Nukleotide lange 16 S-rRNA** verwendet. Die 16 S-rRNA-Sequenzen von vielen Bakterien und Archaeen sind aus Datenbanken im Internet abrufbar (www.embl.org oder www.ncbi.nlm.nih.gov/Genbank). Von immer mehr Bakterien kennt man die vollständige Sequenz des gesamten Genoms.

2.15
Chemische Zusammensetzung der Zelle

Bakterienzellen bestehen zu mehr als 80% aus **Wasser** (Tab. 2.2). Wasser ist nicht nur das Lösungsmittel der Zelle, sondern auch der wichtigste Reaktionspartner. Es wurde schon erwähnt, dass viele zusammengesetzte Moleküle (z.B. Polysaccharide, Lipide, Proteine, Nukleinsäuren) unter Wasserfreisetzung aus ihren Bausteinen gebildet werden. Umgekehrt verläuft der Abbau solcher Verbindungen über die **Hydrolyse**, d.h. eine Spaltung unter Wassereinbau. Wasser ist ein Produkt der aeroben Atmung mit Sauerstoff und wird in der Photosynthese unter Sauerstofffreisetzung gespalten. Ohne Wasser kommen alle Lebensvorgänge zum Stillstand. Gefriertrocknung ist ein häufig angewandtes Verfahren zur Konservierung von Mikroorganismen (z.B. Trockenhefe). Die zweitgrößte Fraktion der Zellbestandteile wird von den **Proteinen** gebildet. Ihr Anteil an der Trockenmasse beträgt etwa 50%. Auffällig ist die Vielfalt der Proteine, es gibt mehr als tausend verschiedene. Manche sind in wenigen Molekülen vertreten, andere können mehrere Prozent der Trockenmasse ausmachen. Die **Zellwand** (s. Kap. 3) ist ein einziges Riesenmolekül, das bis zu 20% der Zelltrockenmasse enthalten kann. Ihr Anteil ist bei den Gram-positiven Bakterien größer als bei den Gram-negativen Bakterien. Die Menge an **RNA** hängt von der Stoffwechselaktivität ab. Schnell wachsende Zellen haben bis zu 10 000 Ribosomen. Die Diversität der RNA beruht jedoch auf der mRNA, da zur Bildung der verschiedenen Proteine jeweils eine spezifische mRNA benötigt wird. Die **DNA** liegt wie die Zellwand als einzelnes Molekül vor, ist sogar aus weniger verschiedenen Bausteinen aufgebaut als die Proteine, so dass man ihre fundamentale Rolle nur bei Kenntnis der Transkription und Translation verstehen kann. Lipide bilden als **Membran** nur ein dünnes Häutchen mit einem geringen Anteil an der Trockenmasse, ebenso wie einfache **organische Moleküle**. Obwohl **anorganische Ionen** nur 1% der Trockenmasse bilden, ist die Anzahl von Ionen in der Zelle sehr groß. Die häufigsten Ionen und gelösten Teilchen in der Zelle sind Kalium-Ionen. Calcium-, Magnesium- und Natrium-Ionen sind weitere Kationen. Die häufigsten Anionen sind Chlorid-Ionen. Es gibt aber davon weniger als anorganische Kationen, da eine erhebliche Anzahl negativer Ladungen von den Proteinen und Nukleinsäuren getragen wird. Insgesamt sind im Cytoplasma etwa 0,3 mol Teilchen pro

Liter gelöst. Das Cytoplasma ist also etwa 0,3 osmolar. Erstaunlich ist, dass sich nur etwa sechs freie **H^+-Ionen** (Protonen) in der Zelle befinden. In der Zelle herrscht ein pH-Wert von etwa 8. Dies bedeutet 10^{-8} mol H^+ pro Liter bzw. 10^{-23} mol pro Zelle mit 10^{-15} L Volumen. Da ein Mol 6×10^{23} Teilchen enthält, bleiben 6 H^+ pro Zelle. Weil jedoch vor allem die Aminosäuren und Proteine in der Zelle eine starke Pufferwirkung haben, können viele tausend Protonen (über spezifische Transportmechanismen) in die Zelle aufgenommen oder abgegeben werden, ohne dass der pH-Wert sich ändert.

2.16
Makro- und Spurenelemente

Nach chemischen Elementen geordnet besteht Biomasse hauptsächlich aus Kohlenstoff, Sauerstoff, Wasserstoff, Stickstoff, Schwefel, Kalium, Calcium, Phosphor, Magnesium und Eisen, den so genannten **Makroelementen**. Natrium- und Chlorid-Ionen sind nur für wenige Zellen essenziell erforderlich. Eine Elementar-Analyse der fünf häufigsten Elemente in Algenbiomasse hat zu einer **Bruttoformel** geführt, die als **Redfield-Verhältnis** oft in der Literatur verwendet wird: $C_{106}H_{263}O_{110}N_{16}P_1$. Man sieht, dass C, H und O mit Abstand die häufigsten Elemente sind und grob im Verhältnis **1:2:1** auftreten. Für verschiedene Überlegungen wird deshalb für Biomasse die

Tabelle 2.2 Chemische Zusammensetzung einer Bakterienzelle

Komponente	Prozent der Trockenmasse	Pro Zelle ($\approx 10^{-15}$ L)	
		Anzahl Moleküle	Verschiedene Moleküle
H_2O	500	10^{11}	1
Proteine	50	10^6	1 000
Zellwand	20	1	1
RNA	15	10^4 (Ribosomen)	1 000 (mRNA)
DNA	3	1	1
Lipide	5	10^6	50
Kl. org. Verbindungen (Aminosäuren, ATP ...)	5	10^6	200
Anorg. Ionen (K^+)	1	10^8	20
H^+ (pH $\approx$ 8)	0	6	1

vereinfachte Formel <CH$_2$O> verwendet. Dabei sollen die spitzen Klammern ausdrücken, dass es sich nicht um eine definierte chemische Verbindung handelt, sondern um einen Bruchteil der Biomasse.

Neben den Makroelementen benötigen Zellen einige **Spurenelemente** in sehr geringer Konzentration. Dabei handelt es sich um Metall-Ionen, die spezielle katalytische Funktionen in aktiven Zentren von Enzymproteinen ausüben: So ist Mangan an der photosynthetischen Wasserspaltung beteiligt. Das letzte Enzym der Atmungskette, die Cytochrom-Oxidase, enthält Kupfer. Mehrere Enzyme, z. B. solche, die Nitrat und elementaren Stickstoff umsetzen, enthalten Molybdän. Vitamin B$_{12}$ enthält Kobalt. Andere Spurenelemente sind Nickel, Selen, Zink, Vanadium und Wolfram. Ein Bedarf für Jod und Fluor, die zur Bildung von Schilddrüsen-Hormonen und Zahnschmelz bei Menschen benötigt werden, ist bei Mikroben nicht verbreitet.

Glossar

> **aerob**: Sauerstoff verbrauchend oder benötigend (auf Wachstum oder Prozesse bezogen)
> **Anabolismus**: Biosynthese-Stoffwechsel
> **anaerob**: Ohne Sauerstoff lebend oder ablaufend
> **Anticodon**: Folge von drei Nukleotiden, die komplementär (gegengleich) zu einem Codon ist
> **Chloroplast**: Zellorganell, das Photosynthese leistet
> **Codon**: Folge von drei Nukleotiden einer Nukleinsäure, die den Code für eine Aminosäure oder ein Stoppsignal trägt
> **Coenzym**: Niedermolekularer Partner eines Enzyms, der Reduktionsäquivalente oder funktionelle Gruppen überträgt
> **Cytoplasma**: Das Innere des Protoplasten ausschließlich Kern und Vakuole
> **Cytoskelett**: Aus fadenförmigen Proteinen aufgebautes Netzwerk im Cytoplasma jeder Zelle, formt die Zellstruktur, ist beteiligt an der Zellteilung
> **DNA**: Desoxyribonukleinsäure, Träger der genetischen Information
> **Endoplasmatisches Reticulum**: Intrazelluläres Membransystem in Eukaryoten-Zellen
> **Endospore**: Dauerform mancher, meist Gram-positiver Bakterien, kaum stoffwechselaktiv, resistent gegen Hitze
> **Endosymbiontentheorie**: Heute kaum noch bezweifelte Theorie, dass Mitochondrien und Chloroplasten sich aus Bakterien entwickelt haben
> **Etherlipide**: Membranlipide von Archaeen, stabiler als Esterlipide
> **Eukaryoten**: Organismen, deren Zellen einen Kern mit Kernhülle besitzen
> **Flagellen**: Geißeln, bei Prokaryoten einfacher (Röhre aus Flagellin) aufgebaut als bei Eukaryoten (9+2-Muster)
> **Genom**: Der vollständige Satz von Genen eines Organismus

2

> **Hopanoide**: Steroidverwandte Substanz, Bestandteil der Membranen vieler Bakterien
> **Hydrolyse**: Spaltung unter Einbau von Wasser
> **Katabolismus**: Stoffwechsel, der Abbau von Substraten (Dissimilation) und Energiekonservierung leistet
> **Lysozym** (Muramidase): Enzym, das Bakterien-Zellwände auflöst, zum Beispiel in Tränenflüssigkeit vorkommend
> **Meiose**: Reduktionsteilung (bei Eukaryoten), durch die haploide Zellen entstehen
> *Messenger*-**RNA, mRNA**: RNA-Strang, der einem DNA-Abschnitt mit Genen, die exprimiert werden sollen, komplementär ist
> **Metabolismus**: Stoffwechsel
> **Murein**: Zellwandmaterial der Eubakterien
> **Nukleotid**: Verbindung aus Base, Ribose oder Desoxyribose und ein bis drei Phosphatresten, Baustein von DNA und RNA und auch Coenzymen (ATP, NAD(P), FAD)
> **Organell**: Funktionale Einheit in eukaryotischen Zellen
> **osmotischer Druck**: Druck, der durch Konzentrationsunterschiede gelöster Stoffe entsteht
> **Peptid**: Kurze Kette aus Aminosäuren
> **Peptidoglykan**: Aus Aminosäuren und Zuckerresten aufgebautes Molekül, Murein
> **Phagocytose**: Aufnahme von Partikeln durch Membraneinstülpung bei Eukaryoten
> **Pinocytose**: Aufnahme von Tröpfchen durch Membraneinstülpung bei Eukaryoten
> **Plasmid**: Extrachromosomales ringförmiges DNA-Molekül
> **Plasmolyse**: Schrumpfung des Protoplasten aufgrund osmotischer Vorgänge
> **Protein**: Aus Aminosäuren (unter Wasserabspaltung) aufgebautes Polymer
> **Protoplast**: Von der Cytoplasmamembran umschlossener Teil der Zelle ohne Wand
> **Pseudomurein**: Mureinverwandte Zellwandsubstanz bei Archaeen
> **Redfield-Verhältnis**: Molares Verhältnis der wichtigsten Elemente in Algen-Biomasse, $C_{106}H_{263}O_{120}N_{16}P_1$
> **Replikation**: Prozess der Verdopplung doppelsträngiger DNA
> **Ribose**: Zucker mit fünf C-Atomen, Bestandteil von RNA
> **Ribosom** (griech. Traubenkörper): Cytoplasmatischer Komplex aus rRNA und Protein, Ort der Proteinsynthese
> **RNA**: Ribonukleinsäure
> **rRNA**: Ribosomale RNA
> **S**: Svedberg-Einheit zur Beschreibung des Molekulargewichts von hochmolekularen Substanzen, deren Sedimentationsgeschwindigkeit man durch Zentrifugation bestimmt

> **Spurenelemente**: Elemente, von denen wenige Atome pro Zelle lebensnotwendig sind, meist Metalle im katalytischen Zentrum von Enzymen
> **Steroide**: Tetracyclische Kohlenwasserstoffe, in den Membranen von Eukaryoten, z.T. auch Hormone
> **Thylakoidmembran**: Innere stark aufgefaltete Membran der Chloroplasten
> **Transfer-RNA, tRNA**: RNA, die eine Aminosäure auf das Ribosom überträgt, enthält ein Anticodon
> **Transkription**: Prozess des Kopierens eines Bereichs der DNA in ein komplementäres mRNA-Molekül
> **Translation**: An den Ribosomen ablaufende Umsetzung der genetischen Information einer mRNA in ein Protein

Prüfungsfragen

> Was sind wesentliche Kennzeichen von Leben?
> Welche Bestandteile einer Zelle sind unentbehrlich?
> Woraus bestehen Zellwände?
> Welche Eigenschaften erhält die Zelle durch sie?
> Wie sind biologische Membranen aufgebaut?
> Welche Stoffe können eine biologische Membran passieren?
> Welche Funktionen haben Membranproteine?
> Wie ist ein Bakterienchromosom aufgebaut?
> Was sind Plasmide?
> Wie lässt sich der Informationsgehalt von DNA quantifizieren?
> Wodurch unterscheiden sich DNA und RNA?
> Wie verläuft die DNA-Replikation?
> Woraus besteht ein Ribosom?
> Was sind Transkription und Translation?
> Welche Funktionen haben die verschiedenen Typen von RNA?
> Was bedeutet „16 S-rRNA"?
> Aus welchen chemischen Stoffen besteht eine Zelle?
> Wie viele freie Protonen gibt es in einer Bakterienzelle?
> Wozu dienen Spurenelemente?
> Wodurch unterscheiden sich Pro- und Eukaryoten?
> Wodurch unterscheiden sich Archaeen und Bakterien?

Spezielle Morphologie von Prokaryoten

3

> **Themen und Lernziele:** Differenzierung prokaryotischer Zellen; Zellwandaufbau, Wirkung von Lysozym und Penicillin; Gram-Positive und Gram-negative Bakterien; Motilität, Aufbau von Geißeln, Chemotaxis; Zelleinschlüsse

Die häufigsten Formen der Prokaryoten sind Kugeln (Kokken), Stäbchen, gebogene Stäbchen (Vibrionen), spiralförmig gebogene Stäbchen (Spirillen und Spirochaeten) oder Zellpakete (Abb. 3.1 und Abb. 1.1). Meist leben Bakterien und Archaeen als Einzeller oder Aggregate von gleichartigen Zellen. Auch wenn sie einfacher als die Zellen

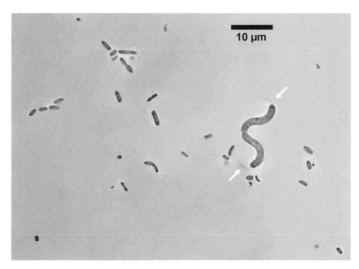

Abb. 3.1 Bakterien verschiedener Größe und Form in einem Heuaufguss (Phasenkontrast-Aufnahme). An den Enden des großen Spirillums lassen sich Geißeln erkennen (*Pfeile*). Dabei handelt es sich um Geißelbüschel. Es ist nicht so, dass große Bakterien besonders dicke Geißeln haben

H. Cypionka, *Grundlagen der Mikrobiologie*,
© Springer 2010

3

der Eukaryoten aufgebaut sind, gibt es doch viele Eigenheiten, die man nur bei Prokaryoten findet. Diese sollen hier kurz besprochen werden.

In einigen Fällen gibt es aber auch bei Prokaryoten eine **Differenzierung** von Zellverbänden mit spezialisierten Zellen. So bilden manche fädigen Cyanobakterien in einer Kette gleichartiger Zellen einige **Heterocysten** aus (Abb. 3.2), die durch stark verdickte Zellwände auffallen. In diesen Zellen findet keine photosynthetische Sauerstoffbildung statt. Stattdessen sind hier die Enzyme der **Stickstoff-Fixierung** lokalisiert. Das wichtigste Enzym hierbei, die **Nitrogenase**, ist empfindlich gegen Sauerstoff und ist in diesen Zellen gegen dessen Einwirkung geschützt (s. Kap. 17). Ein weitere Differenzierung findet man bei den in Wurzelknöllchen von Pflanzen lebenden Stickstoff fixierenden Bakterien, den Rhizobien. Diese bilden sich nach der Einwanderung in die Zellen des Wirts zu intrazellulären **Bakteroiden** um.

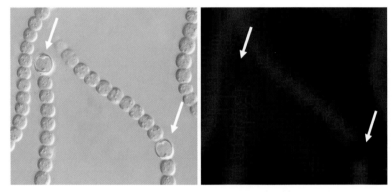

Abb. 3.2   Zellketten des Cyanobakteriums *Nostoc commune*. Auffällig sind neben vielen gleichförmigen Zellen einige anders aussehende Heterocysten. Diese zeigen im UV-Licht (*rechts*) keine rote Fluoreszenz von Chlorophyll a

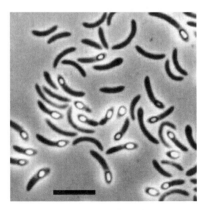

Abb. 3.3   *Desulfosporosinus orientis*, ein Sporen-bildendes Gram-positives Bakterium. Im Phasenkontrast erscheinen die Sporen hell leuchtend, obwohl es sich um dicht gepackte, mehrschichtige Strukturen handelt. Maßstab = 5 μm

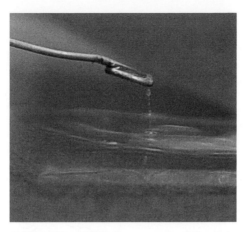

Abb. 3.4 Gram-Test mit Hilfe 3%iger KOH. Gram-negative Zellen lysieren und setzen DNA als schleimigen Faden frei (Aufnahme Yvonne Hilker und Sonja Standfest)

In der Regel zeigen Prokaryoten nicht die Ausprägung verschiedener Entwicklungsstadien. Es gibt jedoch einen Zellcyclus, der die Reihenfolge der Geschehnisse bei der Zellteilung beschreibt (s. Kap. 7). Da wegen Nahrungsmangel nicht alle Mikroben sich regelmäßig teilen können, verwundert es nicht, dass einige physiologisch inaktive **Dauerformen** (**Cysten**) auszubilden vermögen, die Hungerperioden überstehen können. Die ausgeprägteste Resistenz entwickeln die **Endosporen** (Abb. 3.3). Sie überleben eine kurzfristige Erhitzung auf 80 °C (Pasteurisation, s. Kap. 6), jahrzehntelange Trockenheit, die Einwirkung von aggressiven Chemikalien usw. Die Entwicklung von Sporen beginnt mit einer inäqualen (ungleichen) **Teilung der Sporenmutterzelle**. Anschließend werden um die entstehende Spore zahlreiche Schichten ausbildet. Selbstverständlich enthalten Sporen ein vollständiges Chromosom. Darüber hinaus findet man als typische Verbindung **Dipicolinsäure**, einen extrem geringen Wassergehalt und keinerlei nachweisbare Stoffwechselaktivität.

3.1
Murein

Die Zellwand der Bakterien besteht aus der dem **Chitin** (N-Acetyl-Glucosamin) ähnlichen Substanz Murein (Abb. 3.5). Dieses besteht aus Polysaccharid-Strängen, die abwechselnd aus dem Glucose-Derivat **N-Acetyl-Glucosamin** und dessen Milchsäureether **N-Acetyl-Muraminsäure** gebildet werden und über kurze Peptidketten miteinander vernetzt sind. Man spricht deswegen auch von einem Peptidoglykan. Die Art der Vernetzung und Anzahl der Schichten sind artspezifisch. Typisch ist das Vorkommen von **m-Diaminopimelinsäure** an den Verzweigungspunkten und von D-Aminosäuren, während Proteine die L-Formen der Aminosäuren enthalten.

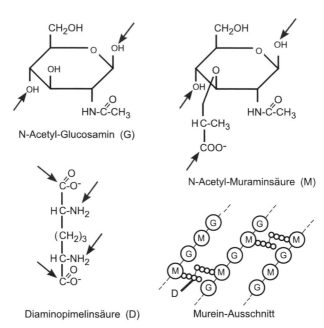

Abb. 3.5 Bausteine und Beispiel für Vernetzung des Mureins. Die Vernetzungspunkte sind mit *Pfeilen* markiert

3.2
Lysozym und Penicillin

Da Murein eine Substanz ist, die nur bei Bakterien vorkommt, bietet es einen Angriffs-
punkt zu ihrer Bekämpfung. So spaltet das in unserer Tränenflüssigkeit vorhandene
Lysozym spezifisch die Polysaccharid-Ketten des Mureins und löst Murein durch Hydrolyse der glykosidischen Bindungen zwischen Muraminsäure und Glucosamin auf. Das
berühmteste Antibiotikum, Penicillin, das von Pilzen (*Penicillium,* s. Abb. 21.8) gebildet
und heute in der Medizin in chemisch modifizierter Form eingesetzt wird, wirkt hingegen als spezifischer Hemmstoff der Mureinsynthese und tötet so wachsende Bakterien.

3.3
Gram-negative und Gram-positive Bakterien

Die meisten Gram-positiven Bakterien zählen zu den Milchsäurebakterien und Spo-
renbildnern (Abb. 3.3, 3.4 und 3.6). Bei ihnen hat der Murein-Sacculus bis zu
40 Schichten, bei den Gram-negativen nur eine oder zwei (Abb. 3.4 und 3.6). Bei den

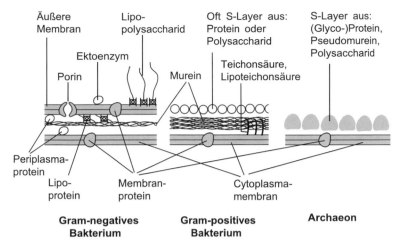

Abb. 3.6 Aufbau der Zellhüllen von Gram-negativen und Gram-positiven Bakterien und von Archaeen im vereinfachten Schema

Gram-positiven Bakterien bildet der Murein-Sacculus, der mit **Teichonsäuren** aus verketteten Zuckeralkoholen verwoben ist, oft die äußerste Schicht. Manchmal befindet sich darüber noch ein **S-Layer** (*surface layer*) aus Protein oder Polysacchariden. Gram-positive Bakterien lassen sich in der Gram-Färbung mit Kristallviolett dauerhaft anfärben, während Gram-negative den Farbstoff im Alkoholbad wieder abgeben. Die Stabilität der Gram-positiven Zellwand lässt sich mit einem einfachen Test demonstrieren. Verrührt man eine Bakterienkolonie mit einem Tropfen dreiprozentiger KOH, beginnen Gram-negative Bakterien schleimige Fäden zu ziehen (Abb. 3.4), da sie lysieren und DNA freisetzen, während Gram-positive Bakterien stabil bleiben. Gram-negative Bakterien werden von einer zweiten, der **äußeren Membran umschlossen**. Diese Membran ist jedoch keine zweite osmotische Barriere, da sie **Porine** enthält, die den Durchtritt von Molekülen von einem Molekulargewicht von bis zu 600 erlauben. Die äußere Membran begrenzt den **periplasmatischen Raum**, in dem sich verschiedene Proteine, die an Transportprozessen und der Spaltung von Nahrungsmolekülen beteiligt sind, befinden. Außerdem befinden sich auf der äußeren Membran **Lipopolysaccharide**, die für die Pathogenität einiger Bakterien relevant sein können, da sie teils Antigen-Wirkung zeigen oder als Toxine wirken (s. Kap. 20).

3.4
Kapseln und Schleime

Bei Bakterienkapseln handelt es sich nicht um eine harte Schale, sondern um eine **Schleimhülle**, die zu mehr als 90% aus Wasser und aus Polysacchariden besteht. Selbst mit dem Mikroskop ist die Hülle meist nur erkennbar, wenn man spezielle Präparationsmethoden anwendet. So kann man für eine Negativkontrastierung die Bakterien in Tusche (nicht Tinte, die gelöste Farbstoffe enthält) suspendieren. Die Rußpartikel in der Tusche können die Schleimhülle nicht durchdringen, so dass ein heller Hof um Zellen mit Schleimhülle sichtbar wird (Abb. 3.7). Manche Bakterien (z. B. *Sphaerotilus*) bilden Scheiden aus Schleim, in denen sie sich bewegen können. Andere lagern in den ausgeschiedenen Schleim Stoffe ein, z. B. Eisen. Wenn dabei die Ausscheidung nur an einer Seite erfolgt, können charakteristische Stiele entstehen.

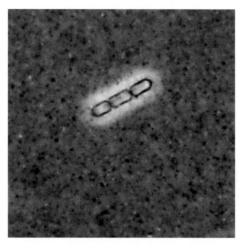

Abb. 3.7 Tuschepräparat zur Darstellung einer Schleimkapsel. Die suspendierten Rußpartikel dringen nicht in die unmittelbare Umgebung der Zellen vor

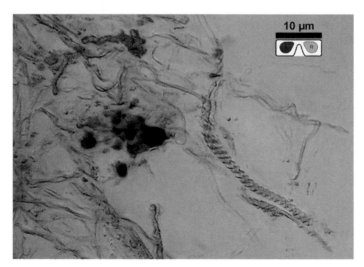

Abb. 3.8 Geflecht von verdrillten Eisenausfällungen, die typischerweise von *Gallionella* während der Oxidation von zweiwertigem zu dreiwertigem Eisen gebildet werden. Mit einer Rot-Cyan-Brille wird die dreidimensionale Struktur sichtbar

So bildet das Bakterium *Gallionella ferruginea* eisenhaltige Stiele, die in ihrer Form mikroskopischen Wendeln (wie bei einer bekannten Nudelform) gleichen (Abb. 3.8). *Nevskia ramosa* bildet Rosetten aus verzweigten Schleimstielen auf der Oberfläche ruhiger Gewässer (s. Abb. 7.7). Faszinierend sind die Fruchtkörper, die Myxobakterien aus vielen durch Schleim verbundene Zellen ausbilden können. Bei Nahrungsmangel werden Signalstoffe freigesetzt, welche die Zellen anregen, zu aggregieren und pilzförmige kleine Fruchtkörper auszubilden, die viele **Myxosporen** enthalten.

3.5
Geißeln und Pili

Viele Mikroben bilden fädige Strukturen auf der Zelloberfläche aus, die der Fortbewegung oder der Kommunikation dienen. **Pili** (lat. *pilus*, Haar) oder **Fimbrien** (lat. *fimbria*, Franse) sind unbeweglich, meist gerade und dienen z. B. dem Transfer von Nukleinsäuren (wobei allerdings Prokaryoten nie ein vollständiges Chromosom austauschen). Die der Fortbewegung dienenden **Geißeln** oder **Flagellen** (sind bei Prokaryoten einfacher aufgebaut als bei Eukaryoten (9+2-Muster aus gegeneinander verschiebbaren Mikrofibrillen). Sie sind nur etwa 15 bis 20 nm dick und deshalb einzeln nur im Elektronenmikroskop sichtbar (Abb. 3.9). Bakteriengeißeln treten arttypisch einzeln (monotrich), in Büscheln (lophotrich), an den Zellenden (polar) oder mehr oder weniger gleichmäßig verteilt (polytrich) auf (Abb. 3.9). Sie sind aus einem Protein (**Flagellin**) aufgebaut, das eine Hohlröhre bildet (Abb. 3.10). Interessanterweise wächst die Geißel an der Spitze durch selbstorganisierte Anlagerung von Flagellin-Molekülen, die durch die über ein Sekretionssytem im Zentrum des M-Rings durch die Röhre wandern.

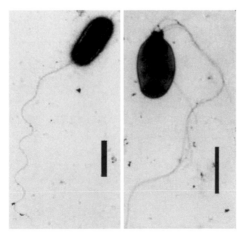

Abb. 3.9 Darstellung von Bakteriengeißeln im Elektronenmikroskop, links *Comamonas compransoris*, rechts *Achromobacter carboxydus*. Negativkontrastierung mit Uranylacetat, Maßstab = 1 μm

3

3.6
Bewegungsmechanismen

Sehr interessant ist der Mechanismus der Fortbewegung mit Hilfe der Bakteriengeißeln. Es handelt sich um eine kontinuierliche Drehbewegung (Abb. 3.10). Die Geißel dreht sich wie ein Propeller mit etwa 3000 Umdrehungen pro Minute, während die Zelle sich langsamer in der Gegenrichtung dreht (Abb. 3.11). Der Motor besteht aus mehreren Protein-Ringen, die in der Membran und der Cytoplasma-Membran eingelagert sind. Angetrieben wird er durch einen Strom von Ionen (H^+ oder Na^+) über die Cytoplasma-Membran (s. Kap. 13).

Manche, oft große fädige Bakterien und Cyanobakterien bewegen sich nicht durch Geißeln, sondern **gleiten** an Oberflächen entlang. Der Fortbewegung erfolgt über einen ausgeschiedenen Gleitfilm.

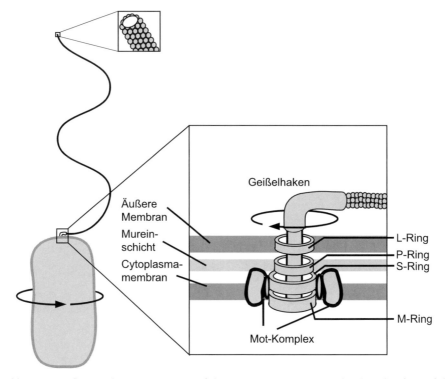

Abb. 3.10 Aufbau und Insertion von Geißeln. Die aus einer Proteinröhre bestehende Geißel endet an der Zelloberfläche mit einem Haken und einem rotierbaren Stift, der in mehreren Protein-Ringen in den äußeren Zellschichten verankert ist. Die Ringe sind teils in der Membran fixiert, teils mit dem Haken drehbar. Der Antrieb erfolgt durch Einströmen von Kationen am Mot-Komplex

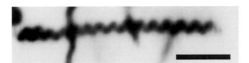

Abb. 3.11 Eigenrotation eines schwimmenden Bakteriums (Negativ einer digitalen Dunkelfeld-Aufnahme, Maßstab = 5 μm). Während der Belichtungszeit von 1 Sekunde dreht die Zelle sich fünfzehn Mal und erzeugt eine spiralförmige Leuchtspur. Die Geißel ist ohne Anfärbung im Lichtmikroskop nicht erkennbar, dürfte sich aber etwa dreimal schneller in Gegenrichtung drehen

3.7
Chemotaxis

Die Beweglichkeit kann den Mikroben nur nützlich sein, wenn sie eine Möglichkeit haben, zu erkennen, wohin sie schwimmen sollen. Bakterien können die Konzentration verschiedener Stoffe oder auch Spuren mancher Signalverbindungen in ihrer Umgebung erkennen (über Vermittler in der Membran). Die geringe Größe erlaubt es nicht, Unterschiede zwischen den Polen einer Zelle zu detektieren und so die günstigste Richtung zu erkennen. Jedoch können Bakterien **zeitlich** auflösen, ob die Konzentration günstiger oder ungünstiger geworden ist. Ein genial einfacher Mechanismus erlaubt es, die förderlichen Orte zu finden und unangenehme zu meiden (Abb. 3.12). Das Bakterium schwimmt eine Zeitlang in eine zufällige Richtung. Dann kehrt es die Drehrichtung der Geißeln um. Polytrich begeißelte Bakterien halten dadurch an und **taumeln,** monopolar begeißelte schwimmen dadurch eine Zeitlang langsam rückwärts. Nach erneutem Umkehren der Geißeldrehrichtung schwimmt es in einer neuen, zufälligen Richtung weiter. Ist nun z. B. die Konzentration einer Futtersubstanz angestiegen, schwimmt das Bakterium längere Zeiten, ohne zu taumeln. Bei geringer werdenden Konzentrationen taumelt es häufiger, bis irgendwann eine günstige Richtung getroffen wurde. Dieses scheinbar simple Verfahren beruht bereits auf recht komplizierten Regulationsmechanismen (s. Kap. 12). Bakterien können sich damit recht effektiv orientieren. Nicht nur Futtersubstanzen werden erkannt, viele Bakterien zeigen ein entspre-

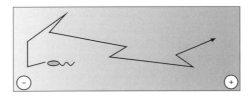

Abb. 3.12 Chemotaxis, Annäherung an einen Lockstoff dadurch, dass ein Bakterium bei größer werdender Konzentration ausdauernder schwimmt

Abb. 3.13 Bakterienbande um eine Sauerstoffblase (Maßstab = 1 cm) als Beispiel für Aerotaxis. Der innere weiße Ring um die Blase kommt durch Spiegelung zustande, der äußere wird von Bakterien gebildet, die sich in einigem Abstand ansammeln. Die rote Farbe des Redoxindikators Resazurin zeigt die Anwesenheit von Sauerstoff an

chendes Verhalten in Bezug auf die Sauerstoffkonzentration (**Aerotaxis**, Abb. 3.13) und auf Licht (**Phototaxis**). Bei der Ausrichtung im Magnetfeld, die magnetische Bakterien zeigen, kann es sich hingegen nicht um eine **Magnetotaxis** handeln. Das Magnetfeld der Erde ändert sich ja nicht über kurze Distanzen wie etwa die Konzentration eines Substrats. Stattdessen scheinen die Bakterien wie eine Kompassnadel ausgerichtet zu werden, sind aber beweglich und reagieren aerotaktisch. So schwimmen sie auf der Nordhalbkugel bevorzugt schräg nach unten Richtung Norden, auf der Südhalbkugel jedoch nach Süden und gelangen so vom oxischen ins anoxische Milieu. Bilder und Videoclips hierzu findet man im Internet unter www.mikrobiologischer-garten.de.

3.8
Zelleinschlüsse

Membranumschlossene **Kompartimente** (Kern, Mitochondrien, Chloroplasten, endoplasmatisches Reticulum usw.), wie sie für Eukaryotenzellen typisch sind, findet man bei Prokaryoten nur in Ausnahmefällen. So enthalten z. B. einige phototrophe Bakterien Stapel von **intrazellulären Membranen**, die an den Reaktionen der Photosynthese beteiligt sind. Bei vielen Prokaryoten findet man Einschlüsse (**Granula**), die nicht von Membranen umschlossen sind und nur unter bestimmten Bedingungen gebildet werden (Tafel 3.1). Meist handelt es sich um Ansammlungen von **Speicherstoffen**, die gebildet werden, wenn einzelne der zum Wachstum benötigten Komponenten im Überschuss vorliegen, andere jedoch das Wachstum limitieren. So erkennt man in vielen Bakterien, die Schwefelwasserstoff oxidieren, Schwefeltropfen (Abb. 3.14). Oft werden unter Stickstoff-Mangelbedingungen Polysaccharide in Form von **Stärke** (α-1,4-verbundenen Glucose-Ketten) oder **Glykogen** (ebenso aus Glucose-Einheiten, die jedoch stärker α-1,6-verzweigt sind) gespeichert. Viele Bakterien bilden als **fettähnliche Speicherstoffe** Ketten aus hydroxylierten Alkansäuren (PHA), zum Beispiel Poly-β-Hydroxy-Buttersäure (PHB). Bei Hefen findet man auch echte Fetttröpfchen. Proteine sind in der Regel zu wertvoll für einen Einsatz als Speicherstoff.

Tafel 3.1 Übersicht über cytoplasmatische Zelleinschlüsse

Speicherstoffe
> Polysaccharide
> > Stärke (α-1,4), z. B. *Clostridium*
> > Glykogen (α-1,4, stärker α-1,6-verzweigt), z. B. *E. coli*
> Fettartige Substanzen
> > PHA = Poly-β-Hydroxy-Alkansäuren, viele Bakterien (z. B. PHB)
> > Neutralfette, z. B. Hefen
> Proteine
> > Cyanophycin, bei N_2-fixierenden Cyanobakterien
> > Carboxysomen, autotrophe CO_2-Fixierung
> > Toxin von *Bacillus thuringiensis*
> Phosphor
> > Polyphosphat als Volutin-Granula, z. B. *Acinetobacter*
> Schwefel
> > Schwefeltröpfchen, farblose, rote, grüne Schwefelbakterien

Gasvakuolen: spindelförmig aus Protein (gaspermeabel, wasserdicht)
Magnetosomen: ferromagnetisches Eisenoxid, Magnetit
Endosporen: Dauerformen, Dipicolinsäure, Resistenz gegen Trockenheit, Hitze
Membranstapel: z. B. bei einigen phototrophen Bakterien

Man findet jedoch manchmal besonders wichtige Proteine im Überschuss und in kristallisierter Form im Cytoplasma, etwa **Carboxysomen** mit Enzymen für die CO_2-Fixierung. Berühmt sind auch Proteinkristalle mit einem als Insektizid wirkenden **Toxin** bei *Bacillus thuringiensis*.

Überschüssiger **Phosphor** kann in langen Polyphosphat-Ketten von vielen Bakterien in so genannten Volutin-Granula akkumuliert werden. Offensichtlich dient **Polyphosphat** auch als Energiespeicher. Bringt man aerobe Bakterien unter anoxische Verhältnisse und damit Energielimitierung, wird akkumuliertes Polyphosphat abgebaut. In manchen Bakterien findet man auch Schwefeltröpfchen, in denen elementarer **Schwefel** (manchmal mit anderen Formen wie Polysulfid oder Thionaten gemischt) vorliegt.

Membranumschlossene **Vakuolen** wie bei der Pflanzenzelle gibt es auch bei Prokaryoten. Zumindest bei großen Schwefelbakterien (*Thiomargarita* [Abb. 3.14] und *Achromatium* [Abb. 21.1]) wurden sie entdeckt. Die Bakterien speichern Nitrat in hoher Konzentration in der Vakuole. Nicht von einer Membran umschlossen sind die **Gasvakuolen**, die man bei manchen Bakterien findet. Sie bestehen aus Paketen von spindelförmig zugespitzten Proteinzylindern. Diese sind druckfest (bis etwa 200 kPa), gaspermeabel und wasserdicht. Sie füllen sich deshalb mit dem Gas der Umgebung und verringern das spezifische Gewicht der Zellen. Bakterien, die sich im Magnetfeld orientieren können, verfügen über **Magnetosomen**, Kristalle aus Magnetit (ferromagnetisches Eisenoxid, Fe_3O_4).

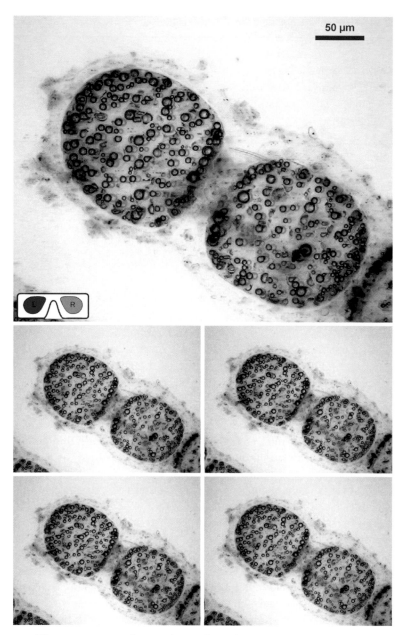

Abb. 3.14 *Thiomargarita namibiensis,* das größte Bakterium. Es oxidiert Schwefelwasserstoff und enthält kugelförmige Einschlüsse von Schwefeltröpfchen. Die dreidimensionale Darstellung zeigt, dass die Schwefeltröpfchen sich in der Zellperipherie befinden. Das Zentrum wird von einer (im Mikroskop nicht sichtbaren) Vakuole gebildet, in der Nitrat in hoher Konzentration gespeichert wird. Für das stereoskopische Betrachten des oberen Bildes benötigt man eine Rot-Cyan- oder Rot-Grün-Brille (Anaglyphenbrille). Auch ohne Brille geht es bei den unteren Bildern: Auf diese stieren, bis man 6 statt vier Bilder sieht, dann auf die mittleren beiden konzentrieren, bis sich der 3D-Effekt einstellt (mehr dazu s. Kap. 6)

Glossar

> **anoxisch:** Keinen Sauerstoff enthaltend
> **äußere Membran:** Membran, welche die Zellwand umschließt, keine osmotische Barriere für kleine Moleküle, typisch für Gram-negative Bakterien
> **Chemotaxis:** Orientierung von Bakterien in chemischen Gradienten
> **Cilien:** Geißeln, Flagellen
> **Cysten:** Ruhestadium vieler Bakterien oder Protozoen
> **Fimbrien** (Singular **Fimbria**): Haarähnliche Strukturen auf der Bakterienoberfläche Die Struktur ist der von Geißeln ähnlich, jedoch sind Fimbrien nicht an der Bewegung, wohl aber an der Anheftung an Oberflächen beteiligt
> **Gram-Färbung:** Färbung, die es erlaubt, Bakterien in zwei Gruppen einzuteilen. Gram-negative Zellen enthalten eine dünne Mureinschicht, während Gram-positive Zellen einfachere Zellwände mit mehreren Schichten Murein haben. Gram-positive Bakterien werden durch Kristallviolett im Gegensatz zu Gram-negativen alkoholfest angefärbt
> **Heterocysten:** Differenzierte (dickwandige) Zelle eines fädigen Cyanobakteriums, fähig zur Fixierung von molekularem Stickstoff
> **Kapsel:** Polysaccharidschicht außerhalb der Zellwand
> **Magnetosomen:** Magnetische Partikel aus Magnetit (Fe_3O_4) im Cytoplasma magnetischer Bakterien
> **Negativkontrastierung:** Färbung der Umgebung dessen, was man sehen möchte, für mikroskopische oder elektronenmikroskopische Zwecke
> **Nitrogenase:** Enzym, das Stickstoff zu Ammonium reduziert, sauerstoffempfindlich, sehr energiebedürftig
> **oxisch:** Sauerstoff enthaltend
> **Penicillin:** Antibiotikum, das die Mureinsynthese hemmt
> **periplasmatischer Raum:** Bereich zwischen Cytoplasmamembran und äußerer Membran (Gram-negativer Bakterien)
> **PHA:** Poly-β-Hydroxy-Alkansäuren, Speicherstoff in vielen Bakterien, es treten neben der Buttersäure zahlreiche andere Fettsäuren auf
> **PHB:** Poly-β-Hydroxy-Buttersäure, eine häufige Form von PHA
> **Pili** (Singular **Pilus**): Fimbrien
> **Porin:** Kanal aus Protein in der äußeren Membran Gram-negativer Bakterien
> **Teichonsäuren:** An das Murein vieler Gram-positiver Bakterien gebundene Ketten aus phosphorylierten Zuckern und Alkoholen
> **Volutin-Granula:** Polyphosphat-Körnchen im Cytoplasma der Zelle

Prüfungsfragen

> Wodurch unterscheiden sich Archaeen und Eubakterien?
> Was unterscheidet Gram-positive und Gram-negative Zellen?
> Wie wirken Lysozym und Penicillin?
> Welche Funktionen haben verschiedene Zelleinschlüsse
  von Prokaryoten?
> Wie können Bakterien 300 Jahre Hunger überstehen?
> Was versteht man unter einer Taxis?
> Was sind Zellorganellen?
> Welche Stoffe werden in der Zelle gespeichert?
> Welche Bewegungsmechanismen gibt es bei Bakterien?
> Wie orientieren sich Bakterien in chemischen Gradienten?
> Wie unterscheiden sich die Geißeln von Bakterien von denen
  der Eukaryoten?

> **Themen und Lernziele:** Gruppen eukaryotischer Mikroorganismen; Definition der Protisten; wichtige Eigenschaften ausgewählter Algen, Protozoen und der echten Pilze: Zellaufbau, Lebensweisen und Ernährungstypen von Protisten und Pilzen; Rolle in der Natur

Auch unter den Eukaryoten gibt es viele Mikroorganismen. Tatsächlich weisen die Mikroorganismen die größte phylogenetische Diversität unter den Eukaryoten auf. Man kann deshalb sagen: Die Evolution hat hauptsächlich Mikroben hervorgebracht. Früher wurden die mikroskopisch kleinen Eukaryoten entweder den Pilzen oder je nach ihrer Lebensweise den Algen oder Protozoen (Urtierchen) zugerechnet. Heute versucht man, die taxonomische Zuordnung mit der phylogenetischen Abstammung in Einklang zu bringen. Dabei ist klar geworden, dass die Lebensweise oft nicht die Abstammung widerspiegelt und dass viele der Algen- und Protozoen-Gruppen nicht monophyletisch, sondern polyphyletisch sind, also keine gemeinsame Abstammung haben. Man trennt die echten (Chitin-)**Pilze** als eigene Gruppe ab und bezeichnet die anderen (meist) ein- bis wenigzelligen Eukaryoten als **Protisten** (Tab. 4.1). Die Tiere und Pflanzen haben sich aus Protisten entwickelt. Nach der **Endosymbiontentheorie** sind die eukaryotischen Tier und Pflanzenzellen durch Aufnahme von atmenden Bakterien, die zu **Mitochondrien** wurden, beziehungsweise durch Aufnahme von Cyanobakterien, die zu **Chloroplasten** wurden, entstanden. Protisten sind wie die Pilze (in Form von Flechten oder Mykorrhiza) immer wieder symbiotische Beziehungen eingegangen. So gibt es Protozoen, die phototrophe Symbionten aufgenommen haben und danach entweder ausschließlich mit Lichtenergie (**phototroph**) oder unterstützt durch Lichtenergie (**mixotroph**) leben. Manchmal sind derartige Beziehungen dauerhaft und unumkehrbar geworden und haben die Entwicklung ganz neuer Organismengruppen ermöglicht.

Protisten können sowohl **freilebend** als auch **parasitisch** (sich von lebenden Wirtszellen ernährend) sein. Manche sind Erreger schwerer Krankheiten (s. Kap. 20). Viele Protisten weisen einen sehr hoch entwickelten Zellaufbau auf, komplexer als der von Zellen in tierischen und pflanzlichen Geweben. Schließlich handelt es sich um voll-

4

ständige Organismen, die alle erforderlichen Lebensfunktionen aufweisen. Im Rahmen dieses einführenden Buches kann keine vollständige Übersicht über die Gruppen gegeben werden. Es werden lediglich typische Eigenschaften sowie einige Vertreter und ihre Lebensweise dargestellt (Abb. 4.1, Tab. 4.1). Weitere Beispiele findet man im „mikrobiologischen Garten" (www.mikrobiologischer-garten.de).

4.1
Die Gruppen der Protisten

Bei den **Diplomonaden**, **Trichomonaden** und **Mikrosporidien** handelt es sich um **pathogene** (Leid erzeugende) oder **kommensalistische** (keinen Schaden für den Wirt verursachende) Bewohner des Darms (Diplomonaden), von Schleimhäuten (Trichomonaden) oder intrazelluläre Parasiten (Mikrosporidien). Ihnen ist gemeinsam, dass sie anaerob (ohne Sauerstoff zu benötigen) leben und keine Mitochondrien haben. Es könnte sein, dass sie als sehr ursprüngliche Formen niemals welche hatten, oder auch, dass sie im Laufe der Zeit verloren gegangen sind. Aerobe Protisten haben stets **Mitochondrien**. Bei den Trichomonaden und einigen anderen anaeroben Protisten hat man stattdessen jedoch **Hydrogenosomen** gefunden. Diese bilden Wasserstoff aus Gärprozessen (s. Kap. 14) und ermöglichen den Zellen eine verbesserte Energieversorgung.

Zu den **Euglenozoa** zählen verschiedene Flagellaten (Geißeltierchen). Manche von diesen sind Protozoen, die durch Verwertung organischer Substanz im Dunkeln wachsen können. Andere zeichnen sich durch die Fähigkeit zur phototrophen oder mixotrophen Lebensweise aus. Hierzu gehören etwa die weit verbreiteten **Augentierchen**. Man erkennt sie an einem typischen roten Pigmentfleck (Abb. 4.1a und 21.6). Dieser ist nicht wirklich ein Auge, signalisiert aber einer rotierenden Zelle durch zeitweise Beschattung des lichtsensitiven Bereichs, aus welcher Richtung Licht einfällt. Augentierchen sind teilweise durch Chlorophyll grün gefärbt. Sie werden als **mixotroph** bezeichnet, weil sie sowohl durch Photosynthese im Licht wachsen können als auch durch Fressen von Bakterien. Ebenfalls in die Gruppe der Euglenozoa gehören die Erreger der **Schlafkrankheit** *Trypanosoma* (s. Kap. 20).

Die **Alveolata** sind benannt nach Alveolen (Bläschen unterhalb der Zellwand), deren Funktion unbekannt ist. In diese Gruppe gehören die (zum Teil phototrophen) **Dinoflagellaten** (Abb. 1.1b) und die Wimperntierchen (**Ciliaten**, Abb. 1.1e, 4.1c und d). Letztere haben einen recht komplizierten Aufbau der Zelle. Ein typisches Organell ist die **kontraktile Vakuole**, die zur Regulation des Wasser- und Ionenhaushalts der Zellen eingesetzt werden kann. Neben sessilen Formen, die ihre Cilien zum Herbeistrudeln von Nahrungspartikeln nutzen (Abb. 19.3), gibt es schnell bewegliche, wie das **Pantoffeltierchen** *Paramecium* (Abb. 4.2). Ciliaten haben zwei Kerne (Abb. 4.1c und 4.4), einen **Mikronukleus**, der den Chromosomensatz für die sexuelle Fortpflanzung enthält, und einen **Makronukleus**, der zahlreiche Kopien enthält und für die Stoffwechselprozesse der Zelle genutzt wird. Auch einige pathogene Vertreter wie der Erreger der **Malaria** (*Plasmodium*, s. Kap. 20) wird den Alveolata zugeordnet.

Tabelle 4.1 Übersicht über die Gruppen der Protisten

Monophyletische Gruppen	Beispiel	Bemerkungen
Diplomonaden	*Giardia* (Darm-Parasit)	anaerob, keine Mitochondrien
Trichomonaden	*Trichomonas* (Schleimhautbewohner)	anaerob, Hydrogenosom statt Mitochondrien
Mikrosporidien	*Enterocytozoon*	anaerob, intrazellulärer Parasit
Euglenozoa	Augentierchen *Euglena* (Abb. 4.1a, zum Teil mixotrophe Lebensweise 21.5)	
	Trypanosoma	Erreger der Schlafkrankheit
Alveolata (Bläschen unter der Zellwand)	Dinoflagellaten (Abb. 1.1b, 17.10) Coccolithophoriden	phototrophe marine Primärproduzenten
	Ciliaten (Abb. 4.1c und d, 4.8, 6.7)	Makro- und Mikronukleus
	Plasmodium	Malaria-Erreger
Heterokontobionta (Protisten mit zwei Geißeltypen)	Kieselalgen (Diatomeen) (Abb. 1.1c, 4.4, 8.7, 17.10)	Kieselsäureschalen, marine, Primärproduzenten, unbegeißelt
	Braunalgen (Abb. 4.2)	marin, bis 100 m groß
	Cellulose- oder Eipilze (Oomyceten), *Saprolegnia*	unseptierte Hyphen, kein Chitin in der Zellwand
Rotalgen (Rhodophyta)	*Porphyridium* (Abb. 4.2)	keine Geißeln, Phycoerythrin, Phycocyanin
Grünalgen (Chlorobionta)	*Chlorella* (Abb 4.3)	auch als Zoochlorellen in Symbiosen
Kragenflagellaten (Choanoflagellata)	*Monosiga* (Abb. 4.1j)	Geißelkranz (Kragen) um eine zentrale längere Geißel herum
Polyphyletische Gruppen		
Protozoen mit Pseudopodien	Amöben, Foraminiferen, Radiolarien (Abb. 1.1a,d und l, 4.1k)	diverse Gruppen mit veränderbaren Zellfortsätzen
Echte Schleimpilze (Myxomycota)	*Trichia* (Abb. 4.1n)	vielkerniges Fusionsplasmodium
Zelluläre Schleimpilze (Acrasiomycota)	*Dictyostelium*	vielzellig, ohne Zellwände

4

Typisch für die Gruppe der **Heterokontobionta** ist das Vorhandensein von zwei verschiedenen Geißeltypen, von denen eine Flimmerhärchen trägt. In diese Gruppe gehören verschiedene Algen, die (unbegeißelten) Kieselalgen (**Diatomeen**, Abb. 1.1c, 4.1e und 4.3), die **Braunalgen** (Abb. 4.2), die während ihres komplizierten Generationswechsels begeißelte Stadien aufweisen, und die bis zu 100 m groß werden können. Außerdem werden die Cellulosepilze (**Oomyceten**, Abb 4.1e und f), die sich von den echten Pilzen durch das Vorhandensein von Cellulose (statt Chitin) in der Zell-

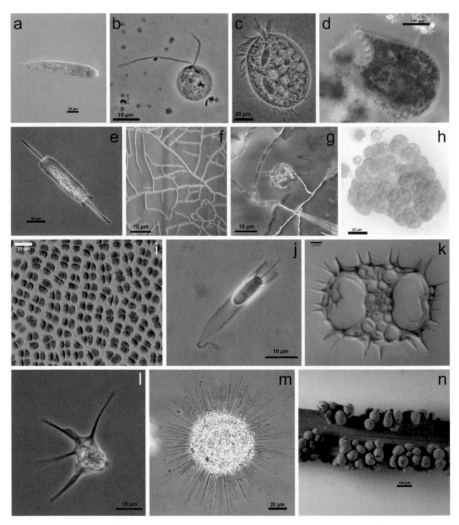

Abb. 4.1 a–n Beispiele für Protisten. **a** mixotrophes Augentierchen, **b** heterotropher Flagellat, **c** Ciliat; **d** mixotropher Ciliat mit Zoochlorellen; **e** Diatomee; **f** unseptiertes Mycel eines Oomyceten; **g** sexuelle Fortpflanzung bei einem Oomyceten, Oogonium und Antheridium; **h** Kolonie von Grünalgenzellen; **i** Gewebe einer Rotalge; **j** Choanoflagellat; **k** Skelett einer Radiolarie; **l** Amöbe; **m** Sonnentierchen; **n** Fruchtkörper eines Schleimpilzes auf einem Grashalm

wand sowie durch unseptierte Hyphen (Zellfäden) unterscheiden, dieser Gruppe zugeordnet.

Die **Grünalgen** (Chlorobionta, Abb. 4.1h und 4.2) und **Rotalgen** (Rhodobionta, Abb. 4.1i und 4.2) weisen ausschließlich phototrophe Vertreter auf. Grünalgen der Gattung Chlorella findet man aber auch als endosymbiontische **Zoochlorellen**, in Protozoen (Abb. 4.1d).

Die **Kragenflagellaten** (Choanoflagellata) bilden wiederum eine eigenständige Gruppe, die von den Protisten am engsten mit den Tieren verwandt ist. Als Besonderheit haben diese Flagellaten einen Geißelkranz (Kragen) um eine zentrale, längere Geißel herum (Abb. 4.1j).

Mehrere Gruppen von Protisten haben typische Formen (evtl. auch mehrfach) entwickelt, können aber bis heute phylogenetisch nicht klar zugeordnet werden. Hierzu zählen die Arten, die **Pseudopodien** (Zellfortsätze mit flexibler Form) ausbilden, also **Amöben** (Abb. 1.1d und 4.1l), **Sonnentierchen** (Heliozoen, Abb. 4.1m) sowie die im Meer häufigen **Foraminiferen** (Kammerlinge, Abb. 1.1a) und **Radiolarien** (Strahlentierchen, Abb. 4.1k). Ebenfalls nicht klar eingeordnet werden können bisher die echten und zellulären **Schleimpilze**. Erstere bilden als Besonderheit ein vielkerniges amöboides Fusionsplasmodium, in dem einzelne Zellen nicht mehr unterscheidbar sind. Bei den zellulären Schleimpilzen hingegen bleiben die Zellen getrennt (wenn auch nicht durch starre Zellwände). Beide Gruppen können unter entsprechenden Bedingungen Fruchtkörper (Abb. 4.1m) ausbilden, die durch Differenzierung und Zusammenfließen der Zellen (bzw. Fusionsplasmodien) entstehen.

Abb. 4.2 Am Strand angeschwemmte Rot-, Grün- und Braunalgen. Auch wenn sie eine beträchtliche Größe erreichen können, gehören sie aufgrund ihrer Abstammung, des einfachen Aufbaus und ihrer Fortpflanzungsmechanismen zu den Protisten

4

4.2
Fortbewegung

Die meisten Protisten sind beweglich. Lediglich bei einigen obligaten Parasiten (z. B. den zu den Alveolata zählenden Sporozoen) findet man unbewegliche Formen. Auch einige Algen, z. B. pelagische (im Wasser schwebende) Diatomeen, sind unbeweglich, während benthische (auf dem Boden lebende) Formen auf einer kontinuierlich ausgeschiedenen Schleimschicht kriechen können. Wie oben bereits erwähnt, ist die Begeißelung ein wichtiges Bestimmungsmerkmal. Viele Protistenzellen haben mehr als einen Geißeltyp. Viele haben auch nur während bestimmter Phasen ihres Lebenszyklus Geißeln.

Cilien und **Geißeln** (Flagellen) sind dicker als die der Prokaryoten und bei allen Eukaryoten im Grundaufbau gleich (Anordnung der Fibrillen nach dem 9+2-Muster). Geißeln sind länger und weniger zahlreich als Cilien, die oft einen dichten Besatz bilden. Die Bewegung erfolgt durch Schlagen (innere Verschiebung von Fibrillen gegeneinander, ähnlich wie in Muskeln) und nicht durch Drehen einer starren Spirale wie bei Prokaryoten.

4.3
Aufbau der Zelloberfläche

Wichtige Unterschiede gibt es auch bezüglich der Zellwandausbildung. Manche Protisten haben keine feste Zellwand, etwa Amöben (aber auch unter denen gibt es Formen, die in einer Schale leben). Manche Protisten haben Schalen aus **Silikat**, z. B. die Diatomeen (Abb. 4.3), Silikoflagellaten und Radiolarien (Abb. 4.1k). Die Schalen können nach dem Absterben ihrer Bewohner dicke Schichten von Ablagerungen im Meer

Abb. 4.3 Rasterelektronenmikroskopische Aufnahme der Zellwand einer Kieselalge (Diatomee). Diatomeen haben eine Wand aus zwei silikathaltigen Schalen, die wie die Hälften einer Käseschachtel ineinander passen (Aufnahme Erhard Rhiel und Renate Kort)

bilden und Auskunft über vergangen Klimaperioden geben. Noch häufiger findet man Protisten mit **Kalkschalen**, z. B. die Coccolithophoriden (Kalkalgen) und die einzelligen, bis zu 1 cm großen Foraminiferen (Kammerlinge, Abb 1.1a), die große Mengen von CO_2 als Carbonat auf dem Meeresboden ablagern. Andere Protisten haben eine Zellwand aus **Cellulose** (Oomyceten) oder **Protein** (viele Flagellaten). Protozoen ohne starre Zellwand erhalten ihre Form durch eine Auffaltung der Zelloberfläche, die durch **Mikrotubuli** und **Fibrillen** im Zellinneren erreicht wird.

4.4
Entwicklungszyklen

Viele Protisten haben sowohl sexuelle als auch asexuelle Reproduktionsmechanismen, zum Teil verbunden mit komplizierten Lebenszyklen. Manche vermehren sich ausschließlich vegetativ (asexuell, durch Mitosen). Bei vielen gibt es Variationsmöglichkeiten, die von den Umweltbedingungen abhängen. Manche können Dauerstadien (Cysten) ausbilden, die ungünstige Zeiten überdauern. Andere (z. B. die Braunalgen) durchlaufen einen **Generationswechsel** von asexueller und sexueller Vermehrung, in dem sowohl Formen mit einfachem (haploidem) als doppeltem (diploidem) Chromosomensatz auftreten.

4.5
Photoautotrophe Lebensweise

Die auch als Algen bezeichneten Protisten enthalten **Chlorophyll** und haben eine **photoautotrophe Lebensweise**. Sie führen wie die grünen Pflanzen eine **oxygene Photosynthese** durch, d. h. sie spalten mit Hilfe von Lichtenergie Wasser zu Sauerstoff und verwenden die dabei frei werdenden Elektronen zur Reduktion von CO_2 zu Biomasse. Im Unterschied zu den **Cyanobakterien** (früher blaugrüne Algen oder Blaualgen genannt) findet die Photosynthese in membranumschlossenen Organellen, den **Chloroplasten** statt (Abb. 4.4). Alle Algen enthalten Chlorophyll a, manche zusätzlich die Chlorophylle b, c, d oder e. Die Farbe wird wesentlich durch andere Pigmente, z. B. Carotinoide, Xantophylle und Phycobiline, beeinflusst. Bei vielen Algen findet man Hinweise darauf, dass es in der Evolution nicht nur eine primäre En-dosymbiose von farblosen Zellen und Cyanobakterien gegeben hat. Oft gibt es zusätzliche Membranhüllen um die Chloroplasten oder um Chloroplasten und Mitochondrien (evtl. sogar plus Zellkern). Dies deutet darauf hin, dass es mehrfach sekundäre und auch tertiäre Endosymbiosen gegeben hat, die von Protisten mit und ohne Chloroplasten eingegangen wurden und die sprunghafte Entwicklungen in der Evolution ermöglicht haben.

Verschiedene Protisten beherbergen intrazelluläre Grünalgen der Gattung *Chlorella*, die nicht verdaut werden. Diese **Zoochlorellen** (Abb. 1.1d) verleihen manchen Protisten die Fähigkeit zu mixotrophen oder rein photoautotrophem Wachstum.

4

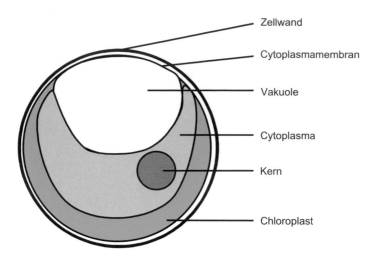

Abb. 4.4   Schema des Aufbaus der Grünalge *Chlorella*

4.6
Phagotrophe und osmotrophe Lebensweise

Flexible Zellwände wie die der Flagellaten, Amöben oder die Mundfelder von Ciliaten erlauben es, Partikel zu umschließen und in die Zelle aufzunehmen. Diese Lebensweise wird als **phagotroph,** der Prozess als **Phagocytose** bezeichnet. Im Falle der Aufnahme von Tröpfchen nennt man den Vorgang **Pinocytose**. Dabei werden membranumschlossene Vesikel abgeschnürt und in die Zelle aufgenommen (Abb. 4.5). Als **Verdauungsvakuolen** durchwandern diese die Zelle. Verdauungsenzyme können durch Transport aus dem Cytoplasma in die Vakuole oder durch Vereinigung mit anderen Vesikeln wirksam werden. Unverdauliche Reste werden schließlich durch **Exocytose,** die Umkehrung der Phagocytose, wieder freigesetzt (Abb. 4.6). Bei den phagotrophen

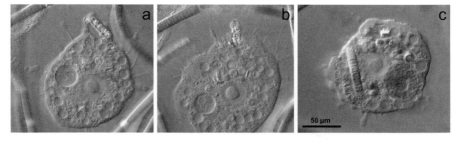

Abb. 4.5 a–c   Phagocytose. **a** Eine Amöbe aus einem Süßwasseraquarium detektiert mit Hilfe von Pseudopodien ein Stück eines fädigen Cyanobakteriums und nimmt es **b** durch Phagocytose auf. **c** Eine andere Amöbe mit verschieden stark verdauten Resten von Cyanobakterien

Protisten unterscheidet man **Schlinger** (wie die Amöben und Flagellaten), welche die Nahrungspartikel umfließen (Abb. 4.5 und 4.6), und **Strudler**, die durch Cilien eine Strömung erzeugen, die Nahrungspartikel in ein Mundfeld treibt (Abb. 4.1d und 19.3). Eine wichtige Nahrungsquelle der phagotrophen Protozoen sind Bakterien. Viele Protozoen kann man nicht ohne lebendes Futter (axenisch) kultivieren.

Eine starre Zellwand wie die der Diatomeen (Abb. 4.3) verhindert, dass Partikel aus der Umgebung aufgenommen werden. Die Organismen können deshalb nur gelöste Stoffe aufnehmen. Sie leben **osmotroph**. Das ist für photoautotrophe Organismen kein Problem, da sie überwiegend Wasser und CO_2 benötigen. Mixotrophe Protisten wie die Augentierchen können sich sowohl phagotroph als aus osmotroph ernähren. Bei phagotropher Lebensweise sind die aufgenommen Partikel von einer Membran umschlossen in einer Verdauungsvakuole. Tatsächlich ist der Unterschied zur Osmotrophie nicht so gravierend, wie es zunächst den Anschein hat: Schließlich muss die Nahrung ja auch bei den phagotrophen Zellen eine Membran (die der Verdauungsvakuole) passieren, um von der Zelle verwertet werden zu können.

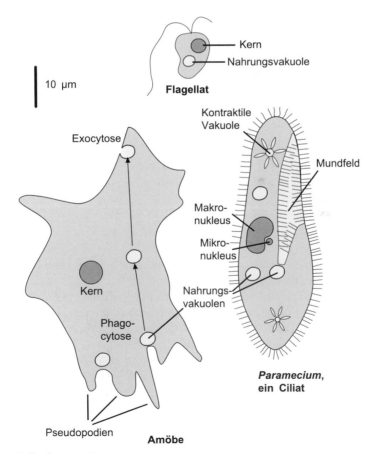

Abb. 4.6   Zellaufbau von Protozoen

4

4.7
Bedeutung von Protisten an verschiedenen Standorten

Protisten leben weltweit überall, wo es feucht ist, im Wasser, im Boden oder auch in den Verdauungssystemen von Kühen oder Insekten. Die quantitativ wichtigste Leistung ist sicher die Primärproduktion in Gewässern. Mikroskopisch kleine Algen leisten zusammen mit den Cyanobakterien mehr photosynthetische CO_2-Fixierung als die Landpflanzen (s. Kap. 17). Hierbei sind in erster Linie phototrophe **Dinoflagellaten** und **Diatomeen** zu nennen. Protisten mit Silikatschalen, oder Kalkschalen wie die **Coccolithophoriden** und die **Foraminiferen** (deren Schalen bis zu 1 cm groß werden können) formen marine Sedimente. Nach dem Absterben können die Schalen in den Sedimenten erhalten bleiben und aufschlussreiche geologische und paläontologische Informationen liefern.

Den nicht phototrophen Protisten kommt die Rolle der Konsumenten des Mikroplanktons zu. Hierbei sind **Nanoflagellaten** (Größenklasse 2 bis 20 μm) die wichtigsten Konsumenten der Bakterien im Meer wie auch im Süßwasser. **Ciliaten** fressen sowohl Bakterien als auch Flagellaten. Amöben, die Austrocknung in Form von Cysten überstehen können, sind typisch für den Boden.

Anaerobe Protozoen spielen eine wichtige Rolle in tierischen Verdauungssystemen, sei es in Holz abbauenden Termiten oder bei Cellulose abbauenden Wiederkäuern. Die anaerobe Amöbe *Pelomyxa* scheint an manchen anoxischen Standorten einen großen Teil der methanogenen Archaeen als **Symbionten** zu beherbergen. Diese werden durch **Hydrogenosomen** (s. oben) mit Wasserstoff versorgt. Das ermöglicht der Amöbe eine effiziente Energieversorgung und liefert möglicherweise auch noch Futterorganismen.

4.8
Pilze

Auch die echten Pilze (Mycobionta) sind überwiegend Mikroorganismen. Selbst die großen Hutpilze bestehen größtenteils aus einem weitverzweigten Geflecht feinster **Hyphen**. Pilze haben kein Chlorophyll und sind nicht in der Lage, Photosynthese durchzuführen. Stattdessen sind sie auf organische Stoffe als Nahrung angewiesen. Echte Pilze haben septierte Hyphen und Zellwände, die typischerweise **Chitin** enthalten.

Es gibt zwei große Gruppen **höherer Pilze** mit etwa 70 000 Arten, die **Schlauchpilze** (Ascomyceten) und die **Hutpilze** (Basidiomyceten). Als **Deuteromyceten** (oder *Fungi imperfecti*) werden zu den höheren Pilzen zählende Vertreter bezeichnet, deren Einordnung nicht klar ist, da typische sexuelle Stadien nicht beobachtet wurden. Die höheren Pilze haben unbewegliche Keimzellen. Die septierten Hyphen haben meistens einen Durchmesser von etwa 5 μm und sind so von den etwa 1 μm dicken Hyphen der Actinomyceten unterscheidbar, bei denen es sich um pilzähnlich aussehende Prokaryoten handelt.

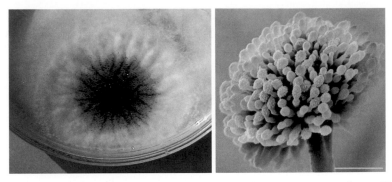

Abb. 4.7 Der Gießkannenschimmel *Aspergillus* gehört zu den Ascomyceten. *Links* eine Kolonie auf einer Agarplatte, *rechts* ein Sporangium mit Sporen unter dem Raster-Elektronenmikroskop, Maßstab = 20 µm (Aufnahme Nina Gunde-Cimerman)

Die Fortpflanzung kann asexuell über **Sporen** erfolgen. Solche Sporen können in speziellen **Sporangien** (Abb. 4.7) oder durch Zerfallen von Hyphen in **Arthrosporen** gebildet werden. Darüber hinaus gibt es eine Vielfalt von sexuellen Fortpflanzungscyclen, die wesentliche Merkmale der taxonomischen Einordnung sind.

4.9
Hefen

Auch die Hefen gehören zu den höheren Pilzen, teils zu den Asco-, teils zu den Basidiomyceten. Sie bilden normalerweise keine Hyphen, sondern sind einzellig. Typisch ist die Vermehrung durch Sprossung (Abschnürung kleiner Tochterzellen, Abb. 4.8). Die Bäcker- oder Bierhefe *Saccharomyces cerevisiae* gehört zu den Ascomyceten. Im Wein

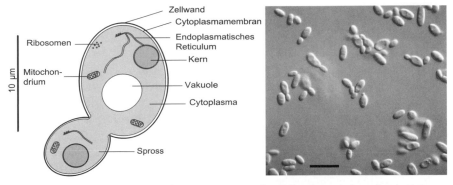

Abb. 4.8 Hefezellen. *Links* der Aufbau einer sprossenden Zelle schematisch, *rechts* ein Präparat unter dem Mikroskop. Im differenziellen Interferenzkontrast (s. Kap. 6) erscheinen die Zellen und innere Strukturen reliefartig räumlich. Maßstab = 10 µm

4

sind weitere Arten zu finden. Meist werden heute **Reinzuchthefen** zugesetzt, um den Verlauf des Gärprozesses zu standardisieren. Hefen vergären verschiedene Zucker zu Alkohol (s. Kap. 14). Beim Backen nutzt man das dabei entstehende CO_2 zur Auflockerung des Gebäcks.

4.10
Lebensweise der Pilze

Pilze gedeihen gut auf festem Untergrund, an dem sie sich anheften und an ihre Nahrungsquellen anlagern können. Sie haben einen geringeren Feuchtigkeitsbedarf als Bakterien, manche sind **xerophil** (Trockenheit liebend). Etwa die Hälfte der Biomasse im Boden wird von den Pilzen gebildet (s. Kap. 17), während ihr Anteil im Wasser sehr viel geringer ist. Oft wird ein saures Milieu bevorzugt. Die Ernährungsansprüche vieler Pilze sind einfach. Die Nahrung wird **osmotroph** aufgenommen, also durch extrazelluläre Enzyme in Komponenten zerlegt, die durch die Membran transportiert werden können (s. Kap. 10). Jedoch sind die Pilze sehr vielseitig bei der Verwertung relativ schwer angreifbarer Substrate wie etwa Holz, Leder oder auch Kohlenwasserstoffe. Bei einem Spaziergang durch den Wald sieht man oft die Rot- oder Braunfäule des Holzes, die durch **Cellulose** abbauende Pilze hervorgerufen wird. Die Weißfäule ist hingegen auf **Lignin** verwertende Pilze zurückzuführen, die Cellulose nicht angreifen. Manche Pilze können ohne Sauerstoff wachsen. Hefe (Abb. 4.4) kann jedoch nicht dauerhaft unter striktem Sauerstoffausschluss wachsen, da sie für die Synthese von Membrankomponenten (Steroiden) molekularen Sauerstoff benötigt.

Meist wachsen Pilze **saprophytisch**, also auf abgestorbenen Resten. Ihre Pathogenität (s. Kap. 20) ist insgesamt gering. Pilze können verschiedene Symbiosen eingehen. **Flechten** (Abb. 4.9) sind stabile Assoziationen von Pilzen mit Grünalgen oder Cyanobakterien. Die Partner sind jedoch oft auch einzeln wachstumsfähig, bilden aber zusammen anspruchslose Pionierbesiedler. Bei dem Pilz kann es sich um Asco- oder Basidiomyceten handeln. Er ist für die Flechte formgebend und vermehrt sich sexuell. Flechten sind schichtweise aufgebaut. Die Rinde (Cortex) deckt die darunter liegende Photobionten- und die Markschicht (Medula) ab. Je nach Wuchsform unterscheidet man Krustenflechten, Blattflechten und Strauchflechten.

Als **Mykorrhiza** werden Wurzelsymbiosen höherer Pflanzen mit Pilzen bezeichnet. Viele Nadelgehölze, Eichen und Buchen sind obligat (unbedingt) auf die Mykorrhiza angewiesen, welche die Pflanze bei der Aufnahme anorganischer Nährstoffe unterstützt und selbst von dieser mit Photosynthese-Produkten versorgt wird. Mykorrhiza sollte nicht mit den Wurzelknöllchen (Kap. 17) verwechselt werden, die durch symbiotische N_2-fixierende Bakterien gebildet werden.

Der unmittelbar an das Wachstum gekoppelte Metabolismus wird als **Primärstoffwechsel** bezeichnet (nicht nur bei Pilzen). Viele Pilze weisen darüber hinaus einen ausgeprägten **Sekundärstoffwechsel** auf. Es sind mehrere tausend Metabolite bekannt, die von Pilzen, meist nach der Wachstumsphase und abhängig von den Substraten im

Abb. 4.9   Krustenflechten auf einem Stein

Medium, gebildet werden. Das Antibiotikum **Penicillin** dürfte das bekannteste sein. Zu den Sekundärmetaboliten gehören auch die von Giftpilzen gebildeten **Mykotoxine** (etwa das Amanitin des Knollenblätterpilzes oder das von *Aspergillus flavus* auf Erdnüssen gebildete Aflatoxin). Den meisten Produkten kann man allerdings keine Funktion zuweisen.

Glossar

> **axenische Kultur:**   Kultur ohne fremde Keime
> **Blaualgen:**   Veralteter Begriff für Cyanobakterien
> **Chlorophyll:**   An der Photosynthese beteiligtes Pigment aus einem Porphyrinring (Tetrapyrrol) mit einem Magnesium-Atom im Zentrum
> **Deuteromyceten:**   Höhere Pilze, die taxonomisch nicht genau eingeordnet sind
> **Geißeln:**   Flagellen
> **Generationswechsel:**   Wechsel von haploiden und diploiden Formen im Lebenscyclus
> **Hydrogenosomen:**   Wasserstoff produzierende Organellen bei manchen anaeroben Protozoen
> **Hyphen:**   Filamente aus den Zellen von Pilzen oder Actinomyceten
> **Hefen:**   Einzellige Pilze, die sich durch Sprossung vermehren

4

> **Makronukleus:** Großer Kern der Ciliaten, mit mehreren Kopien der Chromosomen

> **Mikronukleus:** Kleiner Kern der Ciliaten, enthält den einfachen Chromosomensatz und wird zur exakten Reproduktion des genetischen Materials genutzt

> **Mikrotubuli:** Intrazelluläre Strukturen, die Verformungen von Zellkomponenten ermöglichen („Mikromuskeln")

> **Mykorrhiza:** Symbiotische Assoziation von Pilzen und Pflanzenwurzeln

> **Mykotoxin:** Pilzgift

> **Nanoflagellaten:** Flagellaten mit einer Größe von weniger als 20 μm

> **osmotroph:** Sich durch Aufnahme gelöster Substanzen ernährend

> **Primärstoffwechsel:** Mit Biosynthese und Energiekonservierung verbundener Metabolismus

> **Sekundärstoffwechsel:** Nicht mit Biosynthese und Energiekonservierung verbundener Metabolismus

> **Symbiose:** Räumlich enges Zusammenleben zweier Organismen in wechselseitig vorteilhafter Weise

> **Xerophilie:** Bevorzugung trockener Standorte

Prüfungsfragen

> Welche Gruppen eukaryotischer Mikroorgansimen gibt es?
> Was haben Pilze mit den Pflanzen gemein, was mit Tieren?
> Weshalb ist der Begriff Blaualgen irreführend?
> Wodurch unterscheiden sich Pilzsporen und *Bacillus*-Sporen?
> Wie und wovon ernähren sich Pilze?
> Weshalb lassen sich Protozoen kaum axenisch kultivieren?
> Wie ernähren sich Schlinger und Strudler?
> Sind Pilze Konkurrenten von Protozoen?

Viren

5

Themen und Lernziele: Aufbau und Klassifikation der Viren; Besonderheiten bei der Verwendung von RNA als Erbinformationsträger; Vermehrung eines Phagen und Eingliederung in das Wirtsgenom; der Phage Qβ als Beispiel; Bestimmung des Phagentiters

5.1
Aufbau von Viren

Viren sind biologische Objekte an der Grenze des Lebendigen. Sie leben obligat parasitisch und haben außerhalb der Wirtszelle keinen Stoffwechsel. Zwar haben sie eine **Nukleinsäure** (entweder DNA oder RNA) mit genetischer Information. Diese reicht jedoch zu ihrer Vermehrung nicht aus. Sie sind auf Enzyme angewiesen, die aus der Wirtszelle stammen und in deren Genom codiert sind. Während Bakterien und andere Mikroben in der Regel (mit allerdings schwerwiegenden Ausnahmen) nicht bösartiger sind als Pflanzen und Tiere, ist das von den Viren kaum zu behaupten. Ihre Vermehrung führt stets zum Tod der Wirtszelle.

Viren weisen eine Größe von nur **20 bis 100 nm** auf. Sie passieren bakteriendichte Filter und wurden erst im 20. Jahrhundert mit Hilfe des **Elektronenmikroskops** sicher nachgewiesen. Zunächst führte man die von ihnen hervorgerufene Wirkung auf Gift (lat. *virus*, Gift) zurück. Jedoch unterscheiden sich Viren dadurch von einem Toxin, dass sie in extrem kleinen Mengen von Wirt zu Wirt übertragbar sind und sich in einem Wirt vervielfältigen können. Deshalb kann ein Virus in viel geringerer Menge pathogen wirken als das stärkste Toxin.

Außer der Nukleinsäure enthalten Viren eine **Capsid** genannte Hülle aus Protein (Abb. 5.1 und 5.4). Das Capsid besteht aus vielen Bausteinen, die sich wie eine Bakteriengeißel selbsttätig (durch *self assembly*) zu oft regelmäßigen geometrischen Struktu-

H. Cypionka, *Grundlagen der Mikrobiologie*,
© Springer 2010

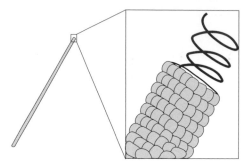

Abb. 5.1 Das stäbchenförmige Tabakmosaik-Virus (TMV) hat einen sehr einfachen helikalen Aufbau aus einer RNA-Spirale, die von Capsid-Proteinen besetzt ist

ren anordnen. Manchmal sind einige Proteine vorhanden, die zum Teil aus der Wirtszelle stammen. Manche Viren sind in eine Membran gehüllt. Dabei handelt es sich nicht um eine virale Membran, sondern um eine Umhüllung, die aus der Cytoplasma-Membran oder Kern-Membran der Wirtszelle stammt, aus der das Virus hervorgegangen ist. Virus-spezifische Proteine können aber in die Membran eingelagert sein. Viren sind also viel einfacher aufgebaut als die einfachsten Zellen. Ob sie primitiv sind, mag man diskutieren. Ursprünglich können sie nicht sein, da sie als Voraussetzung ihrer Existenz die Wirtszelle benötigen. Obwohl sie die Fähigkeit zur **Evolution** zeigen (was z. B. die Grippeviren schwer bekämpfbar macht), sind sie keine echten Lebewesen. Eher scheint es sich um „wildgewordene Teile" zu handeln, die *„Insider-*Wissen" mitgenommen haben und es nun gegen ihre Wirte verwenden. Jedenfalls sind Viren raffiniert. Oder ist es nicht erstaunlich, dass Schnupfenviren die „Krone der Schöpfung" dazu bringen, stoßartig durch die Luft zu prusten, „um" Viren zu verbreiten, oder dass Tollwutviren einen von Natur aus scheuen Fuchs dazu bringen, furchtlos mögliche neue Opfer zu beißen, bevor er dem Verursacher seines Verhaltens das Leben opfert?

5.2
Klassifikation der Viren

Viren werden nach verschiedenen Kriterien klassifiziert (Tab. 5.1). So unterscheidet man nach den **Wirten** Viren, die Pflanzen, Tiere oder auch Bakterien (bzw. Archaea) befallen. Letztere werden als **Bakteriophagen** (Abb. 5.2) oder einfach Phagen (griech. *phagéin*, essen) bezeichnet. Weiterhin werden Viren nach der durch das Protein des Capsids bestimmenden **Form** eingeordnet, die man allerdings nur mit Hilfe des Elektronenmikroskops bestimmen kann. So gibt es helicale (wendelförmige) und polyedrische (vielflächige) Viren. Außerdem unterscheidet man Viren, die mit einer **Membran** umgeben sind, von denen mit einer Proteinoberfläche. Ein wichtiges Kriterium ist die Art der **Nukleinsäure**. Viren enthalten entweder DNA oder RNA. Diese kann

Tabelle 5.1 Typen von Viren

Beispiel	Wirt	Form	Membran-hülle	Nukleinsäure
TMV (Tabak-Mosaikvirus)	Pflanze	helical	nein	RNA, offenkettig
Phage Qβ	Bakterium	Ikosaeder	nein	RNA, offenkettig
Mumps	Mensch	helical	ja	RNA, offenkettig
Papilloma (Warzen)	Mensch	helical	nein	DNA, cyclisch
Pocken	Mensch	komplex	ja	DNA, offenkettig
HIV	Mensch	komplex	ja	RNA, offenkettig

jeweils einsträngig oder doppelsträngig und entweder offenkettig oder als ringförmiges Molekül vorliegen.

5.3
RNA als Träger der Erbinformation

Bei allen echten Lebewesen ist die genetische Information für die Nachkommen in DNA festgeschrieben und wird durch eine DNA-Polymerase repliziert, während RNA nur zur Produktion von Proteinen gebildet wird. Viren mit RNA als Erbinformationsträger können diesem allgemeinen Prinzip nicht folgen. Die RNA-Viren haben stattdessen zwei andere Möglichkeiten entwickelt. Bei einigen von ihnen wird die RNA des Virengenoms durch eine von den Viren stammende RNA-Polymerase vervielfältigt und dient sowohl als Träger der Erbinformation als auch als Matrize zur Synthese neuer Proteine. Als sinnvolle mRNA kann nur jeweils einer von zwei komplementären Strängen dienen. Dieser wird als **Plus-Strang** bezeichnet, da er die einem funktionierenden Protein entsprechende Sequenz hat. Die bei der Replikation gebildeten komplementären **Minus-Stränge** müssen dazu erst ein weiteres Mal repliziert werden. Bei den so genannten **Retro-Viren** wird die genomische (Plus-Strang-)RNA durch eine **reverse Transkriptase** in DNA umgeschrieben, die dann in das Wirtsgenom eingebaut wird. Hierdurch wird das **biogenetische Grundgesetz** durchbrochen, nach dem die Informationsübertragung stets von DNA über RNA in Proteine erfolgt.

Die Viren-Klassifizierung nach Baltimore basiert auf den verschiedenen Möglichkeiten der Bildung von mRNA durch Viren. mRNA wird von jedem Virus benötigt, um Proteine zu codieren und sich selbst zu replizieren. Es ergeben sich sieben Gruppen, je nachdem ob das Virengenom einzel- oder doppelsträngige DNA oder RNA enthält und ob eine reverse Transkriptase beteiligt ist oder (wenn nicht) ob die Virus-Partikel Plus- oder Minus-Stränge enthalten.

5

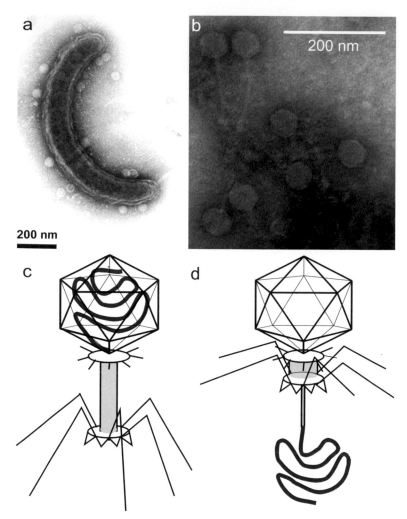

Abb. 5.2 a–d Bakteriophagen (a und b elektronenmikroskopische Aufnahmen): **a** Befallenes Bakterium aus dem Bodensee **b** und Phagenköpfe mit Schwänzen. **c** Ein Bakteriophage vor und **d** bei der Injektion seiner Nukleinsäure (*rot*) (a Aufnahme Kilian Hennes, b Aufnahme Tim Engelhardt)

5.4
Lytischer Cyclus eines Bakteriophagen

Teilweise laufen bei der Virenvermehrung sehr komplizierte Prozesse ab, die im Kap. 20 über medizinische Mikrobiologie am Beispiel des AIDS-Virus dargestellt sind. Hier sei zunächst die Vermehrung eines einfachen Bakteriophagen erklärt, die mit dem Tod der Wirtszelle endet (Abb. 5.3). Als erster Schritt erfolgt eine spezifische Anhef-

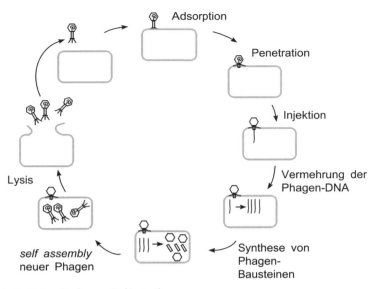

Abb. 5.3 Lytischer Cyclus von Bakteriophagen

tung (**Adsorption**) des Phagen an Lipoproteine oder Lipopolysaccharide an der Oberfläche des Bakteriums. Nicht jeder Phage befällt also jedes Bakterium. (Aber für die meisten Bakterien und Archaeen lassen sich Phagen finden.) Schließlich muss der Phage ja „sicher sein", im Inneren der Wirtszelle genau die Enzyme vorzufinden, die ihm bei seiner Vermehrung zu Diensten sein können. Nun werden die Zellwand und die Cytoplasma-Membran der Wirtszelle unter Kontraktion des Schwanzes durchstoßen (**Penetration**) und die Nukleinsäure des Phagen in die Wirtszelle eingespritzt (**Injektion**). Hierzu haben manche Phagen spezielle Injektionsapparate, die durchaus Ähnlichkeit mit einer Injektionsspritze aufweisen. Nur die Nukleinsäure, nicht das ganze Virus gelangt also in die Wirtszelle und ist zur Produktion neuer Viren ausreichend. (Eine Bakterienzelle könnte nicht aus dem Genom allein entstehen, da das Wachstum Ribosomen erfordert und viele Enzyme darauf angewiesen sind, an schon vorhandene Bestandteile [z. B. der Membran] anzubauen). In der folgenden Phase, der **Latenzperiode**, in der noch keine reifen Viren nachweisbar sind, übernimmt das Virus mit Hilfe seines Genoms das Kommando über die Wirtszelle. Deren Stoffwechsel wird völlig umgestellt auf die Produktion von Phagen-Bestandteilen. Zunächst wird die Nukleinsäure des Virus vervielfältigt, dann zur Produktion von Virenproteinen genutzt. Nach der Zeit der Reifung (etwa eine halbe Stunde) sind in der Wirtszelle Capside und Nukleinsäuren von etwa 20 bis 200 Phagen entstanden (Wurfgröße). Diese lagern sich spontan zu neuen Phagen zusammen (*self assembly*). Anders als bei der Membran, der Zellwand und anderen Zellbestandteilen können hier also Strukturen ohne ein vorher vorhandenes Muster entstehen. Im Fall eines Ikosaeders kann man es sich so vorstellen, dass gleichseitige Dreiecke aus Protein spontan an ihren Kanten verkleben wie in Abb. 5.4. gezeigt. Die Freisetzung neuer Viren am Ende des Cyclus (*burst*) erfordert eine Auflösung (**Lyse**) der Wirtszelle, die durch Virenproteine ausgelöst wird.

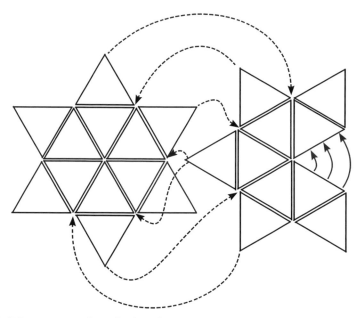

Abb. 5.4 Wie man einen Ikosaeder (griech. Zwanzigflächner) bastelt: Man zeichne zwei Sterne aus je zwölf gleichseitigen Dreiecken und falze sie entlang der Linien. Nun werden die beiden rot gezeichneten Dreiecke herausgeschnitten und die neu entstandenen Kanten zusammengeklebt, so dass fünfeckige gewölbte Kappen entstehen. Wenn man nun die frei stehenden Spitzen leicht nach unten knickt, lassen sich die beiden Kappen – wie durch die gestrichelten Pfeile angedeutet – zu einem regelmäßigen Körper (s. Abb. 5.1b) zusammenfügen

5.5
Lysogenie

Nicht immer endet ein Virenbefall für die Wirtszelle sofort tödlich. Es gibt **temperente Phagen**, deren DNA reversibel in das Wirtsgenom eingebaut werden kann (Abb. 5.5). Der Phage wird dadurch zum **Prophagen**. Dadurch, dass die Phagenvermehrung durch den Prophagen blockiert wird, ist die Wirtszelle vor weiterem Befall durch dieses Virus geschützt. Der Prophage wird zusammen als Teil des Wirtsgenoms bei Zellteilungen vermehrt. Das Bakterium wird als **lysogen** bezeichnet. Unter Umständen wird der Phage wieder aktiv und beginnt einen **lytischen Cyclus** (s. oben), der die Wirtszelle umbringt.

5.6
Transduktion

Manchmal wird statt des Phagen-Genoms ein Stück DNA der Wirtszelle in die Capside neugebildeter Phagen eingelagert. Befällt ein solcher Phage eine neue Wirtszelle, be-

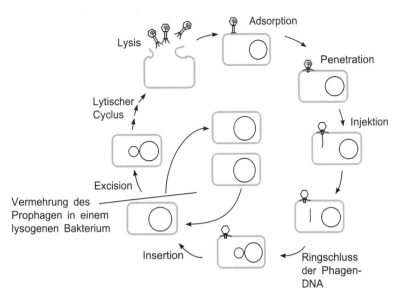

Abb. 5.5 Lysogenie. Phagen-DNA kann als Prophage oder temperenter Phage in Wirts-DNA eingebaut werden und über Generationen mit den lysogenen Wirtszellen vermehrt werden

kommt diese sozusagen eine Injektion von DNA aus der letzten Wirtszelle. Im Weiteren kann es dazu kommen, dass diese DNA in die der neuen Wirtszelle integriert wird. Eine solche Übertragung von DNA durch Viren wird als **Transduktion** bezeichnet. Sie kann auch stattfinden, wenn ein Prophage in den lytischen Cyclus eintritt. Dann werden oft Gene übertragen, die neben der Stelle lagen, an der die DNA des Phagen in das Chromosom der Wirtszelle integriert war.

5.7
Der Phage Qβ

Ein einfaches Beispiel soll hier kurz vorgestellt werden, der Phage Qβ. (Da Viren keine Lebewesen sind, ist ihnen ein Artname verweigert. Stattdessen werden zur Stammbezeichnung oft Abkürzungen und Zahlen benutzt.) Der Morphologie nach handelt es sich bei dem Phagen um einen kleinen **Ikosaeder** (Zwanzigflächner), der als Genom RNA mit nur 3 500 Nukleotiden aufweist. Diese enthalten die genetische Information für nur vier Proteine (zum Teil überlappend!): ein **Adsorptionsprotein**, einen **RNA-Replikationsfaktor**, das **Hüllprotein** und ein **Endolysin**. Nach der durch das Adsorptionsprotein vermittelten spezifischen Anlagerung an **F-Pili** an der Oberfläche des Bakteriums *Escherichia coli* wird die RNA injiziert. Plus-Stränge werden in der Zelle als mRNA langsam übersetzt. Mit Hilfe der Translation durch Ribosomen des Bakteriums entsteht ein **Replikationsfaktor,** der zusammen mit zwei Proteinen der Wirtszelle spezifisch als RNA-Polymerase fungiert, d.h. Qβ-RNA repliziert. Dabei entstehen bis

5

zu 100 000 Moleküle von komplementären Strängen (Plus- und Minus-Stränge). Außerdem werden das Adsorptionsprotein und das Hüllprotein gebildet, in das Nukleinsäuren verpackt werden. Mit Hilfe des Endolysins erfolgt die Lysis der Wirtszelle und die Freisetzung der Phagen. Nur ein kleiner Bruchteil der neuen Phagen ist jedoch infektiös, da der Replikationsapparat recht fehlerhaft arbeitet und keine Reparaturmechanismen wie bei Zellen kennt. Man sieht, welche innige Verbindung zwischen Wirt und Virus besteht und wie komplex bereits die Vermehrung eines so „primitiven" Teilchens ist.

5.8
Bestimmung des Phagentiters

Um Bakteriophagen in einer Lösung zu zählen, könnte man ein Elektronenmikroskop oder einen Nukleinsäure-bindenden Fluoreszenz-Farbstoff und ein Fluoreszenz-Mikroskop benutzen. Um die Anzahl lytischer Viren zu bestimmen, die ein bestimmtes Bakterium tatsächlich lysieren können, zählt man die Plaques (klare Höfe im Agar), die von den Viren in einem Bakterienrasen hervorgerufen werden. Dazu mischt man die Phagensuspension in verschiedenen definierten Verdünnungsstufen mit einer dichten Bakteriensuspension und lässt diese über Nacht auf einer Agarplatte wachsen. Dadurch entsteht ein trüb aussehender Bakterienrasen. Dort, wo Phagen die Bakterien lysiert haben, bleibt der Agar allerdings klar, d.h. es sind Plaques entstanden (Abb. 5.6). Aus der Anzahl der Plaques und der vorher erfolgten Verdünnung der Phagensuspension lässt sich unter der Annahme, dass jeder lytische Phage ein Plaque erzeugt hat, der Phagentiter berechnen. Häufig wird der in pfu (*plaque-forming units*) pro mL angegeben. Einzelne Plaques kann man aus dem aus dem Agar ausstechen und für weitere Untersuchungen verwenden.

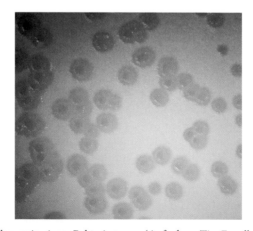

Abb. 5.6   Phagen-Plaques in einem Bakterienrasen (Aufnahme Tim Engelhardt)

Glossar

> **Adsorption:** Anheftung eines Virus oder eines pathogenen Bakteriums an die Oberfläche einer Wirtszelle aufgrund spezifischer Wechselwirkungen
> **Bakteriophage:** Virus, das Bakterien (oder Archaeen) befällt
> **Capsid:** Proteinhülle eines Virus
> **Ikosaeder:** (griech.) Zwanzigflächner
> **Injektion:** Einspritzung der Nukleinsäure in die Wirtszelle durch ein Virus
> **Latenzzeit:** Zeit nach der Infektion, in der in der Wirtszelle noch keine infektiösen Viren nachweisbar sind
> **Lysis:** Enzymatische Auflösung der Zelle
> **Lysogenie:** Zustand, in dem ein Prophage in das Genom eines Bakteriums eingebaut ist
> **Minus-Strang:** RNA-Strang, der als Virus-Genom dienen kann, für eine Funktion als mRNA jedoch erst komplementär repliziert werden muss
> **Plaque:** Klarer Hof in einem Bakterien-Rasen, der auf die Lysis von Zellen durch Viren zurückzuführen ist
> **Plus-Strang:** Als Virus-Genom fungierender RNA-Strang, der als mRNA genutzt werden kann
> **Prophage:** Virus-DNA, die in das Genom eines Bakteriums integriert ist
> **reverse Transkriptase:** Enzym, das ein zu RNA komplementäres DNA-Molekül bildet
> **Retroviren:** Viren mit einzelsträngiger RNA als Träger der genetischen Information. Vor der Vervielfältigung in der Wirtszelle wird durch eine reverse Transkriptase ein komplementäres DNA-Molekül gebildet
> **temperenter Phage:** Phage, dessen DNA als Prophage in die DNA der Wirtszelle eingebaut werden kann
> **Wurfgröße:** Anzahl freigesetzter Viren pro Wirtszelle

Prüfungsfragen

> Wie sind Viren aufgebaut?
> Nach welchen Kriterien werden Viren klassifiziert?
> Wie unterscheiden sich ein Gift und ein Virus in ihren Auswirkungen?
> In welche Phasen lässt sich die Phagenvermehrung gliedern?
> Wie sind Latenzzeit und Wurfgröße definiert?
> Wie unterscheidet sich ein Antibiotikum-Hemmhof von einem Phagen-Plaque?
> Was ist ein Prophage, was ein lysogenes Bakterium?
> Welche genetische Information muss ein Virus mindestens haben?
> Welche fundamentale biologische Grundregel wird durch Retroviren verletzt?
> Wieso kann das Leben sich nicht aus Viren entwickelt haben?

Themen und Lernziele: Mikroskopie und Elektronenmikroskopie; Strahlengang und Kontrastierungsverfahren; Sterilisationsverfahren; Kulturmedium; Anreicherung; Direktisolierung; Gewinnung von Reinkulturen

Die wissenschaftliche Untersuchung von Mikroben erfordert spezielle Methoden, wie etwa das Sichtbarmachen der Objekte durch mikroskopische Techniken. Darüber hinaus werden Verfahren benötigt, die es erlauben, einzelne Mikroben abzutrennen und in Reinkulturen zu kultivieren. Hierzu ist es erforderlich, zunächst alle unerwünschten Mikroorganismen abzutöten.

6.1
Mikroben sichtbar machen

Einzelne Mikroorganismen kann man nicht mit bloßem Auge sehen (s. Kap. 1). Selbst Massenansammlungen kann man meist nur erkennen, wenn es sich um gefärbte Arten (etwa Algenblüten) oder kompakt gewachsene Kolonien handelt. Eher sieht man Produkte des mikrobiellen Stoffwechsels, etwa schwarzes Eisensulfid im Wattschlick oder weißlich ausfallenden Schwefel.

Dennoch können Eingeweihte sogar mit bloßem Auge erkennen, ob in einer Suspension kugelförmige Bakterien (Kokken) oder Stäbchen sind. Eine Bakteriensuspension erscheint nämlich trüb, weil die Lichtstrahlen, die auf Zellen treffen, abgelenkt (gebrochen) werden. Aus demselben Grund ist auch ein Nebel von glasklaren Wassertröpfchen trüb. Das Cytoplasma ist durch die gelösten Stoffe konzentrierter als das umgebende Medium. Es hat einen höheren **Brechungsindex**, der darauf beruht, dass die Lichtgeschwindigkeit geringer ist als in Wasser oder gar im Vakuum. Tatsächlich wird die Trübung geringer, wenn man Bakterien in einer konzentrierten Zucker-

H. Cypionka, *Grundlagen der Mikrobiologie*,
© Springer 2010

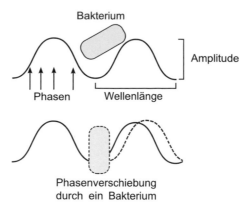

Abb. 6.1 Lichtstrahlen als flache Sinuskurven und beim Durchgang durch ein Objekt mit höherem Brechungsindex als das umgebende Medium

lösung suspendiert. Schüttelt man eine Bakteriensuspension vorsichtig, so entstehen verwirbelte Wasserpakete. Sind Stäbchen in der Suspension, so werden sie an den Reibungsflächen der Pakete gleichgerichtet. Es entsteht eine Situation, in der Lichtstrahlen in einer Richtung stärker gebrochen werden als in anderen. Das Medium wird optisch **anisotrop**, d. h. für Licht aus verschiedenen Richtungen ungleich durchlässig. Dadurch werden Wolken in einer Suspension von Stäbchen sichtbar, während eine Suspension von Kokken gleichmäßig trüb erscheint.

Den von einem **Lichtquant** (Photon) zurückgelegten Weg kann man sich wie eine aus Draht gebogene in einer Ebene liegende Sinuskurve vorstellen (Abb. 6.1). Deren **Amplitude** (Wellenhöhe) entspricht der Lichtintensität oder Helligkeit, der Abstand von Tal zu Tal der **Wellenlänge** und somit der **Farbe**. Unser Auge kann sowohl einen Unterschied in der Farbe als auch der Helligkeit erkennen. Mikroorganismen haben aber – mit Ausnahme der phototrophen und einiger pigmentierter Arten – keine Farbe. Außerdem sind sie durchsichtig und erzeugen kaum einen Helligkeitsunterschied (**Kontrast**). Hinzu kommt, dass zumindest die Bakterien in ihrer Größe etwa der Wellenlänge des sichtbaren Lichts (400 bis 700 nm) entsprechen. Das bedeutet, dass Photonen – abhängig von ihrer Phase (der Verschiebung der gesamten Sinuskurve in Laufrichtung des Strahls) – ein Bakterium unter Umständen gar nicht treffen, auch wenn es direkt in ihrer Ausbreitungsrichtung liegt. Man kann mit Fußbällen keinen Tennisball abformen. Umgekehrt ginge es besser; mit Erbsen oder gar Sandkörnern jedoch ließe sich ein weit höher aufgelöstes Bild gewinnen. Der Mangel an Farbe und Kontrast sowie die geringe Größe führen dazu, dass selbst mit dem Mikroskop Bakterien kaum zu erkennen sind. Allerdings gibt es heute hervorragende Techniken, die diese Einschränkungen überwinden, jedoch unter Umständen andere Einschränkungen aufweisen (Abb. 6.4).

6.2
Strahlengang des Mikroskops

Ein normales Lichtmikroskop hat ein **Objektiv**, das ein **reelles** (auf dem Kopf stehendes und auf einem Schirm auffangbares) **Bild** des auf dem Objektträger liegenden Präparats erzeugt (Abb. 6.3). Die Vergrößerung kommt dadurch zustande, dass Lichtstrahlen beim Übergang zwischen Medien mit verschiedenen Brechungsindizes zu dem optisch dichteren Medium hin gebrochen werden. Für die maximale Vergrößerung muss der Öffnungswinkel der von einem Punkt ausgehenden Strahlen möglichst groß sein. Hierzu ist ein als **Kondensor** bezeichnetes Linsensystem erforderlich (nicht dargestellt), das Licht in entsprechend gebündelter Form liefert. Außerdem muss sichergestellt sein, dass die bei einem großen **Öffnungswinkel** flach auf das Objektiv auftreffenden Strahlen nicht reflektiert werden. Hierzu werden stark vergrößernde Objektive in **Immersionsöl** getaucht, das mit einem ähnlichen Brechungsindex wie Glas die Luftphase zwischen Deckglas und Objektiv überbrückt (Abb. 6.2). Der kleinste noch auflösbare Abstand zweier Punkte ist bei guten Mikroskopen etwa halb so groß wie die Wellenlänge des verwendeten Lichts, bei sichtbarem Licht (400–700 nm) also etwa 0,2 μm.

Das durch das Objektiv erzeugte reelle Bild wird durch das **Okular** betrachtet, ein Linsensystem, das ein vergrößertes **virtuelles** (seitenrichtiges) **Abbild** liefert (Abb. 6.3). Das gesehene Bild bleibt daher gegenüber dem Objekt (Präparat) seitenverkehrt. Die erzielbare Auflösung ist durch das vom Objektiv erzeugte reelle Bild begrenzt, ähnlich wie bei der Projektion durch einen Diaprojektor die Auflösung durch die Körnung des Dias und nicht durch die Größe der Projektionsfläche bestimmt wird.

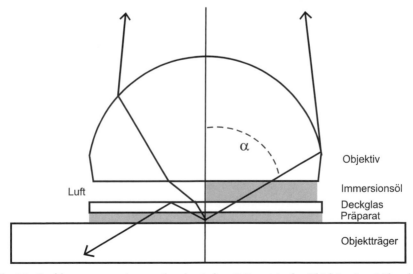

Abb. 6.2 Strahlengang von einem mikroskopischen Präparat in das Objektiv eines Mikroskops mit und ohne Immersionsöl

6

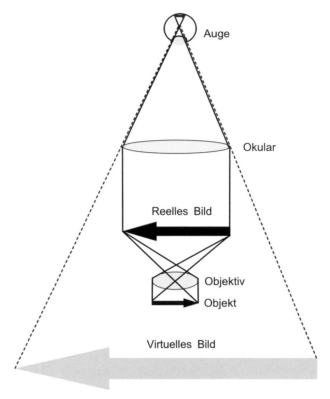

Abb. 6.3   Betrachtung eines virtuellen Bildes durch Objektiv und Okular

6.3
Hellfeld-Mikroskopie und Färbungen

Im einfachsten Fall wird ein Präparat im **Hellfeld** betrachtet (s. auch Tafel 6.1). Dabei wird es von unten durchstrahlt und Unterschiede in der Farbe oder der Helligkeit werden betrachtet (Abb. 6.4). Da diese oft sehr gering sind, hat man bereits im 19. Jahrhundert eine Vielzahl von Färbetechniken entwickelt. Einige werden heute noch zur medizinischen Diagnostik verwendet. Die berühmteste ist sicherlich die **Gram-Färbung** (nach Hans Christian Gram, 1881), mit der man Gram-positive und Gram-negative Bakterien unterscheiden kann (s. Kap. 3). Bei dieser Färbung werden zwei Farbstoffe nacheinander zugesetzt. Zwischendurch werden die Zellen mit Alkohol gewaschen. Die Gram-positiven Zellen halten dabei den Farbstoff (**Kristallviolett** fixiert als Lack mit Jod-Jodkali) besser als die Gram-negativen, die entfärbt und anschließend mit einem roten Farbstoff sichtbar gemacht werden. Voraussetzung für die Färbetechniken ist eine Fixierung, zum Beispiel durch Hitze. Außerdem dringen die Färbemittel meist in die Zellen ein, so dass diese nicht lebend beobachtet werden können.

Tafel 6.1 Tipps für ein gutes mikroskopisches Präparat

> Probe aus flüssigen Medien gezielt mit einer Pasteurpipette entnehmen (eine Impföse würde die Oberfläche abheben)
> Auf dem Objektträger nur soviel Flüssigkeit verwenden, dass das Deckglas beim Kippen des Objektträgers nicht wegschwimmt
> Drei Deckgläser pro Objektträger ermöglichen Vergleiche
> Mikroskop-Einstellung nach Köhler, Augenabgleich an den Okularen nicht vergessen
> Ebene mit treibenden Zellen suchen (erkennbar an ruckartig durch Brownsche Molekularbewegung getriebenen Teilchen)
> Durchmustern des Präparats mit zunächst dem 10er-Objektiv, anschließend 40er-Objektiv. 100er-Objektiv nur für spezielle Untersuchungen verwenden
> Licht sparsam einsetzen, Überstrahlen vermeiden, Hellfeld nicht zu sehr abblenden (zu hoher Kontrast erzeugt Artefakte)
> Vergleich von verschiedenen Verfahren (Hellfeld, Phasenkontrast, Dunkelfeld), um Schwefel, Sporen, Gasvakuolen u. ä. zuordnen zu können
> Für Mikrofotografie Zellen evtl. konzentrieren, Agar-beschichtete Objektträger verwenden

6.4
Transmissions-Elektronenmikroskopie

Das Problem der Begrenzung der Auflösung durch die zu große Wellenlänge des sichtbaren Lichts kann man durch Verwendung von kürzerwelligen Strahlen umgehen. Dabei treten allerdings andere Probleme auf. So zersetzt kurzwelliges UV-Licht biologische Präparate sehr schnell und erlaubt kaum mehr als eine Halbierung der Wellenlänge. Im Transmissions-Elektronenmikroskop, das in seinem Strahlengang dem Lichtmikroskop prinzipiell gleicht, werden dagegen **Elektronenstrahlen** mit Wellenlängen von nur ≈5 pm verwendet, die eine entsprechend höhere Auflösung ermöglichen. Allerdings werden Elektronenstrahlen von biologischen Präparaten noch viel weniger absorbiert als sichtbares Licht. Man muss deshalb **Kontrastmittel** zusetzen, wozu sich am besten Schwermetalle (z. B. Uran-, Osmium- oder Wolfram-Salze) eignen. Außerdem werden die Präparate im Hochvakuum betrachtet und müssen dazu wasserfrei sein. Die Folge ist, dass man im Elektronenmikroskop nicht biologische Objekte sieht, sondern eigentlich nur **Artefakte**, nämlich wie das Kontrastmittel in dem entwässerten Präparat verteilt ist. Man hat deswegen diverse Varianten entwickelt, etwa Oberflächen zu fixieren, bevor ein Präparat entwässert und kontrastiert wird. So werden bei der **Gefrierätztechnik** in flüssigem Stickstoff bei −196 °C fixierte Proben gebrochen und leicht angeätzt, so dass die natürlichen Strukturen hervortreten. Anschließend wird durch eine Bedampfung aus schrägem Winkel ein plastisches **Reliefbild** der Oberflächenstrukturen gewonnen, das später im Elektronenmikroskop betrachtet werden kann.

6

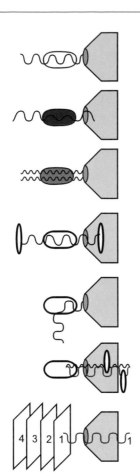

Im **Hellfeld** liefert ein Bakterium kaum **Kontrast**. Es ist etwa so groß wie die **Wellenlänge** des Lichts.

Färbung erzeugt Kontrast.

Eine **Verkürzung der Wellenlänge** erhöht die Auflösung, erfordert jedoch auch Kontrastierung (**Transmissions-Elektronenmikroskopie**).

Das **Phasenkontrastverfahren** macht Unterschiede im Brechungsindex sichtbar. Beim **differenziellen Interferenz-Kontrast**-Verfahren wird zusätzlich polarisiertes Licht verwendet.

Im **Dunkelfeld** werden betrachtete Objekte unter seitlicher Beleuchtung zu Lichtquellen.

Auch in der **Fluoreszenz-Mikroskopie** erscheinen die Objekte als Lichtquelle. Es können verschiedene Fluorochrome genutzt werden.

Das **konfokale Laser-Scanning-Mikroskop** erlaubt die Erzeugung eines räumlichen Bildes aus der Aufnahme einzelner Schichten.

Abb. 6.4   Prinzipien verschiedener mikroskopischer Verfahren

6.5
Phasenkontrast-Verfahren

Mit dem Phasenkontrast-Verfahren ist die Lebendbeobachtung unfixierter Proben im Lichtmikroskop möglich. Man benötigt keine Färbung oder Kontrastierung, sondern macht sich die natürlichen Unterschiede der Lichtbrechung von Cytoplasma und umgebendem Medium zunutze. Die **Lichtbrechung** beruht auf Unterschieden in der Lichtgeschwindigkeit in verschiedenen durchsichtigen Medien (Abb. 6.1). Sichtbar gemacht wird dies dadurch, dass durch einen Phasenring im Kondensor Lichtstrahlen selektiert werden, die sich in der gleichen Phase befinden (d. h. Berge und Täler der Sinuskurven liegen parallel). Weil ein Teil des Lichts den Phasenring nicht passieren kann, erscheint der Hintergrund dunkler als im Hellfeld. Zwei Lichtstrahlen, die das

Präparat passieren, bleiben normalerweise phasenparallel und passieren anschließend einen korrespondierenden Phasenring im Objektiv. Durchläuft nun ein Strahl ein Bakterium, so wird er durch die veränderte Lichtgeschwindigkeit im optisch dichteren Cytoplasma in seiner Phase verschoben und passt nicht mehr durch den Phasenring im Objektiv. Dadurch erscheinen Bakterien dunkel. Ausnahme sind **Bakteriensporen** (Abb. 3.1). Sie sind so stark lichtbrechend, dass sie zusätzliches Licht in die sichtbare Phase bringen und trotz ihrer dichtgepackten Bauweise als helle Punkte erscheinen.

6.6
Polarisation und Interferenz-Kontrast

Licht kann nicht nur nach seiner Phase, sondern auch nach seiner **Polarisierung** selektiert werden. Man stelle sich dazu eine Sinuskurve aus Draht flach liegend oder um die Hauptachse gedreht vor. Polarisationsfilter sind wie ein Briefkastenschlitz für Briefe nur in der Polarisationsrichtung lichtdurchlässig. Zwei hintereinander geschaltete Filter können ein Bild ganz abdunkeln, wenn die Durchlassrichtungen über Kreuz liegen. Hat man aber z. B. lichtdrehende Kristalle als Präparat dazwischen, kann man diese sehr gut im Polarisationsmikroskop betrachten und analysieren.

Wird von zwei phasengleichen und gleich polarisierten Strahlen einer durch ein Objekt mit anderem Brechungsindex in seiner Phase verschoben (wie beim Phasenkontrast-Verfahren), so kann er anschließend den anderen Strahl auslöschen (wie bei Wellen in Wasser, wenn Berg und Tal aufeinander treffen). Dieses Prinzip nutzt man beim **differenziellen Interferenz-Kontrast-Verfahren** (Abb. 4.4 und 6.5d). Es erzeugt sehr schön plastische Bilder, bei denen die Kanten der untersuchten Objekte hervorgehoben erscheinen. Mit einer Prismascheibe kann man dabei sogar leuchtende Falschfarben erzeugen, die mit der Farbe des Objekts allerdings nichts zu tun haben, sondern durch Interferenz entstehen.

6.7
Dunkelfeld

Das Dunkelfeld-Verfahren ermöglicht es, Partikel sichtbar zu machen, deren Größe unter der **Auflösungsgrenze** des Lichtmikroskops liegt. Den zugrunde liegenden Effekt kennt jeder, der tanzende Staubteilchen in einem Lichtstrahl, der in einen dunklen Raum fällt, gesehen hat. Dadurch, dass die Partikel Licht streuen, werden sie vor dunklem Hintergrund zu Lichtquellen, deren Position man ausmachen kann, da das menschliche Auge selbst einzelne Photonen nach entsprechender Adaptation sehen kann. Die Auflösung wird dabei natürlich nicht erhöht; zwei nahe beieinander liegende Punkte würden als ein einziger erscheinen. Man kann im Dunkelfeld jedoch sehr schön Bewegungen kleiner Teilchen (z. B. Bakterien) verfolgen.

6

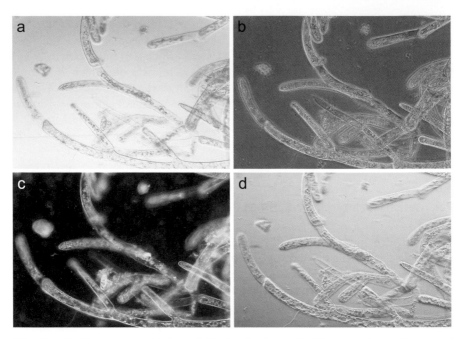

Abb. 6.5 a–d Vergleich verschiedener lichtmikroskopischer Verfahren an einem Präparat mit fädigen Algen und farblosen Bakterien. **a** Im Hellfeld sind die Bakterien kaum zu entdecken. **b** Im Phasenkontrast sind die farblosen Bakterien ohne Färbung deutlich zu erkennen, der Hintergrund ist dunkler als im Hellfeld, die stark lichtbrechenden Kanten der Algen wirken leuchtend. **c** Im Dunkelfeld werden die Bakterien zu Leuchtquellen, der Hintergrund ist schwarz. **d** Einseitige, so genannte schiefe Beleuchtung vermittelt einen räumlichen Eindruck, ähnlich dem von differenziellem Interferenzkontrast (DIC)

6.8
Fluoreszenz-Mikroskopie

Sehr vielfältige Möglichkeiten bietet die Fluoreszenz-Mikroskopie, bei der, wie beim Dunkelfeld-Verfahren, die interessierenden Objekte Licht aussenden. Häufig arbeitet man heute mit der **Epifluoreszenztechnik**, bei der für das menschliche Auge unsichtbares UV-Licht von oben durch das Objektiv eingestrahlt wird. Das Präparat fluoresziert nun in einer für die fluoreszierende Verbindung (**Fluorochrom**) typischen Farbe. Es gibt einige Zellkomponenten, die eine **natürliche Fluoreszenz** aufweisen, etwa das Chlorophyll a der Cyanobakterien und grünen Pflanzen (rot, Abb. 3.1) oder der Faktor F_{420} (blaugrün, Abb. 15.9), ein Coenzym methanbildender Archaeen. Diese Zellen kann man anhand der Fluoreszenz im Mikroskop zuordnen. Darüber hinaus gibt es heute eine Vielzahl von Verbindungen, die man wie Farbstoffe zusetzen kann. Teilweise werden fluoreszierende Reste an diagnostisch eingesetzte Verbindungen gebunden, so dass deren Aufnahme oder mikrobielle Umsetzung sehr elegant und für einzelne Zellen spezifisch nachgewiesen werden kann.

Beispielsweise werden bei der Zählung von Bakterien in Proben von natürlichen Standorten Fluoreszenzfarbstoffe (**Acridin-Orange, SybrGreen** oder 4,6-Diamidino-2-phenylindol, abgekürzt **DAPI**) zugesetzt, die sich spezifisch an das Chromosom anlagern. Dadurch leuchten intakte Bakterien, während tote Partikel dunkel bleiben. Man kann sogar spezifische **fluoreszierende Gensonden** aus kurzen DNA- oder RNA-Stücken mit einem fluoreszierenden Rest herstellen, die sich nur an die DNA oder Ribosomen ausgewählter Bakteriengruppen mit komplementären Nukleinsäure-Sequenzen (s. Kap. 2) anlagern. So kann man mit dem Mikroskop einzelne Bakterien anhand von Nukleotidsequenzen identifizieren und zuordnen.

6.9
Konfokales Laser-Scanning-Mikroskop

Auch die Lasertechnik hat Fortschritte in der Mikroskopie ermöglicht. Beim normalen Lichtmikroskop entstehen störende Effekte dadurch, dass Objektebenen, die vor oder hinter dem Fokus (der scharf abgebildeten Ebene) liegen, Licht absorbieren oder brechen. Laserstrahlen lassen sich jedoch auf eine Schichtdicke von 0,3 µm fokussieren, ohne dass andere Objektebenen störende Effekte erzeugen. Im **konfokalen Laser-Scanning-Mikroskop** können nun die einzelnen Schichten hintereinander aufgenommen (gescannt) und mit Hilfe eines Computers zu einem räumlichen Modell (zum Beispiel mit einer spezifischen Falschfarbe für jede Schicht) zusammengesetzt werden.

6.10
Digitale Auswertung von Bilderserien

Die digitale Mikrofotografie hat die Möglichkeiten der lichtmikroskopischen Darstellung stark verbessert. Auch ohne konfokales Laserscanning-Mikroskop lassen sich heute mit jedem Mikroskop Bilder mit großer Schärfentiefe und sogar dreidimensionale Darstellungen erzeugen. Man macht digitale Fotos, während man das Objekt von oben nach unten durchfokussiert. Aus dem gewonnenen Bilderstapel lassen sich die jeweils scharf abgebildeten Bereiche selektieren und zu einem Bild mit großer Schärfentiefe zusammensetzen. Diese Aufgaben erledigen **Fokus-Stacking-Programme** weitgehend automatisch. Viele der Bilder in diesem Buch wurden auf diese Weise mit Hilfe des Programms PICOLAY (www.picolay.de) erstellt. Dieses Programm erlaubt sogar eine virtuelle Rotation und die Rekonstruktion echter dreidimensionaler Bilder (Abb. 3.14 und Abb. 6.6).

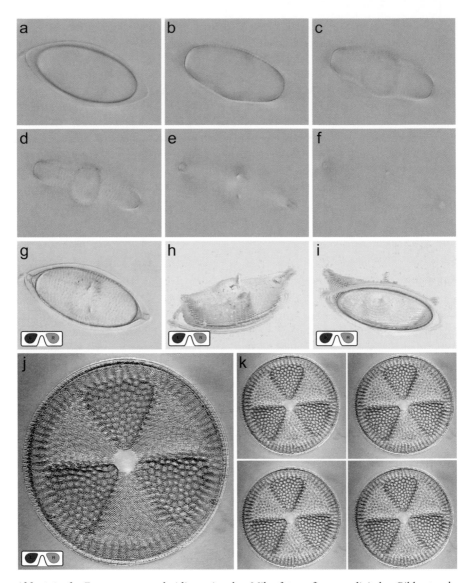

Abb. 6.6 a–k Erzeugung von dreidimensionalen Mikrofotografien aus digitalen Bilderstapeln. **a–f** 6 von 18 Original-Bildern einer Diatomee (*Biddulphia* spec.) mit verschiedenen Fokusebenen; **g–i** Aus dem Stapel mit Hilfe von PICOLAY erzeugte dreidimensionale Bilder in verschiedenen Betrachtungswinkeln. Für den 3D-Effekt wird eine Rot-Cyan-Brille (Anaglyphenbrille) benötigt. **j–k** Dreidimensionale Bilder einer Diatomee (*Actinoptychus* spec.), **j** für die Anaglyphenbrille, **k** zur Betrachtung mit parallelem oder Kreuzblick. Tipp: Auf die vier Bilder stieren, bis man sechs sieht. Dann auf die mittleren beiden konzentrieren, bis sich der räumliche Eindruck einstellt

6.11
Raster-Elektronenmikroskopie

Bei aller Verschiedenheit war allen bisher genannten mikroskopischen Verfahren gemeinsam, dass durch **Bündelung von Strahlen** ein vergrößertes Abbild des Objekts erzeugt und betrachtet wurde. Beim Raster-Elektronenmikroskop entsteht das Bild jedoch nicht durch Strahlenbündelung mit Hilfe eines Objektivs. Stattdessen wird ein feiner Elektronenstrahl entlang einem feinen Raster auf die Oberfläche des mit Metall bedampften Präparats gestrahlt (Abb. 6.7). Verschwindet der Strahl in einer Vertiefung, gibt es wenig **Reflexion**, auf einer Erhebung hingegen mehr. Die Reflexion des Elektronenstrahls wird auf einem Schirm aufgefangen und gemessen (aber nicht scharf abgebildet). Entsprechend dem Raster „weiß" das System aber, welcher Punkt gerade bestrahlt wurde und die gemessene Reflexion erzeugt. Daraus lassen sich Bilder (auch ohne Fokus-Stacking) mit sehr großer **Schärfentiefe** (Abb. 6.8) gewinnen.

Bei der **Röntgen-Fluoreszenz-Mikroskopie** schickt man statt des Elektronenstrahls einen Röntgenstrahl auf das Präparat. Die entstehende **Sekundärstrahlung** ist spezifisch für die bestrahlten Elemente. Hierdurch lassen sich Informationen über die **Elementarzusammensetzung** von Zellbestandteilen gewinnen.

Bei der **Tunnelmikroskopie**, die eine noch höhere Auflösung als die Transmissions-Elektronenmikroskopie erzielt, wird nicht ein Strahl über das Präparat geführt, sondern eine extrem feine elektrisch geladene Spitze in extrem geringem Abstand. Kommt dieser Sensor einer Erhebung des metallbedampften Präparats nahe, fließen (tunneln) Elektronen, die einen Strom erzeugen (Abb. 6.7). Aus dem Abrastern des Präparates lässt sich ein räumliches Bild erzeugen. Auch bei der **Nahfeld**- und **Kraftfeld-Mikroskopie** macht man sich Effekte zunutze, die durch räumliche Nähe von Sensor und Objekt bewirkt werden.

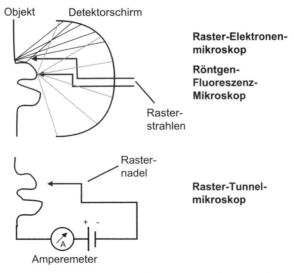

Abb. 6.7 Prinzipien von mikroskopischen Verfahren ohne Strahlenbündelung

6

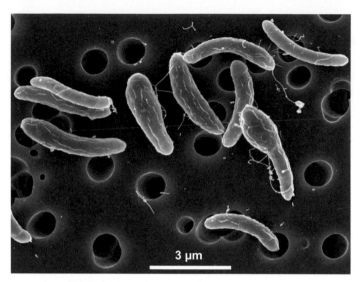

Abb. 6.8 Sporenbildende Bakterien unter dem Raster-Elektronenmikroskop. Im Hintergrund die Poren des Filters, auf dem die Bakterien liegen. Maßstab = 3 µm (Aufnahme Henrik Sass)

6.12
Sterilisation

Um gezielt mit definierten Mikroben arbeiten zu können, muss man zunächst sicherstellen, dass unerwünschte Keime abgetötet und dann ferngehalten werden. Hierzu gibt es verschiedene Verfahren der Sterilisation. **Hitzestabile Lösungen** werden bei 121 °C unter Dampf mit Überdruck **autoklaviert**. Dabei werden neben vegetativen Zellen auch die hitzestabilen Sporen abgetötet. Nicht alle Sporen sterben jedoch auf einmal ab. Stattdessen dauert die Reduktion der Anzahl lebensfähiger Sporen um jeweils eine Zehnerpotenz bei 121 °C etwa eine Minute. Deshalb müssen hoch kontaminierte Proben (z. B. Erde) besonders lange autoklaviert werden. Die **trockene (und druckfreie) Sterilisation** etwa von Glasgeräten erfordert höhere Temperaturen und längere Einwirkzeiten (z. B. 4 Stunden bei 160 °C). Lösungen mit hitzelabilen Bestandteilen (z. B. Vitamine) werden durch Filter mit Poren von 0,2 µm Durchmesser **steril filtriert**. Hierdurch kann eine Kontamination mit Viren allerdings nicht entfernt werden. Zur trockenen Sterilisation hitzeempfindlicher Gegenstände werden **chemische Mittel** (zum Beispiel das sich selbst zersetzende Ethylenoxid) oder hohe Dosen von **Gammastrahlen** verwendet. Leichter lassen sich Gase sterilisieren: Während einer Passage durch trockene **sterile Watte** werden alle Keime adsorbiert und herausgefiltert.

6.13
Teilentkeimung

Sowohl bei der Arbeit im Labor als auch bei der Herstellung von Lebensmitteln versucht man, die Keimzahlen niedrig zu halten, ohne strikte Sterilität zu erreichen. So werden Impfkammern im Labor über Nacht mit **UV-Licht** bestrahlt, und man arbeitet unter sterilfiltrierter Umluft. Milch wird meistens durch **Pasteurisation** (klassisch 10 min 80 °C, heute oft kürzer bei höherer Temperatur) teilentkeimt, wodurch vegetative Zellen und potenzielle Krankheitserreger abgetötet werden, nicht aber Sporen. In manchen Ländern werden Gewürze zur Reduktion von Keimzahlen mit Gammastrahlen bestrahlt.

Während Vollkonserven durch Autoklavieren steril sind, werden zu anderen Lebensmitteln oft **Konservierungsmittel** zugesetzt, die zwar nicht alle Mikroben abtöten, aber das Wachstum hemmen. Pathogene Bakterien (evtl. jedoch Pilze) wachsen nicht in Lebensmitteln mit Salz und Zucker in konzentrierter Form (als Wasser entziehende Agenzien) sowie Essigsäure, Propionsäure, Benzoesäure (membranpermeable Verbindungen), Alkohol (membranschädigend) oder auch Rauch (u. a. durch aromatische Verbindungen) oder Antibiotika. Weiterhin kann man Wachstum und Stoffwechsel der Mikroben durch Kühlung verlangsamen.

6.14
Kulturmedium

Für viele mikrobiologische Untersuchungen müssen Mikroorganismen im Labor gezüchtet werden. Hierzu verwendet man flüssige oder durch Agar verfestigte Medien, welche die zum Wachstum benötigten Substanzen enthalten. Ein **Komplexmedium** kann man durch Lösen von Fleisch- oder Hefeextrakt in Wasser herstellen. Viele Bakterien sind jedoch anspruchslos und benötigen zum Wachstum nicht mehr als einige anorganische Salze, die essenzielle Makro- und Spurenelemente enthalten (s. Kap. 2), sowie eine einzige organische Verbindung (z. B. Glucose) als Kohlenstoff- und Energiequelle, aus der alle anderen Komponenten synthetisiert werden können. Die Minimalansprüche kann man durch ein **definiertes Medium** mit genau bekannter Zusammensetzung erfüllen (Tab. 6.1). Um eine Veränderung des pH-Wertes durch Säurebildung zu verhindern, werden **Puffersubstanzen** zugesetzt. Dabei ist das Puffersystem mit Hydrogencarbonat (HCO_3^-) und Kohlendioxid (CO_2) das natürlichste. Allerdings kann bei offenen Systemen CO_2 entweichen und eine Alkalisierung des Mediums hervorrufen, weshalb oft nicht-flüchtige Puffer (z. B. Phosphat) eingesetzt werden.

6

Tabelle 6.1 Zusammensetzung eines definierten Kulturmediums

Komponente	Konzentration mM (= mmol/L)	Versorgung mit
Wasser	≈ 55 000	Wasser
KH_2PO_4	2	K, P
NH_4Cl	10	N, (evtl. Cl)
$MgSO_4$	2	Mg, S
NaCl	1–350	Na und Cl bei marinen Organismen
$FeSO_4$	0,01	Fe
$CaCl_2$	0,01	Ca
Spurenelement-Lösung	<0,001	für einige Enzyme
z. B. Glucose	10	C- und Energiequelle
pH-Wert auf 7, einstellen durch Zusatz von Puffer: z. B.		
Phosphat,	je 15 mM KH_2PO_4 und K_2HPO_4 oder	
Bicarbonat,	je 15 mM $NaHCO_3$ und CO_2 (≈ 20% CO_2 i. d. Gasphase)	

6.15
Anreicherungskultur

Um eine **Reinkultur** zu gewinnen, kann man ein steriles Medium zum Beispiel mit einer Erdprobe beimpfen. Bakterien, deren Ansprüche durch das verwendete Medium erfüllt werden und die das angebotene **Substrat** (Futter) verwerten können, werden zu wachsen beginnen, das Medium trüben und sich vermehren, bis das Substrat verbraucht ist. Überträgt man aus dieser Kultur ein wenig in eine Subkultur mit frischem Medium, werden sich die Bakterien durchsetzen, die bereits in der ersten Kultur wuchsen. Nach zwei oder drei Subkulturen hat man häufig ein relativ einheitliches Bild. Es haben sich die Bakterien durchgesetzt, die in dem angebotenen Medium am schnellsten wachsen konnten. Eine Reinkultur hat man noch nicht, da sicher nicht nur Nachkommen einer Zelle übrig geblieben sind. Außerdem hat man nicht die häufigsten Keime des Standortes gewonnen, von dem die Probe kam, sondern die am besten an das Medium angepassten, von denen in der Erdprobe vielleicht nur wenige vorhanden waren.

6.16
Vereinzelung von Zellen

Um eine **Reinkultur** zu gewinnen, muss man sicherstellen, dass eine Kultur aus einer einzigen Zelle hervorgegangen ist. Hierzu werden die Bakterien auf verfestigten Medien vereinzelt (Abb. 6.9 und 6.10). Als Verfestigungsmittel wird meistens **Agar** verwendet, ein aus Rotalgen gewonnenes Polysaccharid. Andere Verfestigungsmittel sind **Gelatine**, die allerdings nicht auf mehr als 28 °C erwärmt werden darf und im Unterschied zu Agar von vielen Bakterien verflüssigt wird, oder **Silica-Gele**.

Die Vereinzelung kann durch Ausstreichen eines Tropfens aus einer Verdünnungsreihe mit Hilfe eines **Drigalski-Spatels** erfolgen (Abb. 6.9). Man kann aber mit der „Dreizehn-Strich-Methode" eine Verdünnungsreihe direkt auf einer Agarplatte anlegen (Abb. 6.10). Diese erhält man durch geschicktes Überstreichen der Impfstriche mit zwischenzeitlichem Ausglühen und Abkühlen der **Impföse** aus Platindraht.

6.17
Direktisolierung

Während man durch die Anreicherungskultur das am besten an das gewählte Medium angepasste Bakterium gewonnen hat, kann man bei einer **Direktisolierung** ein anderes Ergebnis erwarten. Man setzt statt der Beimpfung einer Anreicherungskultur eine Verdünnungsreihe der Probe in sterilem Medium an (Abb. 6.9 und 6.11). Danach hat man die **häufigsten Keime** in den am stärksten verdünnten Ansätzen. Hiermit wird nun das gleiche Medium wie bei der Anreicherung beimpft. Oder man streicht einen Tropfen der Verdünnung auf einem verfestigten Medium aus. Jetzt entwickeln sich nicht unbedingt die am schnellsten wachsenden Keime, sondern die häufigsten Keime haben die Chance, sich ohne Konkurrenten zu entwickeln.

Die Direktisolierung ermöglicht außerdem die Zählung der kultivierbaren Keime, die Bestimmung der **Lebendzellzahl**. Hierzu werden drei oder mehr Verdünnungsreihen parallel angesetzt und nach einem statistischen, dem **MPN (*Most Probable Number*)-Verfahren** ausgewertet. Die Ergebnisse von vielen Zählungen zeigen allerdings, dass die Anzahl der kultivierbaren Keime weit unter der Gesamtzellzahl der Bakterien liegt. Es gibt kein Medium, auf dem alle Bakterien wachsen. Viele lassen sich mit den bekannten Methoden gar nicht zur Massenvermehrung bringen. Oft kann man nur weniger als 1 % der Bakterien von natürlichen Standorten kultivieren.

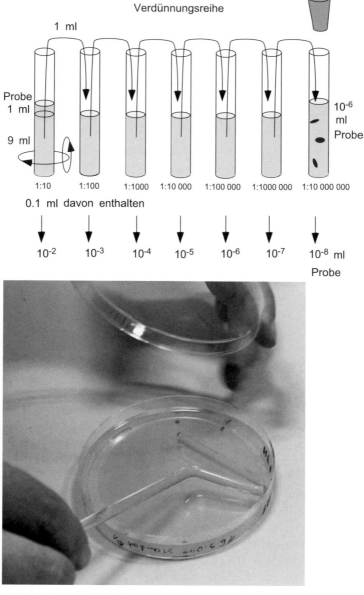

Abb. 6.9 Vereinzelung von Zellen in einer Verdünnungsreihe und durch Ausstreichen auf einer Agarplatte mit einem Drigalski-Spatel (Aufnahme Andrea Schlingloff)

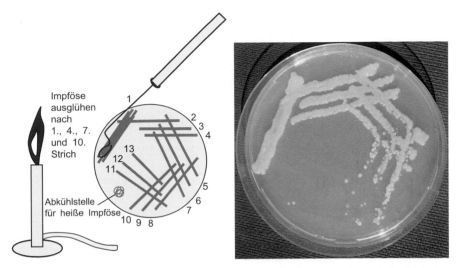

Abb. 6.10 Vereinzelung von Zellen auf einer Agarplatte durch Ausstreichen mit der Dreizehn-Strich-Methode

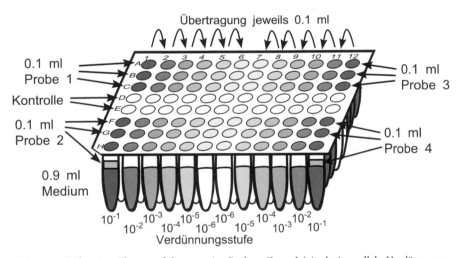

Abb. 6.11 Mikrotiter-Platte, auf der aus vier Proben (Inocula) je drei parallele Verdünnungsreihen erstellt werden können. Aus Anzahl und Verteilung der bewachsenen Ansätze lässt sich die wahrscheinliche Anzahl wachstumsfähiger Bakterien ermitteln (MPN-Verfahren)

6   # Glossar

> **Acridin-Orange:** Fluoreszenz-Farbstoff für DNA
> **Agar:** Aus Rotalgen gewonnenes Polysaccharid, wird in kochendem Medium flüssig und erstarrt bei 42 °C, Anwendung etwa 15 g/L
> **Amplitude:** Wellenhöhe
> **anisotrop:** Nicht in allen Richtungen gleich
> **Anreicherungskultur:** Mischkultur, in der sich die am schnellsten wachsenden Keime durchsetzen
> **Autoklavieren:** Sterilisation im heißen Dampf unter Überdruck (121 °C, 120 kPa)
> **Brechungsindex:** Maß für die Lichtbrechung durch einen Stoff, auf Unterschiede der Lichtgeschwindigkeit in verschiedenen Medien zurückzuführen
> **DAPI:** 4,6-Diamidino-2-phenylindol, Fluoreszenz-Farbstoff für DNA
> **differenzieller Interferenzkontrast:** Mikroskopisches Verfahren, bei dem polarisiertes und phasengleiches Licht dazu genutzt wird, räumliche Bilder zu erzeugen
> **Direktisolierung:** Gewinnung von Reinkulturen ohne vorherige Anreicherungskultur
> **Drigalski-Spatel:** Gebogener Stab aus Glas oder Metall, der zum Ausstreichen von Flüssigproben auf Agar verwendet wird
> **Gefrierätztechnik:** Herstellung von Relief-artigen Präparaten für die Elektronenmikroskopie durch Brechen tiefgefrorener Proben
> **Gelatine:** Bindegewebsprotein, das zur Verfestigung von Medien eingesetzt werden kann
> **Hellfeld-Verfahren:** Einfachstes mikroskopisches Verfahren, bei dem Licht aus einem Kondensor durch ein Objekt geleitet wird
> **Immersionsöl:** Öl, das einen ähnlichen Brechungsindex wie Glas aufweist und für starke Vergrößerungen zwischen Deckglas und Objektiv eines Mikroskops gebracht wird
> **Inoculum:** Das einem Kulturmedium zugesetzte Impfmaterial
> **Komplexmedium:** Kulturmedium mit chemisch nicht exakt definierten Zusätzen, wie Pepton oder Hefeextrakt
> **Kondensor:** Linsensystem, das Licht auf ein mikroskopisches Präparat bündelt
> **konfokales Laser-Scanning-Mikroskop:** Mikroskop, mit dem durch Einsatz eines Lasers einzelne Ebenen eines Objekts getrennt sichtbar gemacht werden können
> **Kontrast:** Durch ein Präparat hervorgerufener Unterschied in der Strahlenintensität
> **Kraftfeld-Mikroskop:** Hochempfindliches Mikroskop, das Wechselwirkungen zwischen einem Sensor und Oberflächenstrukturen detektiert
> **Lichtquant:** Photon

> **Mikrotiter-Platten:** Kunststoff-Platten mit z. B. 96 Vertiefungen, die für Serienversuche eingesetzt werden
> **Minimalmedium:** Chemisch definiertes Medium, das keine nicht benötigten Komponenten enthält
> *Most probable Number* (MPN)-Verfahren: Statistisches Verfahren, bei dem aus der Anzahl bewachsener Kulturen in mehreren parallelen Verdünnungsreihen die Zahl vermehrungsfähiger Keime bestimmt wird
> **Pasteurisation:** Abtötung vegetativer Keime durch Hitze (z. B. 10 Minuten Erhitzung auf 80 °C), nicht wirksam gegen Sporen
> **Phasenkontrast:** Mikroskopisches Verfahren, in dem phasenparalleles Licht dazu genutzt wird, Unterschiede im Brechungsindex sichtbar zu machen
> **Polarisation:** Ausrichtung von Licht in einer Schwingungsebene
> **Puffer:** Substanz, die den pH-Wert eines Mediums stabilisiert
> **Raster-Elektronenmikroskopie:** Mikroskopisches Verfahren, bei dem von einem Objekt zurückgestrahlte Elektronenstrahlen ohne Bündelung Bildinformationen liefern
> **reelles Bild:** Auf dem Kopf stehendes mikroskopisches Bild, das auf einem Schirm aufgefangen werden kann
> **Röntgen-Fluoreszenz-Mikroskopie:** Raster-Elektronenmikroskopie mit Röntgenstrahlen, die anhand der Sekundärstrahlung Informationen über die elementare Zusammensetzung des Präparats liefert
> **Sekundärstrahlung:** Aus einem Stoff unter Röntgenbestrahlung freigesetzte Strahlung
> **Silica-Gel:** Trägermaterial mit Silikaten
> **Sterilisation:** Abtötung aller Keime
> **Substrat:** Energie- und Kohlenstoffquelle, manchmal auch Anheftungsuntergrund
> **SybrGreen:** Fluoreszenz-Farbstoff für Nukleinsäuren
> **Transmissions-Elektronenmikroskop:** Mikroskop, das ähnlich dem Lichtmikroskop aufgebaut ist, aber durch Verwendung von kurzwelligen Elektronenstrahlen eine sehr viele höhere Auflösung ermöglicht
> **Tunnelmikroskop:** Hochauflösendes Mikroskop, das einen berührungsfreien Elektronenfluss (Tunneln) von einer Sensorspitze zu einer Präparatoberfläche detektiert
> **virtuelles Bild:** Seitenrichtiges Bild, das nicht auf einem Schirm aufgefangen werden kann
> **Wellenlänge:** Abstand zweier Wellenberge (oder Täler)

6

Prüfungsfragen

> Wodurch wird die Auflösung eines Mikroskops begrenzt?
> Worauf beruht das Phasenkontrast-Verfahren?
> Welche Vorteile bieten Dunkelfeld- und Fluoreszenz-Mikroskopie?
> Wo sieht man Bakterien ohne Mikroskop?
> Wie kann man mit bloßem Auge erkennen, ob eine Bakterienkultur Stäbchen oder Kokken enthält?
> Welche Nachteile haben elektronenmikroskopische Verfahren?
> Welche Vorteile bietet die Raster-Elektronenmikroskopie?
> Welche Bakterien gewinnt man aus einer Anreicherungskultur und aus einer Direktisolierung?
> Welche Zusätze muss ein Minimalmedium enthalten?

Themen und Lernziele: Taxonomie von Prokaryoten; Gewinnung einer Reinkultur; Polymerase-Kettenreaktion; Sequenzierung von DNA; 16S-rRNA; Erstellung phylogenetischer Stammbäume; Domainen; spezifischer Nachweis von Mikroorganismen mit molekularen Methoden

7.1
Taxonomie

Eine wichtige Aufgabe der Biologie ist es, die Lebewesen zu beschreiben, zu benennen und systematisch einzuordnen. Hierzu werden die Organismen hierarchisch in verschiedene Gruppen (**Taxa**) eingeordnet. Die grundlegendste Zuordnung ist die nach **Urreichen** oder **Domänen**, die feinste die nach **Gattungen** und **Arten**. Die Namen von Mikroorganismen setzen sich **binomial** aus dem Gattungsnamen (z. B. *Escherichia*) und einem Art-bezeichnenden Zusatz (z. B. *coli*) zusammen. Oft wird bei Artnamen nur der erste Buchstabe der Gattung verwendet und der Name *kursiv* gedruckt (Tafel 7.1).

Der Artbegriff wurde für die Pflanzen und Tiere geformt. Eine **Art** ist definiert als sexuelle Fortpflanzungsgemeinschaft, die von anderen Gruppen reproduktiv isoliert ist. Bei den Prokaryoten, die zwar Gene austauschen können, aber keine kompletten Genome, und die sich nur asexuell vermehren, ist der Artbegriff problematisch. Er ist jedoch nötig und wird nach unten beschriebenen Regeln verwendet, um die Organismen zu benennen und einzuordnen. Die taxonomische Einordnung sollte der natürlichen Verwandtschaft entsprechen und auf dem **phylogenetischen Stammbaum** beruhen. Bei den Prokaryoten ist die Situation dadurch erschwert, dass die Aussagekraft **morphologischer Merkmale** bei ihnen sehr gering ist. Es ist fast immer unmöglich, ein Bakterium nach dem mikroskopischen Bild oder auch mit Hilfe eines Elektronenmikroskops taxonomisch einzuordnen. Man benutzt daher zusätzlich **physiologi-**

Tafel 7.1   Taxonomische Einordnung des berühmtesten Bakteriums, *Escherichia coli*

Domäne oder Urreich:	Bacteria
Phylum:	Proteobacteria
Klasse:	Gamma-Proteobacteria
Ordnung:	Enterobacteriales
Familie:	Enterobacteriaceae
Gattung:	*Escherichia*
Art:	*Escherichia coli*
Stamm:	*Escherichia coli* K12

sche Merkmale, die Hinweise auf die Lebensweise geben, und **biochemische Tests**, welche die Anwesenheit bestimmter Zellkomponenten anzeigen. Die Möglichkeit, **Sequenzen** von Proteinen und vor allem von Nukleinsäuren zu bestimmen und zu vergleichen, hat die Systematik der Mikroorganismen revolutioniert. Man kann anhand der Ähnlichkeit der Sequenzen Stammbäume erstellen, die Hinweise selbst auf die ersten Lebewesen geben, obwohl nur heute lebende Organismen untersucht werden können.

7.2
Artenvielfalt

Derzeit sind etwa 7 000 Bacteria und Archaea als Arten beschrieben, sehr wenig, verglichen mit der bekannten Artenvielfalt der Pflanzen und Tiere. Die tatsächliche Anzahl prokaryotischer Arten ist jedoch vielfach höher. Bereits in einer Probe von 30 g Waldboden wurde die Anzahl verschiedener DNA-Sequenzen auf 13 000 geschätzt. Wenn man als Kriterium zur Abgrenzung einer Art 30% Differenz in der DNA-Sequenz anwendet, könnte es nach neueren Schätzungen vielleicht sogar 1 Milliarde verschiedener Prokaryoten-Arten geben. Die meisten davon werden wir allerdings kaum als solche wahrnehmen. Nur ein verschwindend geringer Teil ist bisher im Labor kultiviert worden. Die meisten gelten als unkultivierbar, weil sie sich in unseren Kulturmedien nicht vermehren. Allerdings bietet die Natur Bedingungen, unter denen die gewaltige Vielfalt sich entwickeln konnte.

7.3
Einordnung einer Reinkultur

Voraussetzung für die Klassifizierung eines Bakteriums ist in der Regel das Vorliegen einer **Reinkultur** (s. Kap. 6). Dabei handelt es sich um eine Kultur, die aus den Nach-

Tafel 7.2 Kriterien zur Klassifizierung einer Reinkultur

Morphologie

> Kolonieform und -farbe
> Zellform, -größe, evtl. Zellverbände
> Beweglichkeit, Art der Begeißelung (Elektronenmikroskop)
> Zellwandtyp (Gram-Test und/oder Elektronenmikroskop)
> Zelleinschlüsse, -fortsätze, Kapseln, Sporenbildung, usw.

Physiologie

> Verwertung von Substraten als C-, N- oder S-Quelle
> Fähigkeit zu aerobem und anaerobem Wachstum
> Analyse von Gärprodukten (Gas-, Säurebildung, chemische Analyse)
> Temperaturgrenzen des Wachstums, Toleranz gegenüber Säure, Salz, usw.

Biochemische und molekularbiologische Kriterien

> Nachweis von Enzymaktivitäten (z. B. Katalase, Cytochrom-Oxidase, Nitrogenase)
> Nachweis von Cytochromen (Farbspektrum)
> Nachweis von charakteristischen Lipidverbindungen
> Analyse der Zusammensetzung der Zellwand
> Anteil von Guanin plus Cytosin an den Basen der DNA (GC-Gehalt)
> DNA-DNA-Hybridisierung zwischen ähnlichen Stämmen
> Basensequenz der ribosomalen RNA (16 S-rRNA, 23 S-rRNA)

---

kommen einer einzigen Zelle hervorgegangen ist, d. h. um einen **Klon**. Die Reinkultur erhält eine **Stammbezeichnung**, die für jede Kultur einzigartig sein sollte, da Stämme derselben Art durchaus Unterschiede aufweisen können.

Die **morphologische Untersuchung** der Reinkultur wird makroskopisch, mikroskopisch und möglichst auch elektronenmikroskopisch durchgeführt, um Größe, Form, Teilungsstadien, Begeißelungstyp und weitere charakteristische Merkmale zu erfassen (Tafel 7.2). Auch die Bestimmung des Zellwandtyps durch den **Gram-Test** gibt wichtige Hinweise für die Einordnung eines Bakteriums.

Weit aufwändiger ist die Untersuchung **physiologischer Eigenschaften** eines Bakteriums. Viele verschiedene Verbindungen werden darauf getestet, ob sie von dem zu untersuchenden Stamm verwertet werden. Hierzu kann man **Mikrotiterplatten** (Abb. 6.10) verwenden, in denen zahlreiche getrennte Reaktionskammern mit verschiedenen Substraten vorliegen. Mit halbautomatischen Pipetten können jeweils mehrere Kammern gleichzeitig mit Kultur befüllt werden. Das Ergebnis kann man nach 24 h Bebrütung anhand von Indikator-Farbstoffen sehen oder von einem Automaten auswerten lassen.

Weiterhin wird geprüft, ob der Stamm nur mit Sauerstoff wächst, also **aerob** ist, oder ob er auch **fakultativ** (wahlweise) **anaerob** wächst. Bei Anaerobiern werden die

7

Gärprodukte (s. Kap. 14) analysiert, die wichtige Hinweise auf den **Stoffwechseltyp** liefern. Außerdem muss getestet werden, ob Sulfat oder Nitrat statt Sauerstoff als Elektronenakzeptoren (s. Kap. 15) genutzt werden können.

Biochemische Tests zeigen, ob die Zellen charakteristische Enzyme, Pigmente, Membran- oder Zellwandbestandteile haben oder nicht. **Molekularbiologische Untersuchungen** hingegen analysieren vor allem Nukleinsäuren. Man interessiert sich gerade für solche Gene, die an fundamentalen Prozessen des Stoffwechsels beteiligt sind, etwa der Replikation von DNA oder RNA (s. Kap. 2), der Synthese von Proteinen oder der Regeneration von ATP. Diese Prozesse stehen unter einem hohen Selektionsdruck und haben sich im Laufe der Evolution nur langsam entwickelt. Aus Sequenzvergleichen lassen sich Stammbäume erstellen, die Einsichten zurück bis an den Stoffwechsel der ersten Organismen erlauben (s. Kap. 20). Der Anteil von Guanin und Cytosin an den Basen der DNA (abgekürzt **GC-Gehalt**) variiert artspezifisch in einem Bereich von 25 bis 78%. Zwei Stämme derselben **Art** weisen normalerweise weniger als 5% Unterschied im GC-Gehalt auf, mehr als 10% sind charakteristisch für verschiedene **Gattungen**. Die **Sequenz der Basen der DNA** variiert noch stärker, bei Bakterien derselben Art um bis zu 30%, wenn man die gesamte DNA vergleicht (weniger als 3%, wenn man die 16 S-rRNA betrachtet, s. unten).

Die Methoden und Möglichkeiten der Sequenzanalyse werden immer besser (s. unten). Die Zahl der vollständig sequenzierten Bakteriengenome steigt rasant. Bioinformatiker entwickeln Werkzeuge, mit denen man die aus der DNA-Sequenz leicht die physiologische Ausstattung eines Organismus erkennen kann. Viele Genome und Programme sind frei zugänglich (zum Beispiel: http://www.jgi.doe.gov). Auf **DNA-Chips** oder **Microarrays** kann z. B. ein ganzes Bakteriengenom in kurzen DNA-Abschnitten (Einzelstränge) fixiert werden. Man gibt mit einem Fluoreszenzfarbstoff markierte DNA zu und lässt eine Hybridisierung komplementärer Stränge ablaufen. Dadurch werden passende Gensequenzen auf dem Chip fixiert und durch Fluoreszenz für einen Laser erkennbar. Mit dieser Technik lässt sich z. B. das **Transkriptom** analysieren. Dieses umfasst alle Gene einer Zelle, die zu einem bestimmten Zeitpunkt in mRNA transkribiert werden. (Man verwendet eine reverse Transkriptase [s. Kap. 5], um die mRNA in hybridiersungsfähige DNA umzuschreiben). Mit anderen Methoden lassen sich tausende verschiedener Proteine identifizieren, die zu einem Zeitpunkt in einer Zelle sind. Man nennt dies das **Proteom**.

7.4
PCR – Polymerase-Kettenreaktion

Mit Hilfe der Polymerase-Kettenreaktion (PCR, *polymerase chain reaction*) lassen sich DNA-Moleküle in einem Automaten fast beliebig vermehren (Abb. 7.1). Man bringt die **DNA** zusammen mit **Desoxy-Nukleosid-Triphosphaten** (dNTP) und der hitzestabilen **DNA-Polymerase** aus einem thermophilen Bakterium (z. B. *Thermus aquaticus*). Außerdem setzt man einen Überschuss von zwei **Startsequenzen** (*Primer*) zu, die an

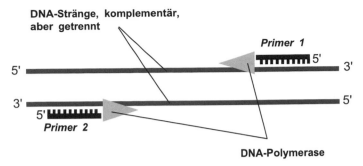

Abb. 7.1 Prinzip der Polymerase-Kettenreaktion. 1. DNA-Stränge werden durch Hitze (96 °C) getrennt, 2. paaren sich anschließend bei mäßiger Temperatur (<60 °C) mit komplementären *Primern*, die als Startsequenzen 3. für eine Verlängerung durch die DNA-Polymerase (bei 72 °C) dienen

den Außenrändern des gewünschten DNA-Bereichs komplementär zu jeweils einem DNA-Strang sind. Man muss also Sequenzen in der Nähe des Zielbereichs kennen. Nun wird das Gemisch auf 96 °C erhitzt, wodurch sich die Stränge der doppelsträngigen DNA trennen (Denaturierung). Bringt man die Temperatur nun unter 60 °C, können sich komplementäre Stränge wieder paaren. Dies gilt auch für *Primer* und die dazu komplementäre DNA. Nun wird die Temperatur auf 72 °C erhöht. Die DNA-Polymerase verlängert die *Primer* am 3'-OH-Ende (zunächst über die Anheftungsposition des gegenüberliegenden *Primers* hinaus) und bildet dabei beim neuen Strang auch die Anheftungssequenz für den zweiten *Primer*. (Man kann sich klarmachen, dass die überstehenden Stücke nach wenigen Cyclen quantitativ keine Rolle mehr spielen, da sie vom jeweils nächsten Primer nicht mehr amplifiziert werden.) Mit der Erhöhung der Temperatur auf 96 °C startet bereits nach wenigen Minuten der zweite Cyclus. Nach 30 Cyclen könnten so innerhalb weniger Stunden aus einem DNA-Molekül 2^{30} ($\approx 10^9$) entstanden sein. Tatsächlich arbeitet das System nicht perfekt und erzeugt nur etwa $1{,}6^{30}$ ($\approx 10^6$) Tochtermoleküle.

7.5
Sequenzierung von DNA

Das PCR-Verfahren kann auch für die ersten Schritte der Sequenzierung von DNA eingesetzt werden. Man verwendet dabei *Primer*, die eine Markierung (*Label*) tragen, die in der **Sequenzier-Maschine** hochempfindlich detektiert werden kann (Abb. 7.2). Dabei kann es sich um eine radioaktive oder eine fluoreszierende Gruppe handeln. In einem PCR-Ansatz werden die markierten *Primer*-Moleküle an einzelsträngige DNA gebunden und durch die DNA-Polymerase komplementär zur DNA verlängert. Dabei werden vier verschiedene Ansätze gefahren, in denen jeweils ein kleiner Teil eines der vier Nukleotide an der Ribose modifiziert ist.

7

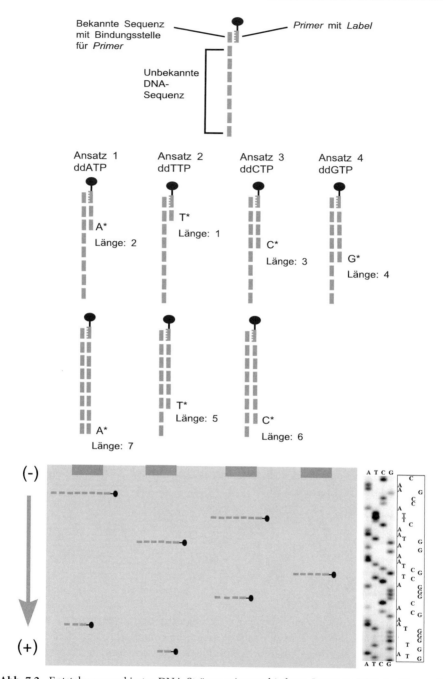

Abb. 7.2 Entstehung markierter DNA-Stränge mit verschiedener Länge in PCR-Ansätzen mit einem Teil Didesoxy-Nukleotiden (*), die einen Abbruch der Verlängerung bewirken. Die entstandenen Einzelstränge werden anschließend in einer Gel-Elektrophorese im elektrischen Feld nach ihrer Länge aufgetrennt. *Rechts* der Ausschnitt eines Sequenzier-Gels aus einem Sequenzier-Automaten

Bei der Sanger-Methode werden **Didesoxy-Nukleosid-Triphosphate (ddNTP)** eingesetzt, denen sowohl die 2'-OH- als auch die 3'-OH-Gruppe fehlt. Der zufällige Einbau eines solchen ddNTP führt zum Abbruch der Verlängerung der Kette, da keine Hydroxyl-Gruppe für eine Verlängerung vorhanden ist. Allerdings geschieht dies an jeder Position nur bei einem kleinen Teil der Stränge und jeweils nur in dem Ansatz mit dem entsprechenden ddNTP. Der größte Teil wird weiter verlängert und erfährt eventuell später den Abbruch durch das modifizierte Nukleotid. Die verschieden langen Sequenzen werden durch etwa 30 PCR-Cyclen vermehrt und anschließend in der Sequenzier-Maschine nach Länge getrennt. Dies geschieht in der Sequenzier-Maschine durch eine Gelelektrophorese, in der die Einzelstränge abhängig von der Anzahl negativer Ladungen, die der Länge proportional ist, wandern. Banden mit Längenunterschieden von nur einem Nukleotid werden dabei durch die Markierung sichtbar. Da jede einzelne Fragmentlänge entsprechend der untersuchten DNA-Sequenz nur in einer der vier Bahnen auftritt, lässt sich die Basensequenz leicht ablesen (Abb. 7.2).

Ein neue Methode ist die **Pyrosequenzierung**, die es ermöglicht, viele tausend Sequenzen auf einem Chip in kurzer Zeit zu analysieren. Dazu werden einzelsträngige Stücke der zu sequenzierenden DNA auf Chips fixiert. Während die DNA-Polymerase nun den komplementären Gegenstrang synthetisiert, wird sie bei jedem Schritt beobachtet. Dazu dienen raffinierte Enzymgemische, die das bei der Strangverlängerung freiwerdende Pyrophosphat zu einer Luciferase-Reaktion nutzen, die Licht aussendet. Die Synthese erfolgt schrittweise getaktet. Es wird reihum immer nur eines der vier Nukleotide zu Verfügung gestellt und anhand der Lichtblitze festgestellt, an welchen Positionen des Chips (d. h. an welchem der zu sequenzierenden DNA-Stränge) es eingebaut wurde. Anschließend wird gespült und das nächste Nukleotid (sowie Enzymgemisch) angeboten.

7.6
Die ribosomale 16 S-RNA

Das am besten bekannte DNA-Stück ist das Gen der ribosomalen 16 S-RNA der Prokaryoten. Diese DNA-Sequenz ist etwa 1500 Basenpaare lang. Bei Eukaryoten findet man entsprechend etwa 2300 Basen, die die 18 S-rRNA kodieren. Da der Prozess der Proteinsynthese fundamental und sehr kompliziert ist, ist er sehr empfindlich gegenüber Mutationen und hat sich in der Evolution nur sehr langsam verändert. Die ribosomale 16 S-RNA hat Bereiche, die extrem konserviert sind, und andere, in denen Basen häufiger ausgetauscht sind. Innerhalb einer Art findet man jedoch meist mehr als 97% Übereinstimmung in der Basensequenz der 16 S-rRNA.

Man kennt heute viele tausend Sequenzen von 16 S- bzw. 18 S-rRNA, die man in Stammbäume einordnet. Aus der relativen Veränderung (Anzahl der Mutationen) der DNA ergibt sich ein „evolutionärer Abstand". Mit Hilfe von Computerprogrammen kann man aus den Abständen einen Stammbaum erstellen (Abb. 7.3). Obwohl man dazu nur Sequenzen aus heute lebenden Organismen verwendet (Abb. 7.4), reichen die Verzweigungen der Stammbäume bis an die ersten gemeinsamen Vorfahren aller Lebewesen zurück (Abb. 7.5 und 7.6). Allerdings sind die Verzweigungen in solchen Stammbäumen nicht durch fossile Funde belegt und haben zunächst keine zeitliche Dimension. Stattdessen beruhen sie auf der Annahme, dass Veränderungen mit konstanter, kleiner Rate eingetreten sind. Man benutzt die Sequenzen sozusagen als **molekulare Uhren**, wobei je nach betrachtetem Bereich die Uhr schneller (hypervariabler Bereich) oder langsamer (konservativer Bereich) läuft.

Neben der Basensequenz der ribosomalen RNA hat man die **Aminosäure-Sequenzen universeller Proteine**, etwa der RNA-Polymerase und der membrangebundenen ATPase benutzt, um weit zurückreichende Stammbäume zu erstellen. Dabei sind ähnliche, aber nicht immer dieselben Verzweigungen gefunden worden.

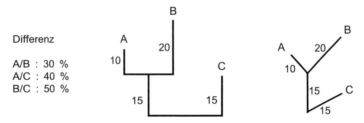

Abb. 7.3 Vereinfachtes Beispiel für die Konstruktion eines Stammbaums aus Sequenzunterschieden. Während im *linken* Baum nur die vertikalen Achsen dem phylogenetischen Abstand entsprechen, sind es im *rechten* die gesamten Längen der Äste

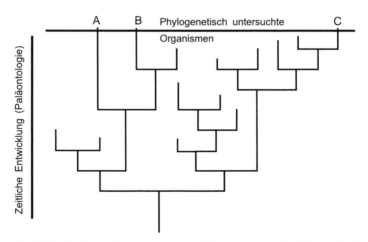

Abb. 7.4 Vergleich der Betrachtungsebenen von Paläontologie und phylogenetischer Analyse heutiger Organismen. Der phylogenetische Stammbaum berücksichtigt nicht die vielen ausgestorbenen Organismen und hat keine datierbaren Verzweigungen

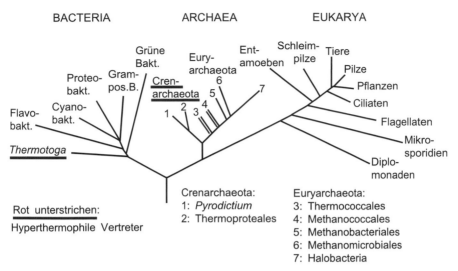

Abb. 7.5 Der phylogenetische Stammbaum aller Lebewesen aus Sequenzvergleichen der ribosomalen 16 (bzw. 18) S-RNA nach Woese et al. Die Strichlängen sind dem phylogenetischen Abstand proportional

7.7
Grundstruktur des phylogenetischen Stammbaums

Der phylogenetische Stammbaum der Organismen hat eine Grundstruktur (Abb. 7.6), die drei Hauptlinien aufzeigt. Diese werden als **Domänen** oder **Urreiche** bezeichnet und werden von den **Bacteria** (Eubakterien), **Archaea** (Archaebakterien) und **Eukarya** (Eukaryoten) gebildet. Wo in der Grundstruktur die Wurzel anzusiedeln ist, die den gemeinsamen Vorfahren aller Lebewesen repräsentiert, ist nicht ganz sicher. Es ergeben sich Unterschiede, je nachdem, ob man die ribosomale RNA oder universelle Proteine analysiert. Wahrscheinlich erfolgte die erste Aufspaltung zwischen den **Bacteria** und den **Archaea**. Die **Eukaryoten** scheinen näher mit den Archaeen als mit den Bacteria verwandt zu sein. Der Abstand zwischen Pflanzen und Tieren erscheint, wenn man den gesamten Stammbaum betrachtet, als relativ gering. Auch **Chloroplasten** und **Mitochondrien** lassen sich anhand ihrer RNA in den Stammbaum einordnen (Abb. 7.6). Dies ist ein weiterer Beleg für die Endosymbiontentheorie, die besagt, dass sich diese Organellen aus Bakterien entwickelt haben. Chloroplasten zeigen eine weitläufige Verwandtschaft mit Cyanobakterien. Mitochondrien gehören in die Nähe der Proteobakterien, die eine große Gruppe mit vielen Vertretern darstellen.

Sehr interessant ist, dass die bei Temperaturen von über 80 °C wachsenden **hyperthermophilen Bakterien** und **Archaeen** jeweils sehr tief im Stammbaum abzweigende Äste repräsentieren. Dies kann als Hinweis gewertet werden, dass die ersten Organismen thermophil waren und sich bereits entwickelt haben, als die Erde noch

7

nicht abgekühlt war (s. Kap. 18). Unter den Eukaryoten kennt man keine extrem thermophilen Vertreter.

Die Möglichkeit der Einordnung von Gensequenzen in den phylogenetischen Stammbaum hat schon zur Eingruppierung von Organismen geführt, die man noch nie gesehen, geschweige denn kultiviert hat. In heißen Quellen des Yellowstone-Parks in den USA wurden nach der Vermehrung von 16 S-rRNA-Genen durch PCR Sequenzen gefunden, die einer neuen Gruppe zuzuordnen sind, die nahe der Crenarchaeoten abzweigt. Diese Gruppe wird als **Korarchaeoten** bezeichnet. Die Situation ist vergleichbar dem Fund von Ausweisen, die wahrscheinlich echt sind und einige Informationen liefern, deren Besitzer man aber nicht kennt.

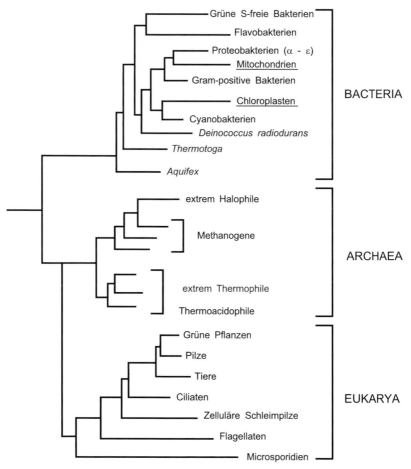

Abb. 7.6 Der phylogenetische Stammbaum in anderer Darstellung. Nur die horizontalen Äste entsprechen dem phylogenetischen Abstand. Sie können um die Verzweigungspunkte gedreht werden

7.8
Nachweis von Mikroorganismen mit molekularbiologischen Verfahren

Lange Zeit war man darauf angewiesen, ein Bakterium in Reinkultur zu züchten, um es zu identifizieren. Leider wachsen aber nur wenige Bakterien aus natürlichen Standorten in Labor-Medien, weshalb ein großer Teil der Prokaryotenwelt uns verschlossen blieb. Molekularbiologische Verfahren machen es heute möglich, einen Mikroorganismus ohne vorherige Kultivierung zu identifizieren. Man verwendet als RNA-Sonden bezeichnete Marker, die ein Oligonukleotid (etwa 16 Nukleotide lang) und einen daran gebundenen Fluoreszenzfarbstoff enthalten. Behandelt man eine natürliche Probe nun so, dass die Bakterien darin für die Sonde durchlässig werden, so werden diejenigen, deren ribosomale RNA zu der der Sonde komplementär ist, gezielt im Fluoreszenz-Mikroskop zum Leuchten (Abb. 7.7) gebracht. Die ribosomale RNA eignet sich für diesen Ansatz, da jedes Molekül in den Ribosomen sehr häufig vorkommt. Um auch DNA-Sequenzen auf ähnliche Weise nachzuweisen, führt man eine *in-situ*-PCR-Reaktion durch. Dabei werden die gesuchten DNA-Sequenzen auf einem Objektträger vervielfältigt, bis sie wie die ribosomale RNA mit Sonden nachweisbar sind.

Man hat inzwischen vielerlei Sonden entwickelt, die man auch kombiniert mit verschiedenen Farbstoffen einsetzen kann. So lässt sich auf einem Objektträger prüfen, welche Zellen in einem Präparat den Eubakterien und den Archaeen zuzuordnen sind und bei welchen es sich um Sulfatreduzierer handeln könnte.

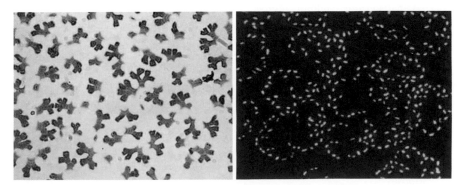

Abb. 7.7 Das Bakterium *Nevskia ramosa* lebt auf der Oberfläche ruhiger Gewässer und bildet dort eine Wasser abweisende Kahmhaut aus Polysacchariden, die im *linken* Bild mit Toluidinblau angefärbt wurde. Die Zellen, welche die Rosetten durch laterale Ausscheidung von Schleim bilden, sind auf dem *linken* Bild kaum zu erkennen. Auf dem *rechten* Bild wurden sie durc Einsatz einer spezifischen Sonde, die an die ribosomale RNA bindet und einen Fluoreszenz farbstoff trägt, im Epifluoreszenz-Mikroskop sichtbar gemacht. Durchmesser der Halbkrei etwa 50 µm (Aufnahmen Teresa Ottenjann)

7

Glossar

> **Art:** Spezies, durch einen Namen abgegrenzte taxonomische Einheit einer Gattung
> **Bacteria, Eubakterien:** Alle Prokaryoten außer den Archaeen
> **binomial:** Aus zwei Namen zusammengesetzt
> **Crenarchaeota:** Untergruppe der Archaeen mit vielen extrem thermophilen Vertretern
> **Cytochrome:** Gefärbte am Elektronentransport beteiligte Proteine mit einer Hämgruppe (Eisen-Porphyrin) als prosthetischer Gruppe
> **Denaturierung:** Prozess der Zerstörung der Struktur, ohne die Sequenz einer Nukleinsäure oder eines Proteins zu zerstören
> **Didesoxy-Nukleotid:** Nukleotid, dessen Ribose die 2'-OH- und die 3'-OH-Gruppen fehlen
> **Domäne:** Urreich
> **Enterobakterien:** Gruppe Gram-negativer Stäbchen mit fakultativ aerobem Stoffwechsel, typischerweise im Darm vorkommend
> **Euryarchaeota:** Untergruppe der Archaeen
> **fakultativ:** Optional, nicht obligat
> **Gattung:** Genus, taxonomische Einheit oberhalb der Art
> **Gel-Elektrophorese:** Verfahren zur Trennung von Molekülen im elektrischen Feld in einem Gel aus z. B. Agarose oder Polyacrylamid
> **Hybridisierung:** Bildung doppelsträngiger Nukleinsäuren (DNA, RNA, oder DNA/RNA) durch komplementäre Basenpaarung zwischen zwei Einzelsträngen
> **hyperthermophil:** Bei Temperaturen über 80 °C optimal wachsend
> *in situ* (lat.): In natürlicher Umgebung
> **Katalase:** Enzym, das Wasserstoffperoxid (H_2O_2) zu Wasser und Sauerstoff spaltet
> **Korarchaeota:** Gruppe von Archaeen, von denen bisher nur DNA-Sequenzen bekannt sind
> **NTP:** Nukleosid-Triphosphat
> **Nukleosid:** Molekül aus einer Nukleinsäure-Base und Ribose oder Desoxy-Ribose
> **Nukleotid:** Nukleosid-Phosphat
> **Oxidase:** Enzym, das Sauerstoff (zu Wasser oder H_2O_2) reduziert
> **PCR, Polymerase-Kettenreaktion:** Verfahren zur Vervielfältigung von DNA-Sequenzen
> **Phylogenetischer Stammbaum:** Stammbaum aufgrund molekularbiologischer Ähnlichkeiten
> **Pyrosequenzierung:** DNA-Sequenzierungsverfahren, bei dem die komplementäre Strangverlängerung über Lichtblitze verfolgt wird
> *Primer:* Startsequenz für die PCR, komplementär zu einer bekannten DNA-Sequenz

> **Proteobakterien:** Artenreiche Gruppe der Eubakterien, unterteilt in Untergruppen (α bis ε)
> **Reinkultur:** Kultur aus Nachkommen einer einzigen Zelle, Klon
> **Stamm:** Bezeichnung einer Reinkultur mit definierter Herkunftsangabe (bei Tieren übergeordnetes Taxon)
> **Taxon**, Plural **Taxa:** Zuordnungsebene in der Taxonomie.
> **Urreich:** Domäne, höchstes Taxon

Prüfungsfragen

> Wie unterscheidet sich der Artbegriff bei Prokaryoten und Eukaryoten?
> Was ist ein Bakterienstamm?
> Welche Kriterien dienen zur Klassifizierung einer Reinkultur?
> Was schließt man aus dem GC-Gehalt der DNA?
> Was geschieht bei einer DNA-DNA-Hybridisierung?
> Was sind die Schritte der Polymerase-Kettenreaktion (PCR)?
> Wie kann man DNA sequenzieren?
> Wie weist man Organismen mit molekularen Sonden nach?
> Was leistet *in-situ*-PCR?
> Wie kann man aus heute lebenden Organismen auf die ersten Schritte der Phylogenie schließen?
> Welche Moleküle werden zur Erstellung eines phylogenetischen Stammbaums benutzt?
> Welche Annahmen werden bei der Erstellung der phylogenetischen Stammbäume gemacht?
> Wie sieht die Grundstruktur des phylogenetischen Stammbaums aus?
> Wie lassen sich Mitochondrien und Chloroplasten in den phylogenetischen Stammbaum einordnen?
> Woraus schließt man, dass die ersten Organismen thermophil waren?

Wachstum von Mikroben

8

Themen und Lernziele: Konsequenzen der Vermehrung durch Zweiteilung; Prozess der Verdopplung einer Zelle; exponenzielles Wachstum; Wachstumsphasen; Chemostat, Turbidostat, K_S-Wert

8.1
Potenzielle Unsterblichkeit und der Traum der Bakterien

Ein junger Mensch mag davon träumen, einmal Kinder zu haben, diese aufwachsen zu sehen und mit ihnen engen Kontakt zu halten, bis er von ihnen zu Grabe getragen wird. Prokaryoten und viele Einzeller hingegen haben keine Chance, ihre Nachkommen kennenzulernen, weil sie im wahrsten Sinne des Wortes restlos in ihnen aufgehen, wenn sie sich in zwei Tochterzellen teilen. Dadurch sind sie potenziell unsterblich. Solange die Bedingungen Wachstum erlauben und sie nicht gefressen werden, können Bakterien sich über beliebig viele Generationen vermehren, ohne dass eine Leiche oder das Phänomen Tod auftreten muss. Zwar hat man kürzlich entdeckt, dass die Zellteilung nicht immer ganz symmetrisch erfolgt und ein älterer Zellpol entstehen kann, der sich nicht weiter teilt. Tatsächlich aber sind alle lebenden Bakterien Nachkommen einer Reihe von Zweiteilungen, die vor mehr als drei Milliarden Jahren begonnen hat.

Bakterien (und Archaeen) scheinen getrieben von einem einzigen Traum: zwei Bakterien zu werden. Tatsächlich sind sie zur Verwirklichung dieses Traumes hervorragend ausgestattet. Sie haben während der Evolution Fähigkeiten entwickelt, die sie als Weltmeister des Wachstums unter Extrem-Bedingungen zeigen. Kein Lebewesen wächst schneller oder kann so lange warten, bis die Bedingungen wieder günstig werden. Selbst 1 600 m unter dem Meeresboden hat man lebende Bakterien nachgewiesen. Keine andere Gruppe von Organismen toleriert extreme Temperaturen, Säuren, Laugen, Salz oder Schwermetalle, andere aggressive Chemikalien oder Strahlen so gut wie die Prokaryoten (s. Kap. 20). Bei der Verwertung schwer abbaubarer organischer Verbindungen sind vielleicht die Pilze den Prokaryoten ebenbürtig. Aber nur Prokaryoten können mit nichts als anorganischen Verbindungen (chemolithoautotroph) im Dunkeln wachsen, viele davon ohne Sauerstoff unter Ausnutzung minimaler Energiebeträge (s. Kap. 16). Auch die Photosynthese wurde von Bakterien erfunden, zunächst ohne Sauerstofffreisetzung (anoxygene Photosynthese), dann auch von den Cyanobakterien die oxygene Photosynthese (s. Kap. 18), und die Chloroplasten höherer Pflanzen sind ja aus Bakterien hervorgegangen.

8.2
Wachstum und binäre Teilung einer Zelle

Bevor eine Bakterienzelle sich teilt, muss das Chromosom repliziert werden, damit beide Tochterzellen ein Exemplar erhalten können (Abb. 8.1). Die Replikation ist Präzisionsarbeit und dauert eine gewisse Zeit (etwa 20 min). Das ringförmige Molekül ist dabei an die Membran angeheftet. Manche Bakterien teilen sich aber unter optimalen Wachstumsbedingungen schneller (innerhalb von bis zu 10 min) als das Chromosom dupliziert werden kann. In solchen Fällen findet man mehrere Kopien des Chromosoms, die gleichzeitig repliziert werden, so dass jede Tochterzelle ein vollständiges Chromosom erhält.

Die Zelle wächst nun zur doppelten Größe heran (Abb. 8.2). Auch dies ist ein erstaunlicher Vorgang. Die Zellwand wird außerhalb der Cytoplasmamembran vergrößert, obwohl sie ständig unter Druck steht. Dazu wird erst neues Zellwandmaterial angelegt, bevor das darunter liegende aufgelöst wird. Zur Abschnürung der neuen Zel-

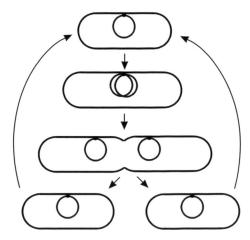

Abb. 8.1   Binäre Teilung eines Bakteriums

len wird ein Ring gebildet, der Membran und Zellwand zusammenzieht. Daran scheinen Proteine beteiligt zu sein, die mit den Mikrotubuli der Eukaryoten verwandt sind.

8.3
Exponenzielles Wachstum einer Kultur

Das Wachstum einer Bakterienkultur verläuft nicht linear wie das eines Haares. Anzahl und Biomasse der Bakterien nehmen **exponenziell** zu, nämlich mit jeder Generation um den Faktor zwei (2^1, 2^2, …). Dabei entstehen innerhalb von 10 Generationen aus einer Zelle etwa 1 000 (2^{10} = 1024) Nachkommen, innerhalb von 20 Generationen etwa 1 Million usw. Tatsächlich wird das Wachstum fast immer und schnell durch Mangel an Nährstoffen begrenzt. Bakterien sind stets hungrig, weil sie alles Verwertbare sofort auffressen und durch Wachstum dabei immer mehr hungrige Mitesser entstehen (Abb. 8.2).

Normalerweise teilen sich die Zellen in einer Kultur nicht synchron. Das heißt, die Zellzahl nimmt nicht ruckartig entsprechend den Zweierpotenzen zu, sondern **kontinuierlich**. Ganz sicher gilt dieses für den Zuwachs an **Biomasse** (meist als Trocken-

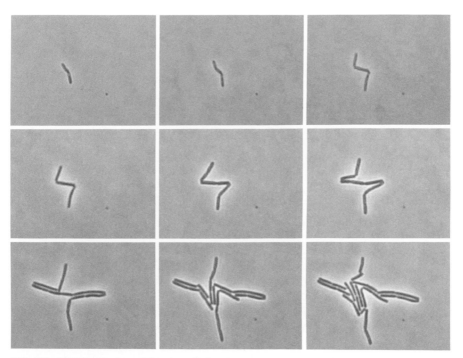

Abb. 8.2 Wachstum einer Bakterienzelle bei Raumtemperatur innerhalb von 8 Stunden (Aufnahmen Stefanie Müller, Dirk Schulz)

8

masse bestimmt), Protein und den gebildeten Produkten. Die Zellen wachsen ja, bevor sie sich teilen. Neu gebildete Enzyme erhöhen sofort die Stoffwechselaktivität und damit den weiteren Zuwachs. Man kann dies vergleichen mit dem Zinseszins bei einem Guthaben. Bei einer nur einmaligen Verzinsung mit 100% pro Jahr wäre der Kontostand am Jahresende verdoppelt. Bei zehnmaliger Verzinsung mit nur 10% würde durch Zinseszins bereits das 2,6-fache des Anfangskapitals erreicht, bei einer täglichen Verzinsung mit 1/365 des Zinssatzes sogar das 2,7-fache. Bei unendlich kurzen Zeitabständen würde als Zuwachsfaktor die **natürliche Zahl** e = 2,718... erreicht, die zur Beschreibung von exponenziellen Wachstumsprozessen oft benötigt wird (oft in Form des natürlichen Logarithmus zur Basis e: $\log_e$ = ln, wobei gilt: ln e = 1).

Die mathematische Beschreibung von Wachstumsprozessen ist einfach. Der momentane Zuwachs an x (Biomasse, Protein etc. oder auch Kapital) zu einem Zeitpunkt t wird geschrieben als dx/dt und hängt ab von der aktuellen vorhandenen Menge an x und der **Wachstumsrate μ** (dem Zinssatz). Er wird beschrieben durch:

$$\frac{dx}{dt} = \mu x \qquad [8.1]$$

Integriert über einen größeren Zeitraum von t_0 bis t (Kontostand nach einiger Zeit) ergibt sich unter Verwendung des natürlichen Logarithmus:

$$\ln(x_t) = \ln(x_0) + \mu(t - t_0) \qquad [8.2]$$

bzw. in exponenzieller Schreibweise:

$$x_t = x_0 e^{\mu(t - t_0)} \qquad [8.3]$$

Will man aus einem gemessenen Zuwachs die Wachstumsrate bestimmen, kann die logarithmische Form der Gleichung folgendermaßen umgeformt werden:

$$\mu = \frac{\ln(x_t/x_0)}{t - t_0} = \frac{\ln(x_t) - \ln(x_0)}{t - t_0} \qquad [8.4]$$

Für die Verdopplungszeit t_d (die Zeit $t-t_0$, für die x_t/x_0 = 2 ist) ergibt sich einfach:

$$\mu = \frac{\ln 2}{t_d} \qquad [8.5]$$

bzw.

$$t_d = \frac{\ln 2}{\mu} \qquad [8.6]$$

Dies besagt, dass durch den stetig steigenden Zuwachs (Zinseszins) die Biomasse in einer Kultur sich bei einer **Wachstumsrate** von $1\,h^{-1}$ bereits nach ln 2 = 0,693 h verdoppelt. Oder: Bei täglicher Verrechnung des Zinseszins muss der Zinssatz statt 100 nur 69,3% pro Jahr betragen, um innerhalb eines Jahres eine Verdopplung des anfänglichen Kapitals zu bewirken.

8.4
Wachstumsexperiment

Zur Durchführung eines einfachen Wachstumsexperiments kann man ein geeignetes Kulturmedium (s. Tafel 6.1) in einem **Erlenmeyer-Kolben** sterilisieren, der mit einem Wattestopfen verschlossen ist. Da die Zellen mit Sauerstoff versorgt werden müssen, wird man den Kolben nicht vollständig füllen, und außerdem einen Schüttler oder einen Magnetrührstab und einen Rührer zur Durchmischung verwenden (Abb. 8.3).

Abb. 8.3 a–d Kulturgefäße: **a** Schikanenkolben-Kolben mit Wattestopfen für aerobe Kultivierung auf einem Schüttler; **b** mit gesichertem Gummistopchen verschlossene Serum-Flaschen und Kulturröhrchen für anaerobe Kultivierung; **c** Pfennig-Flaschen mit Indikator-Klebeband, das die erfolgte Autoklavierung anzeigt, **d** Fermenter mit Rührwerk und Messfühlern (d Aufnahme Ralf Cord-Ruwisch)

8

Bei anaeroben Bakterien könnte man eine **Pfennig-Flasche** verwenden, die einen Aluminiumdeckel mit einer Teflon- oder Latexdichtung enthält. Für Versuche in technischem Maßstab werden **Fermenter** eingesetzt, die mit innen liegenden Rührsystemen sowie aufwändigen Mess- und Regeleinrichtungen für pH-Wert, Sauerstoff, Temperatur usw. ausgerüstet sein können.

Nach dem Beimpfen des Mediums werden regelmäßig mit sterilen Pipetten **Proben** entnommen und auf Zellzahl, Protein, Trockenmasse und Stoffwechselprodukte untersucht. Die Ergebnisse werden in **halblogarithmischer Form** (ln x gegen Zeit) aufgetragen. Hierdurch ist einerseits ein größerer Bereich darstellbar, vor allem aber erscheinen die Veränderungen in der halblogarithmischen Auftragung linear, wenn sich ein exponenzielles Wachstum mit konstanter Rate μ einstellt. (Statt des natürlichen Logarithmus [ln = $\log_e$] kann man auch die zur Basis 10 [$\log_{10}$ oder log] oder 2 [$\log_2$ oder l_d] verwenden. Sie unterscheiden sich nur durch konstante Faktoren: l_d: ln: log = 1: 0,693: 0,301.)

8.5
Wachstumsphasen

Es lassen sich in einer solchen statischen oder *Batch*-**Kultur** verschiedene Wachstumsphasen unterscheiden (Abb. 8.4). Mit einiger Wahrscheinlichkeit hatten die Bakterien, bevor sie in das frische Medium kamen, Hunger. Ihr Stoffwechsel war gering. Sie hatten nicht benötigte Enzyme abgebaut und als Futter verwertet. In der Anlauf-Phase (*lag*-**Phase**) setzen nun Regulationsprozesse ein. Die Bakterien bilden für die Verwertung des angebotenen Substrats Transportsysteme und Enzyme aus. Zu einer Zunahme an Biomasse kommt es dabei zunächst kaum. Dann beschleunigt sich das Wachstum, bis die Zellen auf die Verwertung des angebotenen Substrats optimal eingestellt sind. In der **exponenziellen Phase** des Wachstums vermehren sich die Zellen mit konstanter und maximaler Rate μ_{max}. Hierbei ergibt sich in der halblogarithmischen Darstellung eine Gerade, aus der sich die Wachstumsrate mit den oben beschriebenen Formeln berechnen lässt. Diese Rate ist spezifisch für jedes Substrat und Bakterium und außerdem temperaturabhängig. Das Wachstum schreitet fort, bis das Substrat verbraucht ist (oder der Mangel eines anderen Faktors wie N- oder P-Quelle limitierend wirkt). Wie viel **spezifischen Wachstumsertrag** (Biomasse oder Protein pro mol an verbrauchtem Substrat) die Zellen zu diesem Zeitpunkt gebildet haben, hängt von dem angebotenen Substrat, dessen Konzentration und den Stoffwechselwegen in den Bakterien ab.

Sehr abrupt wird dann die **stationäre Phase** erreicht, in der weiteres Wachstum nicht mehr stattfindet. Die Zellen stellen sich auf eine neue Hungerperiode ein. Eine **Absterbephase**, in der theoretisch die Anzahl lebensfähiger Zellen negativ exponenziell abnimmt (je mehr Zellen da sind, desto mehr sterben pro Zeiteinheit), erkennt man meist nur, wenn man die Kultur über einen langen Zeitraum beobachtet.

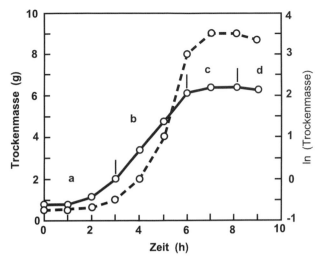

Abb. 8.4 Wachstumsphasen einer *Batch*-Kultur. Die Trockenmasse ist linear und halblogarithmisch aufgetragen. a: *lag*-Phase, b: exponenzielle Phase, c: stationäre Phase, d: Absterbephase

8.6
Kontinuierliche Kultur

In dem oben beschriebenen statischen Experiment wurde eine Ausnahmesituation für die Bakterien untersucht: Wachstum mit einem üppigen Nahrungsangebot (einige mmol Substrat pro Liter). Nach dessen Verbrauch gab es keinerlei Nachschub. In der Natur müssen sich Bakterien fast ständig mit Spurenkonzentrationen an Substrat (wenige µmol bis nmol pro Liter) begnügen und dennoch wachsen. Diese Situation kann man nachahmen, indem man zu der ausgewachsenen Kultur kontinuierlich frisches Medium zutropft. Das darin vorhandene Substrat wird von den vorhandenen Bakterien sofort aufgefressen. Dabei können sie weiterhin wachsen. Die Kultur wird beliebig lange in der **Übergangsphase** zwischen der exponenziellen und der stationären Phase gehalten. Gleichzeitig werden aber Bakterien entsprechend dem zugetropften Volumen aus der Kultur ausgewaschen. Eine solche Versuchsanordnung wird als **Chemostat** bezeichnet (Abb. 8.5). Bei einem konstanten Kulturvolumen V (in mL) und einer Zuflussrate f (in mL h^{-1}) ergibt sich eine Verdünnungsrate D = f/v (Volumenwechsel pro Zeit in h^{-1}), die in ihrer Dimension der Wachstumsrate entspricht. Es stellt sich ein **Fließgleichgewicht** (*steady state*) ein, bei dem die Kultur beliebig lange unter konstanten Bedingungen und bei einer niedrigen Substratkonzentration wächst.

Ein solches System bietet sich zur Gewinnung von gleichbleibendem Zellmaterial und für viele Untersuchungen an, bei denen der Zeitpunkt der Probenahme ohne Bedeutung ist, wenn man die Situation nach Erreichen des Fließgleichgewichts untersucht. Der Substratverbrauch in der Kultur ergibt sich aus der Konzentration (einige mM) im zugetropften Medium (Vorrat) und der Restkonzentration in der Kultur. Normalerweise ist letztere sehr klein (mikromolar), da die Bakterien fast alles auffressen, solange die Verdünnungsrate nicht zu hoch ist und sie ausgewaschen werden. Es ergibt sich eine konstante Dichte (Trockenmasse, Protein, Zellzahl usw.). Der **spezifische Ertrag** (oft mit Y von engl. *yield* abgekürzt) hängt wie in der statischen Kultur von der Art des Substrats und der Bakterienart ab. Verdoppelt man die Substratkonzentration im Vorrat und wartet bis zur Einstellung eines Gleichgewichts, werden sich doppelt so viele Zellen in der Kultur befinden. Der spezifische Ertrag und die Wachstumsrate bleiben dabei gleich. Verdoppelt man hingegen den Mediumzufluss und damit die Verdünnungsrate, so ändert sich die Wachstumsrate der Bakterien. Es wachsen pro Zeiteinheit doppelt so viele Zellen wie zuvor, der spezifische Ertrag und

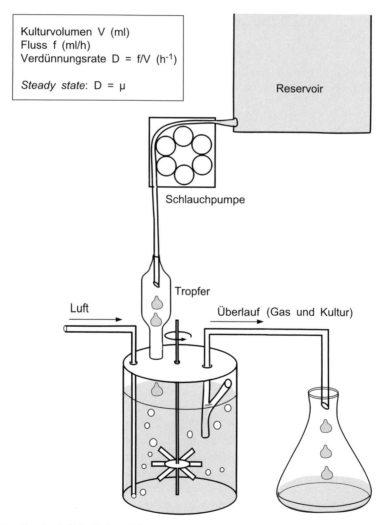

Abb. 8.5 Kontinuierliche Kultur, Chemostat

die Zelldichte bleiben jedoch (fast) gleich. Auch auf eine **Temperaturerhöhung** würde die Kultur – anders als eine *Batch*-Kultur – kaum reagieren, da das Wachstum nur durch die Verdünnungsrate und das Substratangebot im Medium bestimmt wird.

Obwohl im Fließgleichgewicht Medium mit konstanter Rate zugetropft und zu Biomasse umgesetzt wird, handelt es sich um **exponenzielle Prozesse**. Auswaschung durch das zugetropfte Volumen und Zuwachs sind nur ausbalanciert. Würde man etwa einen Farbstoff, der von den Bakterien nicht umgesetzt wird, in die Kultur bringen, so würde dieser nach einer negativ exponenziellen Funktion ausgewaschen. Umgekehrt würde die Anzahl der Bakterien exponenziell zunehmen, wenn man die ausgewaschenen Zellen genau wie die in der Kultur verbliebenen füttern würde. Allerdings wachsen die Bakterien nicht mit maximaler Wachstumsrate μ_{max}, sondern mit einer geringeren, die durch die Verdünnungsrate bestimmt wird. Die einfache Formel für das Fließgleichgewicht lautet

$$D = \mu \qquad [8.7]$$

8.7
Substrat-Affinität und K_S-Wert

Die Restkonzentration an Substrat, die bei halbmaximaler Wachstumsrate ($\mu_{max}/2$) im Kulturgefäß zurückbleibt, wird als K_S-Wert bezeichnet. Sie liegt meist im mikromolaren Bereich. Macht man eine Anreicherung statt in einer *Batch*-Kultur in einem Chemostat, kann man die Organismen gewinnen, die am besten an die geringe Substratkonzentration bei der vorgegebenen Wachstumsrate angepasst sind und somit die höchste **Substrat-Affinität** haben (s. Kap. 17).

8.8
Turbidostat

Während der Chemostat nur unterhalb der maximalen Wachstumsrate der Bakterien stabil arbeitet (weil sonst die Bakterien ausgewaschen würden), lässt sich im Turbidostat eine Kultur konstant bei **maximaler Wachstumsrate** halten. Dabei wird die Pumpe für das frische Medium auf eine Flussrate gestellt, welche die Zellen auswaschen würde. Eine Trübungsmesszelle und ein Regelkreis, der bei zu geringer Zelldichte die Pumpe anhält, sorgen nun automatisch dafür, dass die Kultur nicht ausgewaschen wird, sondern mit maximaler Rate wächst. Kein chemischer Faktor limitiert hierbei das Wachstum. Wie in der *Batch*-Kultur ergibt sich ein Vorteil für den schnellsten Organismus ohne Rücksicht auf die Substrat-Affinität.

8

Glossar

> *Batch*-**Kultur:** Statische Kultur
> **Chemostat:** Homogen durchmischter Fermenter mit kontinuierlichem Mediumszufluss, erlaubt Wachstum im Fließgleichgewicht bei limitierender Substratversorgung
> **Erhaltungsstoffwechsel:** Stoffwechsel, der nicht zur Zunahme der Biomasse führt, aber Energie benötigt
> **exponenzielle Wachstumsphase:** Phase, in der pro Zeiteinheit die Biomasse um einen konstanten Faktor zunimmt
> **Fermenter:** Gerät zur Inkubation von Mikroben unter kontrollierten Bedingungen
> K_S-**Wert:** Substrat-Konzentration, die Wachstum mit halbmaximaler Rate ermöglicht
> *Lag*-**Phase:** Anlaufphase in einem Wachstumsversuch
> **spezifischer Wachstumsertrag:** Gebildete Biomasse (meist als Trockenmasse) pro verwerteter Substratmenge
> *steady state*: Fließgleichgewicht
> **Substrat-Affinität:** Maß für die Fähigkeit, geringe Konzentrationen zu verwerten, Verhältnis von maximaler Wachstumsrate zum K_S-Wert
> **Turbidostat:** Fermenter mit kontinuierlichem Mediumszufluss, in dem die Biomassekonzentration automatisch zu einer vorgegebenen Dichte verdünnt wird
> **Verdünnungsrate:** Volumenwechsel pro Zeiteinheit in einer kontinuierlichen Kultur
> **Wachstumsrate:** Zunahmefaktor pro Zeiteinheit

Prüfungsfragen

> Weshalb sind Bakterien potenziell unsterblich?
> Welche Phasen hat eine typische Wachstumskurve?
> Welche Einheit haben die Wachstumsrate und die Verdopplungszeit?
> Was ist ein spezifischer Wachstumsertrag?
> Was ist der Unterschied zwischen Turbidostat und Chemostat?
> In welcher Wachstumsphase befinden sich Bakterien im Chemostat normalerweise?

Allgemeine Bioenergetik

9

Themen und Lernziele: Nutzbare und produzierte Energieformen; Thermodynamische Hauptsätze, Entropie; freie Energie von Transportprozessen, chemischen Reaktionen und Redoxreaktionen; Energiekopplung; Nutzung und Regeneration von ATP

9.1
Energieformen

Grundlage fast aller Lebensprozesse ist **chemische Energie**. Zwar werden die biologischen Kreisläufe auf der heutigen Erde von der **Lichtenergie** der Sonne angetrieben, aber die Lichtenergie wird durch das angeregte Photosystem sofort zur Durchführung einer chemischen Reaktion genutzt. In einer Redox-Reaktion werden energiereiche Elektronen gebildet, deren Umsetzung alle weiteren Schritte treibt. Außerdem waren die ersten Lebewesen höchst wahrscheinlich nicht phototroph, sondern chemotroph; sie gewannen die Energie ausschließlich aus chemischen Reaktionen. Neben den genannten Formen setzen lebende Organismen Energie in vielen verschiedenen Formen um, z. B. kinetische oder akustische Energie und Wärme. Diese Formen sind jedoch Produkte und nicht Grundlage weiterer Lebensprozesse. Die wichtigsten Formen von Arbeit, die jede Zelle leistet, sind **chemische Arbeit** (Durchsetzen von Stoffwechselreaktionen, die spontan nicht ablaufen würden) und **Transport** (Aufnahme und Abgabe von Stoffen, vor allem aber Durchführung von cyclischen Transportprozessen). Bei diesen Prozessen sind oft elektrische Phänome beteiligt (Abgabe oder Aufnahme von Elektronen in Redoxprozessen, sowie Bildung und Ausnutzung elektrischer Ladungs-Gradienten über Membranen, die dabei als Kondensatoren wirken). Elektrische und die in den Konzentrationsgradienten über Membranen steckende osmotische Energie kann von Lebewesen im Gegensatz zu kinetischer Energie und Wärme in chemische

Energie zurückverwandelt werden. Diese **chemiosmotischen Prozesse** sind für den größten Teil der Energiewandlung bei atmenden und phototrophen Organismen verantwortlich.

Wenn es um die Vielfalt der Ausnutzung chemischer Reaktionen zur Gewinnung von Energie zum Wachstum geht, sind die Mikroorganismen unübertroffen. Fast jede mögliche Reaktion kann von ihnen für den eigenen Energiestoffwechsel nutzbar gemacht werden. Darunter sind auch **lithotrophe Prozesse**, die Energiekonservierung unter Verwendung ausschließlich anorganischer Stoffe leisten. So können manche Bakterien Wasserstoff zusammen mit Sauerstoff als Energiequelle nutzen in einem Prozess, der in der Bilanz der **Knallgas-Reaktion** gleicht:

$$H_2 + \tfrac{1}{2}O_2 \rightarrow H_2O \qquad\qquad [9.1]$$

Der biologische Mechanismus ist jedoch viel komplizierter als der der chemischen Reaktion (biologische Umwege), da die Bakterien für sie nützliche Reaktionen daran koppeln. Dennoch ist die Aktivität wasserstoffverwertender Bakterien eine wesentliche Ursache dafür, dass sich in unserer Atmosphäre nur Spuren von H_2 befinden, obwohl dieser Stoff in Sedimenten und Böden in gewaltigen Mengen gebildet wird.

Nun könnten Bakterien ja auf die Idee verfallen, statt des kaum mehr vorhandenen Wasserstoffs den Stickstoff aus der Luft zu oxidieren, etwa zu Nitrit, entsprechend der Gleichung:

$$N_2 + 1\tfrac{1}{2}O_2 + H_2O \rightarrow 2NO_2^- + 2H^+ \qquad\qquad [9.2]$$

Falls diese Reaktion spontan in großem Umfang abliefe, wären die Folgen katastrophal, da sie mehr Sauerstoff als Stickstoff verbraucht und schließlich den gesamten Sauerstoff aus der Atmosphäre verbrauchen könnte. Tatsächlich kennt man viele Bakterien, die N_2 oder Nitrit umsetzen. Dass wir uns dennoch keine Sorgen machen müssen, dass die N_2-Oxidation zu Nitrit plötzlich von Bakterien in großem Umfang katalysiert werden und uns allen Sauerstoff rauben könnte, lehrt uns die **Thermodynamik**. Da in den Produkten der Reaktion mehr freie Energie als in den Edukten ist, wird die Reaktion nicht spontan ablaufen und kann niemals eine Massenvermehrung von Mikroben ermöglichen. Wenn sie überhaupt abläuft, müssen dafür andere energieliefernde Reaktionen zur Verfügung stehen.

9.2
Thermodynamische Grundlagen

Die Thermodynamik (Wärmelehre) liefert uns Informationen über den **Energiezustand eines Systems** vor und nach einer Reaktion. Gerade für die Mikrobiologie ist sie von großem Wert, da sie es angesichts der außerordentlichen Vielfalt an mikrobiell katalysierten Reaktionen erlaubt, vorherzusagen, welche Reaktionen ablaufen können.

Unter Berücksichtigung der Konzentrationen der Reaktionspartner kann man sogar quantitativ vorhersagen, wie weit eine Reaktion gehen kann. Allerdings gibt die Thermodynamik keine Hinweise über den Reaktionsweg. Grundsätzlich gilt: Jede ablaufende Reaktion muss thermodynamisch möglich sein. Umgekehrt muss nicht jede mögliche Reaktion ablaufen. Niemand sorgt allerdings mehr als die Mikroben dafür, dass die thermodynamischen Möglichkeiten weitgehend genutzt werden.

Der **erste Hauptsatz der Thermodynamik**, der **Energieerhaltungs-Satz**, besagt, dass die Energiemenge in einem **abgeschlossenen System** konstant bleibt, aber in verschiedenen Formen auftreten kann, die ineinander umwandelbar sind. Die Möglichkeit der Umwandlung von Energieformen gilt jedoch nicht für alle Formen und unter allen Bedingungen. So ist **Wärme** zwar Voraussetzung und Produkt aller Lebensprozesse, kann jedoch nicht von Lebewesen als Energiequelle verwendet werden. Selbst hyperthermophile Archaeen, die zum Wachstum Temperaturen von mehr als 80 °C benötigen, verbrauchen keine Wärmeenergie, sondern setzen sie frei. Der **zweite Hauptsatz der Thermodynamik**, der **Entropie-Satz**, hilft, dies zu verstehen. Eine von verschiedenen Formulierungen dieses Satzes ist: Beliebige Teilchen enthalten eine zur Temperatur proportionale Energie (genannt **Entropie**, oft abgekürzt mit S), die bei konstanter Temperatur und konstantem Druck nicht für Arbeit nutzbar ist. Die Entropie S kann beschrieben werden als Wärmemenge Q pro Temperatur (Q/T).

Zur Veranschaulichung stelle man sich einen Kasten vor, in dem sich einige Gasteilchen befinden (Abb. 9.1). Diese enthalten bei Raumtemperatur kinetische Energie, bewegen sich mit hoher Geschwindigkeit (z. B. die Gasmoleküle der Luft mit etwa 1 800 km/h) und prallen aufeinander oder gegen die Wand des Kastens. Dabei üben sie Druck auf die Wand aus. Lässt man den Kasten bei konstanter Temperatur stehen, behalten die Teilchen ihre Energie beliebig lange. Sie scheinen ein *perpetuum mobile* darzustellen. Die Erklärung für die andauernde Bewegung ist, dass die Teilchen durch die gleichwarme (**isotherme**) Wand immer wieder energetisiert werden. Brächte man den Kasten in eine kältere Umgebung, würden die Gasteilchen darin Wärmeenergie verlieren, langsamer werden und weniger Druck auf die Wände ausüben. In einem Vakuum könnte der Druck auf die Wand mechanische Arbeit leisten. Diese Effekte macht man sich in einem Wärmekraftwerk zunutze, wo Dampf entspannt und abgekühlt wird. Bei Mikroben und anderen Zellen würden jedoch weder Druckventile noch

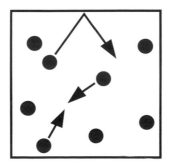

Abb. 9.1 Gasteilchen in einem Kasten

Kühltürme nützen, da sie mit ihrer Umgebung isotherm und **isobar** (bei konstantem Druck) leben. Sie können deshalb Wärmeenergie nicht nutzen.

9.3
Entropie und Ordnung

Es ist sehr unwahrscheinlich, dass die Gasmoleküle unseres Modellkastens sich gleichzeitig alle in einer Ecke befinden (Abb. 9.2), solange man sie nicht abkühlt, wodurch sie in die flüssige und vielleicht sogar in eine hochgradig geordnete kristalline Form übergehen könnten. Die **Entropie** ist gleichbedeutend mit einem **Verlust an Ordnung**. Sie lässt sich mit einer einfachen Gleichung quantifizieren:

$$S = k \cdot \ln W \qquad\qquad [9.3]$$

In dieser fundamentalen Gleichung ist k eine Konstante (**Boltzmann-Konstante**). In vielen Fällen bezieht man sich nicht auf einzelne Teilchen sondern auf ein Mol und verwendet dann statt k die allgemeine Gaskonstante $R = k \cdot 6 \cdot 10^{23}$). W beschreibt die Zahl der Freiheitsgrade (möglichen Zustände) des Systems. Da Ordnung und Information eng gekoppelt sind, überrascht es nicht, dass in der **Informationstheorie** dieselbe Gleichungsform zur Quantifizierung von Informationsmengen verwendet wird. Entropie und Information lassen sich also mit ähnlichen Formeln beschreiben. In leicht veränderter Form wird die Gleichung auch zur Berechnung von Energiebeträgen bei **Transportprozessen**, **Redoxprozessen** und **chemischen Reaktionen** verwendet. Multipliziert man nämlich die Entropie $S = Q/T$ mit der Temperatur, ergibt sich ein Maß für Energie. Dabei wird klar, dass Energie benötigt wird, um Ordnung herzustellen. Spontan nimmt die Ordnung in einem geschlossenen System immer nur ab.

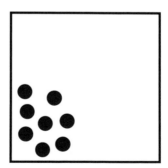

Abb. 9.2 Unwahrscheinliche Verteilung von Gasteilchen, geordneter Zustand geringer Entropie und erhöhter Energie

9.4
Widerspricht Leben dem zweiten Hauptsatz der Thermodynamik?

Die Entwicklung der Lebewesen sowie das Wachstum jeder Zelle ist mit einem Zuwachs an Ordnung und Komplexität verbunden. Aus einfachen Bausteinen entstehen komplexe Strukturen von hohem Ordnungsgrad. Zeitweise hat man geglaubt, dass ein solcher Prozess nicht spontan ablaufen könnte, sondern den zweiten Hauptsatz der Thermodynamik verletzen müsste. Tatsächlich ist aber ein Lebewesen kein **geschlossenes System**, sondern nimmt Energie aus seiner Umgebung (z. B. von der Sonne) auf. Insgesamt nimmt dabei die Ordnung des Systems (Sonnensystems) stärker ab (bzw. die Entropie zu), als sie in den wachsenden Lebewesen zunimmt. Allerdings führen die Lebensprozesse (biotische Umwege) zu einer Verlangsamung der Zunahme der Entropie. Die Energie eines Sonnenstrahls, der von einer Pflanze zur Fixierung von CO_2 genutzt wird, wird erst nach der vollständigen Mineralisierung der gebildeten Biomasse (eventuell durch mehrere Glieder einer Nahrungskette) zu Wärme umgewandelt. Die Absorption des Lichts durch einen Stein hingegen würde zur sofortigen Erwärmung und damit Entropiezunahme führen.

9.5
Freie Energie

Um Aussagen über die Energetik von Prozessen zu machen, berechnet man die **freie** (oder nutzbare) **Energie ΔG**. Ihr Wert bestimmt thermodynamisch den Ablauf der Reaktion. Ist ΔG negativ, heißt die Reaktion **exergon**, da dabei Energie freigesetzt wird (Tafel 9.1). Exergone Reaktionen können (müssen aber nicht) spontan ablaufen. Im umgekehrten Falle wäre ΔG positiv, der Prozess **endergon**. Er wird nicht von allein ablaufen, wenn nicht andere (exergone) Reaktionen daran gekoppelt sind. Reaktionen mit einem ΔG von Null sind thermodynamisch im Gleichgewicht und deshalb **reversibel**.

Tafel 9.1 Energetische Klassifizierung von Prozessen

ΔG < 0: exergon, thermodynamisch spontan möglich
ΔG = 0: reversibel, thermodynamisch im Gleichgewicht
ΔG > 0: endergon, nicht spontan ablaufend

9.6
Freie Energie von Transportprozessen

Betrachten wir die Aufnahme gelöster ungeladener Teilchen durch eine Zelle. Dabei soll keinerlei chemische Reaktion stattfinden. Der Transport verursacht damit lediglich eine Änderung (Δ) der Ordnung des Systems. Der Energiebetrag ist gleich der negativen Entropieänderung multipliziert mit der Temperatur.

$$\Delta G = -T \cdot \Delta S \qquad [9.4]$$

Bei der Bestimmung von ΔS (nach Gl. 9.3) kann ausgenutzt werden, dass von den möglichen Zuständen der Teilchen nur die Konzentrationen (c_{innen} und $c_{außen}$) auf beiden Seiten der Membran sich ändern. Statt W (in Gl. 9.3) wird deshalb der Quotient $c_{innen}/c_{außen}$ eingesetzt. Die sich ergebende Formel lautet (für ein Mol):

$$\Delta G = RT \cdot \ln\left(\frac{c_{innen}}{c_{außen}}\right) \qquad [9.5]$$

Das Vorzeichen hängt dabei davon ab, wie man den Quotienten der beiden Konzentrationen schreibt und wo die Konzentration höher ist. So wäre die Aufnahme eines ungeladenen Substratmoleküls in die Zelle endergon, wenn die Konzentration im Medium 0.01 mM wäre, während im Cytoplasma bereits 1 mM vorliegt. Für den Wert von ΔG ergibt sich:

$$\Delta G = RT \cdot \ln\left(\frac{1}{0,01}\right) = 8,314 \text{ J/(mol} \cdot \text{K)} \cdot 298 \text{ K} \cdot \ln(100) = 11\,410 \text{ J/mol} \qquad [9.6]$$

Tafel 9.2 ΔG der Knallgas-Reaktion aus Bildungsenthalpien

Für die an der Knallgas-Reaktion $H_2 + \frac{1}{2}O_2 \rightarrow H_2O$ beteiligten Stoffe findet man folgende freien Bildungsenthalpiewerte $\Delta G'_{f0}$ (kJ/mol) in der Tafel am Ende dieses Kapitels: H_2: 0; O_2: 0; H_2O: -238. Für die Berechnung von $\Delta G'_0$ zieht man von der Summe der Bildungsenthalpiewerte der Produkte die der Edukte ab:

$$\Delta G'_0 = (-238) - (0 + 0) = -238 \text{ kJ/mol}$$

Das Produkt hat also weniger freie Energie als die Edukte, die Reaktion ist exergon. Sie kann thermodynamisch spontan ablaufen. Tatsächlich läuft sie aber nur, wenn eine kinetische Barriere, die **Aktivierungsenergie**, überwunden ist. Dies kann durch einen heißen Platindraht oder auch Enzyme als **Katalysatoren** erreicht werden.

9.7
Freie Energie chemischer Reaktionen

Bei der Betrachtung des Energiebetrages chemischer Reaktionen kommt zu Gl. 9.4 ein weiterer Term hinzu, der den Energiebetrag der chemischen Reaktion, die so genannte **Reaktionsenthalpie** H, beschreibt.

$$\Delta G = -T \cdot \Delta S + \Delta H \qquad [9.7]$$

In dieser Gleichung (der **Gibbs-Helmholtz-Gleichung**) ist die Entropieänderung nicht mehr so leicht wie beim Transport zu bestimmen, da sich durch die Bildung der Produkte und den Verbrauch der Reaktionspartner Änderungen ergeben. Man hat daher Tabellen mit den ΔG-Werten angelegt (s. Tafeln am Ende dieses Kapitels), welche die Reaktionsentropie bereits berücksichtigen und eine einfache Berechnung der freien Energie aus chemischen Reaktionen ermöglichen. In diesen Tabellen findet man die freien **Bildungsenthalpien** $\Delta G'_{f0}$ jeweils für ein Mol einer Substanz. Dabei steht der Index $_f$ für *formation* (Bildung); der Index $_0$ (manchmal auch hochgestellt ^{0}) und der kleine Strich geben an, dass diese Werte für **Standard-Bedingungen** (1 mol/L, 25 °C, Normaldruck) bzw. für pH = 7 gelten. Letzteres ist für biologische Reaktionen sinnvoll, da ansonsten pH = 0 (1 mol H^+/L) gilt. Die stabilsten Formen der Elemente (oder Moleküle aus einer Atomsorte wie O_2, H_2 usw.) haben eine Bildungsenthalpie von Null. Die Bildungsenthalpie chemischer Verbindungen ergibt sich aus gemessenen Energieänderungen bei Reaktionen, die zur Bildung der Verbindung führen. Um die freie Energie einer Reaktion zu bestimmen, addiert man die Bildungsenthalpien der Produkte und zieht davon die der Edukte ab:

$$\Delta G = \sum \Delta G_f (\text{Produkte}) - \sum \Delta G_f (\text{Edukte}) \qquad [9.8]$$

(Die Gleichung gilt unabhängig vom pH-Wert und von den Standardbedingungen, so dass in der allgemeinen Form auf den Index $_0$ und den kleinen Strich verzichtet werden kann.) Aus den Bildungsenthalpien (Tafeln 9.2 und 9.7) ergibt sich für die Knallgas-Reaktion (Gl. 9.1) ein $\Delta G'_0$ von –238 kJ/mol, für die Oxidation von N_2 zu Nitrit mit Sauerstoff (Gl. 9.2) ein $\Delta G'_0$ von +83 kJ/mol.

Tafel 9.3 Abhängigkeit des ΔG vom Partialdruck

Für die Knallgas-Reaktion ergibt sich:

$$\Delta G = -238 + RT \ln\left(\frac{1}{\left[pH'_2 (pO_2)^{0,5}\right]}\right)$$

Der Standardwert von –238 kJ/mol würde erreicht, wenn beide Gase einen Partialdruck von eins hätten.

9.8
Berücksichtigung der tatsächlichen Konzentration der Reaktionspartner

Um von den Tabellenwerten für ΔG_0, die nur für Konzentrationen von 1 mol/L gelten, auf tatsächliche Konzentrationen der Edukte (c_E) und Produkte (c_P) umzurechnen, verwenden wir wiederum Gl. 9.3, die nicht nur für Konzentrationsunterschiede bei Membrangradienten, sondern auch für Konzentrationen von Reaktanten gilt:

$$\Delta G = \Delta G_0 + RT \ln\left(\frac{c_P}{c_E}\right) \qquad [9.9]$$

Dabei gibt es einige zusätzliche Bedingungen zu beachten: Für den Fall, dass mehrere Edukte oder Produkte auftreten, werden die Produkte aller Komponenten ($c_{E1} \cdot c_{E2}$ bzw. $c_{P1} \cdot c_{P2}$) gebildet, bei Stöchiometrien $\neq 1$ die entsprechenden Potenzen. Bei Gasen wird in den Tabellen wegen der geringen Löslichkeit statt der Konzentration in mol/L der Partialdruck angegeben, also bei Normaldruck und Sättigung 1 (Tafeln 9.3 und 9.6). Dies entspricht bei vielen Gasen in wässriger Lösung ≈ 1 mmol/L. Die Tabellenwerte sind bereits auf wässrige Lösungen bezogen, so dass für Wasser als Reaktant nicht eine Konzentration von 55,5 M, sondern 1 einzusetzen ist.

9.9
Freie Energie von Redoxreaktionen

Bei Redoxreaktionen kann man den Energiebetrag sehr einfach aus den Standard-Redoxpotenzialen E_0 der beteiligten Verbindungen berechnen, die man ebenfalls tabelliert findet (Tafel 9.6). Man benötigt zur Berechnung der freien Energie die Anzahl der übertragenen Elektronen pro Reaktion (n) und die **Faraday-Konstante** (F), die angibt, wie viel Energie in einem Mol Elektronen steckt, die eine Spannungsdifferenz von 1 Volt durchlaufen. Außerdem ist mit −1 zu multiplizieren, da Elektronen freiwillig von negativen zu positiven Potenzialen fließen. Es ergibt sich eine einfache Formel:

$$\Delta G = -nF \cdot \Delta E \qquad [9.10]$$

Die Veränderung des Redoxpotenzials in Abhängigkeit von den Konzentrationen des Elektronendonors und -akzeptors entspricht der bereits bekannten Beziehung ($RT \cdot \ln\frac{c_{ox}}{c_{red}}$, s. Gl 9.9). Sie wird durch die **Nernstsche Gleichung** beschrieben:

$$\Delta E = \Delta E_0 - \frac{RT}{nF} \cdot \ln\frac{c_{red}}{c_{ox}} \qquad [9.11]$$

Solange man nicht die Energie, sondern nur die Spannung (E) betrachtet, ist dabei durch nF zu teilen (s. Gl. 9.10).

Tafel 9.4   Berechnung des ΔG aus dem Redoxpotenzial

Bei der Knallgas-Reaktion handelt es sich um eine Redoxreaktion, bei der zwei Elektronen übertragen werden, so dass wir anhand der Standard-Redoxpotenziale und der Faraday-Konstante (s. Tafel 9.6 am Ende des Kapitels) berechnen können:

Standard-Redoxpotenziale	$E'_0\,(V)$
$2\,H^+/H_2$ (**oxidiert** links)	$-0{,}413$
$\frac{1}{2}\,O_2 + 2\,H^+/H_2O$	$+0{,}814$

$$\Delta G'_0 = -2 \cdot 96{,}5\,kJ\,mol^{-1}\,V^{-1} \cdot 1{,}23\,V = -238\ kJ/mol$$

Selbstverständlich ist das Ergebnis gleich dem aus den Bildungsenthalpien berechneten (Tafel 9.2).

9.10
Energiekopplung – der Umweg als biologisches Prinzip

Die Knallgas-Reaktion $H_2 + \frac{1}{2}O_2 \rightarrow H_2O$ dient manchen Bakterien als Grundlage ihres Energiestoffwechsels, ohne dass sie die normalerweise dabei entstehenden Temperatur- und Druckunterschiede ausnutzen könnten. Die Kunst der Bakterien ist es, die Reaktion nicht unkontrolliert und schlagartig ablaufen zu lassen, sondern sie in mehrere Schritte aufzuteilen und den **erzwungenen Umweg** auch noch an chemische Reaktionen oder Transportprozesse zu koppeln, die ihnen für den Energiestoffwechsel nützlich sind. Energie wird dabei in Form von chemischen Verbindungen oder in Form von Gradienten über die Membran zwischengespeichert (konserviert).

9.11
ATP als Energiewährung

Eine sehr wichtige und von jeder Zelle verwendete chemische Verbindung – sozusagen die Energiewährung der Zelle – ist Adenosintriphosphat (ATP). So wie man Wirtschaftsvorgänge in Form von Geldflüssen bilanzieren kann, kann man Verbrauch und Regenerierung von ATP als zentrale Aufgabe des Stoffwechsels betrachten.

Zur Berechnung des Werts von ATP können wir die Hydrolyse zu ADP und anorganischem Phosphat (P_i) unter Energiefreisetzung betrachten. Aus der Tabelle mit Bildungsenthalpien erhält man für Standard-Bedingungen:

$$ATP + H_2O \rightarrow ADP + P_i \qquad \Delta G'_0 = -32\ kJ/mol \qquad [9.12]$$

9

Tafel 9.5   Der Wert der ATP-Hydrolyse

> › unter Standardbedingungen bei pH= 7: $\Delta G_0' = -32 \text{ kJ/mol}$
> › bei den Konzentrationen in der Zelle: $\Delta G_{biol.} \approx -50 \text{ kJ/mol}$
> › für ATP-Regenerierung meistens verbraucht: $\approx 75 \text{ kJ/mol}$

Die Konzentrationen von ATP, ADP und P_i liegen in der Zelle nicht bei 1 mol/L, sondern sind ≈ 10 mM ATP, ≈ 1 mM ADP und ≈ 10 mM Phosphat. Unter Anwendung von Gl. 9.9 ergibt sich für die freie Hydrolyseenergie in einer Zelle $\Delta G_{biol.}$ ein Wert von ≈ -50 kJ/mol.

$$\Delta G_{biol.} = \Delta G_0' + RT \ln 0{,}001 = \Delta G_0' - 17 = -49 \text{ kJ/mol} \qquad [9.13]$$

Für die Zelle hat ATP also einen höheren Wert als unter Standard-Bedingungen (Tafel 9.5). Umgekehrt muss sie mindestens 50 kJ zur Verfügung haben, um ATP aus ADP und Phosphat zu regenerieren. Tatsächlich werden für die Regenerierung meist 75–80 kJ/mol verwendet. Der Wirkungsgrad ist also kleiner als 100%. Auf diese Weise wird der Prozess jedoch besser regulierbar, da er nicht reversibel ist (s. Kap. 12).

9.12
Energieladungszustand der Zelle

Außer der oben beschriebenen thermodynamischen Berechnung verwendet man zur Beschreibung des energetischen Zustands der Zelle manchmal einen Wert EC (*energy charge*), der zwischen 1 und Null variiert, je nachdem, in welchem Maße die Adenylate phosphoryliert sind, also als ATP, ADP oder AMP vorliegen.

$$EC = \frac{[ATP] + \frac{1}{2}[ADP]}{[ATP] + [ADP] + [AMP]} \approx 0{,}8 \qquad [9.14]$$

Für 100% ATP ergäbe sich ein Wert von 1, für ADP ein Wert von 0,5, und für AMP 0. In lebenden Zellen findet man Werte für EC von etwa 0,8. Offensichtlich ist ein Vorrat an ATP Voraussetzung für Stoffwechsel.

9.13
Mechanismen der ATP-Nutzung

Die in Gl. 9.12 betrachtete ATP-Hydrolyse erlaubte zwar die Berechnung der freien Energie, zeigte aber nicht den Mechanismus der Kopplung an den Stoffwechsel. Die

Kopplung erfolgt über typisch **biologische Umwege**. Angenommen, die endergone Reaktion

$$X \rightarrow Y \qquad\qquad \Delta G > 0 \qquad\qquad\qquad [9.15]$$

wird für das Wachstum einer Zelle benötigt. Da $\Delta G > 0$ ist, kann sie nicht spontan ablaufen. Durch die Übertragung einer Phosphatgruppe, die exergon (oder reversibel, Gl. 9.16) ist, kann nun ein Intermediärprodukt X-P gebildet werden, das unter Freisetzung der Phosphatgruppe (und von Energie) spontan zu Y reagiert (Gl. 9.17).

$$X + ATP \rightarrow X\text{-}P_i + ADP \qquad \Delta G \leq 0 \text{ (möglich)} \qquad [9.16]$$

$$X\text{-}P_i \rightarrow Y + P_i \qquad\qquad \Delta G \leq 0 \text{ (möglich)} \qquad [9.17]$$

Summe (Gl. 9.15 + Gl. 9.16)
$$X + ATP \rightarrow Y + ADP + P_i \qquad \Delta G \leq 0 \text{ (möglich)} \qquad [9.18]$$

In der Summe der chemischen Reaktionen (Gl. 9.18) ist ATP zu ADP und Phosphat hydrolysiert worden und gleichzeitig die endergone Reaktion $X \rightarrow Y$ abgelaufen. ATP kann auch in anderer Weise genutzt werden. So kann die Hydrolyse von ATP auch an Transportprozesse gekoppelt werden (Abb. 9.3). Bei manchen Reaktionen werden zwei Phosphatreste (**Pyrophosphat** oder Diphosphat) abgespalten, wobei Adenosinmonophosphat (AMP) entsteht. In einigen Fällen reagiert statt des Phosphats der Adenylatrest als aktivierende Gruppe (s. Sulfat-Reduktion, Kap. 15).

9.14
Mechanismen der ATP-Regenerierung

Zur Regenerierung von ATP haben die Zellen zwei Mechanismen zur Verfügung. Im Rahmen der **Substrat-Phosphorylierung** können phosphorylierte Verbindungen eine Phosphatgruppe auf ADP übertragen. Der Weg verläuft über die Umkehrung der

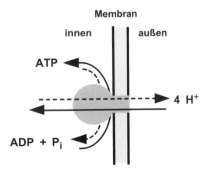

Abb. 9.3 Reversible Phosphorylierung von ADP gekoppelt an den Transport von Protonen über eine Membran durch die ATP-Synthase

Tafel 9.6 Nützliche Formeln und Daten für thermodynamische Berechnungen

Nernstsche Gleichung

$$E = E_0 - \frac{R\,T}{n\,F} \cdot \ln \frac{c_{red}}{c_{ox}}$$

R = **Gaskonstante**, 8,314 J mol^{-1} K^{-1}
T = absolute Temperatur (K)
F = **Faraday-Konstante,**
    96,5 kJ mol^{-1} V^{-1}, Energie in
    1 mol e$^-$ bei 1 V Spannung
n = Zahl der übertragenen Elektronen
c = Aktivität ($\approx$Konzentration)

Umrechnung von elektrischem Potenzial in freie Energie

$$\Delta G = -n \cdot F \cdot \Delta E \quad \text{(kJ/mol)}$$

Berechnung der freien Energie einer chemischen Reaktion

$$\Delta G_0 = \Sigma \Delta G_{0f} (\text{Produkte}) - \Sigma \Delta G_{0f} (\text{Edukte})$$

Berücksichtigung von Stöchiometrien
(hier 1 angenommen) **und**
Konzentrationen:

$$\Delta G = \Delta G_0 + RT \ln ([c_{P1} \cdot c_{P2}] / [c_{E1} \cdot c_{E2}])$$

Reaktionsenthalpien einiger Reaktionen

	$\Delta G_0'$ (kJ/mol)
ATP + $H_2O \rightarrow$ ADP + P_i	−31,8
ATP + $H_2O \rightarrow$ AMP + PP_i	−41,7
ATP + AMP $\rightarrow$ 2 ADP	0
PP_i + $H_2O \rightarrow$ 2 P_i	−21,9
SO_4^{2-} + 2 H$^+$ + ATP $\rightarrow$ APS + PP_i	+46,0
APS + $H_2 \rightarrow$ HSO_3^- + AMP + H$^+$	−68,6

Standard-Redoxpotenziale
298 K, 1 mol/L, Gase 101,3 kPa
pH= 7

Redoxpaar	E_0' (mV)
SO_4^{2-}/SO_3^{2-}	−516
Ferredoxin (ox/red)	$\approx$−430
H$^+$/H$_2$	**−414**
$S_2O_3^{2-}/HS^-$ + SO_3^{2-}	−402
NAD/NADH$_2$	**−320**
S^0/HS^-	−270
CO_2/CH_4	−244
$FAD/FADH_2$	−220
Pyruvat/Lactat	−190
$SO_3^{2-}/S_2O_3^{2-}$	−173
SO_3^{2-}/HS^-	−116
APS/AMP + SO_3^{2-}	− 60
Fumarat/Succinat	+33
Ubichinon (ox/red)	+113
$S_3O_6^{2-}/S_2O_3^{2-}$ + SO_3^{2-}	+225
NO_2^-/NO	+350
NO_2^-/NH_4^+	+334
NO_3^-/NO_2^-	+433
Fe^{3+}/Fe^{2+}	+770
O$_2$/H$_2$O	**+818**
NO/N_2O	+1175
N_2O/N_2	+1355

(Vgl. auch Abb. 15.1)

Lichtenergie

$$E = h \cdot \upsilon$$

h = Plancksches Wirkungs-
    quantum, 6,626 · 10^{-34} Js
υ = Frequenz, c/λ
c = Lichtgeschwindigkeit,
    3 · 10^8 m s^{-1}
λ = Wellenlänge

Bei λ = 500 nm ist E = 240 kJ pro
mol Photonen

Reaktionen 9.17 und 9.16. Dazu müssen natürlich Verbindungen mit einem hinreichenden Phosphorylierungspotenzial zur Verfügung stehen, die über den Abbau von Substraten gebildet werden (z. B. in der Glykolyse, s. Kap. 11).

Der zweite Mechanismus koppelt den **Transport von Ionen** (H^+, manchmal auch Na^+) über die Cytoplasma-Membran (bei Prokaryoten) oder die innere Membran von Mitochondrien oder Chloroplasten (bei Eukaryoten) an die Phosphorylierung von ADP durch eine membrangebundene **ATP-Synthase** (Abb. 9.3). Die ATP-Synthase ist eines der wichtigsten Enzyme in der Biologie überhaupt. Sie ist mechanistisch gut untersucht. Man nimmt heute an, dass sie $4\,H^+$ pro ATP transloziert. Die früher gemachte Unterscheidung zwischen **Elektronentransport-Phosphorylierung** und **Photo-Phosphorylierung** ist nicht sehr sinnvoll. Die ATP-Konservierung hat weder mit den Redoxreaktionen noch mit Licht unmittelbar zu tun und erfolgt in beiden Fällen in derselben Weise, gekoppelt an den Transport von Protonen über eine Membran.

Tafel 9.7 Bildungsenthalpien biologisch relevanter Stoffe ΔG_{0f} (kJ/mol)

H_2	0	H^+ (1 M)	0
H^+ (pH=7)	−39,9		
H_2O	−237,2	O_2	0
CO	−137,2	CO_2	−394,4
HCO_3^-	−586,9	CH_4	−50,8
Formiat$^-$	−351,0	Acetat$^-$	−369,4
Glucose	−917,2	Lactat$^-$	−517,8
Pyruvat$^-$	−474,6	Butyrat$^-$	−352,6
Succinat^{2-}	−619,2	Ethanol	−181,8
N_2	0	NH_4^+	−79,4
NO	+86,6	NO_2^-	−37,2
NO_3^-	−111,3	N_2O	+104,2
S^0 (rhombisch)	0	HS^-	+12,5
H_2S	−33,6	S^{2-}	+85,8
$(H_2S + HS^-)/2$	−10,5	SO_3^{2-}	−486,6
HSO_3^-	−527,8	SO_4^{2-}	−744,6
$S_2O_3^{2-}$	−513,4	$S_3O_6^{2-}$	−1022,2
$S_4O_6^{2-}$	−958,1		
Fe^{2+}	−78,8	Fe^{3+}	−4,6
FeS_2	−150,8		
Mn^{2+}	−227,9	Mn^{3+}	−82,1
MnO_4^{2-}	−506,6	MnO_2	−456,7

9

Glossar

> **Aktivierungsenergie:** Energie, die zur Auslösung einer Reaktion nötig ist, anschließend jedoch wieder frei wird
> **allgemeine Gaskonstante (R):** Energie, die ein Mol Teilchen pro Grad aufnimmt oder abgibt, $8{,}314\,J \cdot mol^{-1} \cdot K^{-1}$
> **Arbeit:** Energiedifferenzen, die nicht thermisch ausgetauscht werden
> **Bildungsenthalpie:** Freie Energie, die beim Aufbau einer Verbindung aus den Elementen umgesetzt wird
> **Boltzmann-Konstante (k):** Energie, die ein einzelnes Teilchen pro Grad aufnimmt oder abgibt, $k = R/6{,}023 \cdot 10^{23}\,J\,K^{-1}$
> **Elektronentransport-Phosphorylierung:** Veralteter Begriff für die ATP-Bildung durch die Protonen-getriebene membranständige ATPase, nachdem ein Protonengradient durch Elektronentransport aufgebaut wurde
> **Endergone Reaktion:** Reaktion, bei der die freie Energie (ΔG) zunimmt
> **Energie:** Die Fähigkeit, Arbeit zu verrichten
> **Energie-Ladungszustand:** Maß für den Phosphorylierungsgrad von Adenosin-Nukleotiden in der Zelle, meist etwa 0,8
> **Entropie (S):** Energie pro Temperatur von Teilchen, bei konstanter Temperatur und konstantem Druck nicht für Arbeit nutzbar
> **exergone Reaktion:** Reaktion, bei der die freie Energie abnimmt
> **Faraday-Konstante (F):** Wert für die Energie in einem Mol Ladungen, die eine Spannungsdifferenz von 1 V durchlaufen, $96{,}5\,kJ\,mol^{-1}\,V^{-1}$
> **freie Energie (ΔG):** Energie, die für Arbeit genutzt werden kann
> **isobar, isotherm:** Bei gleichem Druck, bei gleicher Temperatur
> **Knallgas-Reaktion:** Reaktion von Sauerstoff und Wasserstoff zu Wasser
> **Lichtenergie:** Energie eines Photons, Produkt aus der Frequenz (Lichtgeschwindigkeit durch Wellenlänge) und dem Planckschen Wirkungsquantum, z. B. 240 kJ pro mol Photonen mit 500 nm Wellenlänge
> *Perpetuum mobile:* Maschine, die ohne äußere Energiequelle läuft
> **Photo-Phosphorylierung:** Veralteter Begriff für die Phosphorylierung von ADP unter Ausnutzung eines chemiosmotischen Gradienten, der durch Lichtenergie aufgebaut wurde
> **Plancksches Wirkungsquantum:** Naturkonstante der Quantenphysik, $6{,}626 \cdot 10^{-34}\,Js$
> **Pyrophosphat:** Diphosphat
> **Reaktionsenthalpie:** Reaktionswärme einer chemischen Reaktion bei konstantem Druck
> **reversible Reaktion:** Reaktion ohne Änderung der freien Energie
> **Standardbedingungen:** Temperatur 298 K, Druck 101,3 kPa, Konzentration 1 mol/L
> **Substrat-Phosphorylierung:** Regenerierung von ATP durch phosphorylierte Metabolite
> **Wärme:** Energieform, in die alle anderen Energieformen überführt werden können, unvermeidliches Produkt von Metabolismus

Prüfungsfragen

> In welchen Formen wird Energie von Lebewesen genutzt, welche Formen werden freigesetzt?
> Was besagen die Hauptsätze der Thermodynamik?
> Was bedeutet $E = h \cdot \upsilon$?
> In welchen Einheiten wird Entropie gemessen?
> Für welche Berechnungen werden die Faraday- und die allgemeine Gaskonstante benötigt?
> Wie sind exergone und reversible Reaktionen definiert?
> Wie werden die Energiebeträge von Transportprozessen, chemischen Reaktionen und Redoxreaktionen bestimmt?
> Wie hängt die freie Energie einer chemischen Reaktion von den Konzentrationen der Reaktanten ab?
> Wie groß ist der Energiebetrag der ATP-Hydrolyse in der Zelle?
> Wie werden ATP-Hydrolyse und -Regenerierung an den Stoffwechsel gekoppelt?

Transport

10

Themen und Lernziele: Eigenschaften von Membranen; selektive Permeabilität; Aufnahme von Partikeln; Proteinsekretion; Exo- und Ektoenzyme; primärer und sekundärer Transport; Aufnahme von Eisen; Gruppentranslokation

Dass eine wachsende Zelle über Mechanismen verfügen muss, Substanzen aus ihrer Umgebung aufzunehmen und Stoffe abzugeben, erscheint selbstverständlich. Transmembrane Transportprozesse haben jedoch eine viel weiter gehende Bedeutung. Dadurch, dass Stoffe über Membranen transportiert werden, entstehen **Gradienten**, die energetische Probleme aufwerfen, aber auch von der Zelle ausgenutzt werden können. Tatsächlich laufen an Membranen die wichtigsten **Energiewandlungen** ab. Chemische Reaktionen können zum Aufbau von Gradienten genutzt werden. Diese wiederum können an den Transport anderer Stoffe gekoppelt werden. Die wichtigsten Schritte der **Photosynthese**, der **Atmung** und der Regenerierung von ATP sind Transportprozesse. Dabei sind nicht nur die Konzentrationsgradienten von Bedeutung, sondern es ergeben sich, da häufig geladene Teilchen transportiert werden, **elektrische Phänomene**. Tatsächlich kann man sagen, dass der Stoffwechsel im Wesentlichen von elektrischer Energie abhängt. Der wohl wesentlichste Unterschied zwischen Pro- und Eukaryoten dürfte wohl die **Kompartimentierung** der Zellen durch Membranen sein, die Eukaryoten intrazelluläre Transportprozesse ermöglicht.

10.1
Semipermeabilität

Biologische Membranen werden als **semipermeabel** bezeichnet, da sie manche Stoffe unkontrolliert passieren lassen. So können **Gase** und **kleine ungeladene Moleküle**, darunter auch **Wasser**, durch die Membran diffundieren. In allen Urreichen hat man

H. Cypionka, *Grundlagen der Mikrobiologie*,
© Springer 2010

als **Aquaporine** bezeichnete Membranproteine gefunden, die den Wasserdurchtritt beschleunigen. Ein Mikroorganismus hat also keine Möglichkeit, Wasser aktiv aufzunehmen und zu akkumulieren. Stattdessen muss er die Konzentrationen der im Cytoplasma gelösten Stoffe so regulieren, dass Wasser in der richtigen Menge verfügbar ist. Normalerweise sind so viele Teilchen gelöst, dass durch einströmendes Wasser die Zelle unter **osmotischem Druck** steht, wodurch der Murein-Sacculus prall gefüllt ist. Gibt man hingegen Bakterien in eine konzentrierte Lösung von Zucker oder Salz, so tritt Wasser aus der Zelle, und der Protoplast schrumpft (man spricht von **Plasmolyse**). Auch Alkohol, Essigsäure und Benzoesäure können die Membran passieren, ein Grund, weshalb diese Stoffe als **Konservierungsmittel** wirken. Für geladene Teilchen wie H^+-, Na^+- oder Cl^--Ionen sowie für größere Moleküle wie etwa Glucose ist die Membran undurchlässig, wenn sie nicht über spezifische **Transportproteine** verfügt. Polymere wie Proteine, Polysaccharide oder Lipide können ebenfalls nicht ohne weiteres transportiert werden.

Erstaunlich ist der **elektrische Widerstand**, den die Membran aufweist. Das Membranpotenzial, die Spannung zwischen den 8 nm entfernten Seiten der Membran einer Bakterienzelle, beträgt mehr als 0,16 Volt. Das entspricht einer **Feldstärke** von 20 000 Volt pro mm. Semipermeabel darf also nicht wörtlich mit halb durchlässig übersetzt werden, sondern bedeutet strikt selektiv durchlässig.

10.2
Aufnahme von partikulärer Substanz

Bakterien werden zurecht als **Destruenten** bezeichnet, deren Aufgabe es ist, den Kreislauf des Kohlenstoffs zu schließen, in dem sie die gebildete Biomasse in ihre anorganischen Grundbestandteile zurückführen. Ohne ihre segensreiche Wirkung wären in wenigen Jahren Sedimente und Böden voller abgestorbener organischer Substanz und für neues Leben ständen weder CO_2 noch andere Mineralstoffe zur Verfügung.

Das Überraschende ist, dass Bakterien gar nicht geeignet scheinen, die ihnen zugedachte Aufgabe zu bewältigen. Auch Abermillionen von ihnen können nicht einen einzigen Fisch, ein Blatt oder eine Cellulosefaser fressen. Bakterien haben keine Zähne. Sie haben eine **osmotrophe Ernährungsweise**, d. h. sie können nur gelöste Verbindungen aufnehmen, nicht aber partikuläre Substanz. Schlimmer noch: Selbst gelöste Stoffe können nur aufgenommen werden, wenn es sich um kleine Moleküle (Monomere oder Oligomere) handelt. Und für fast jede einfache Molekülart benötigt die Zelle ein spezifisches Aufnahmesystem. Kleinere Proteine, Polysaccharide, Nukleinsäuren können vielleicht die äußere Membran und die Mureinschicht passieren, an der Cytoplasma-Membran treffen sie jedoch auf eine undurchdringliche Barriere.

Die Lösung dieses Aufnahmeproblems besteht in einem typisch biologischen Umweg (Abb. 10.1). Um etwas zu erreichen, was es nicht kann (Aufnahme eines Polymers), macht das Bakterium das scheinbar Unmögliche zunächst in umgekehrter Richtung. Es werden in der Zelle Enzyme synthetisiert, die imstande sind, das Futter in eine

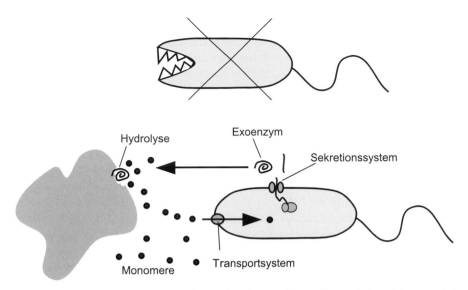

Abb. 10.1 Bakterien haben keine Zähne (vgl. Ciliat in Abb. 4.1d). Partikuläre Substanz wird außerhalb der Zelle in transportable Monomere zerlegt. Dies bewirken Exoenzyme, die über spezielle Sekretionssysteme freigesetzt werden

transportable Form umzuwandeln. Diese Proteine werden mit einer **Signalsequenz** versehen, die später wieder abgeschnitten wird. Sie können (wie Nähgarn durch ein Nadelöhr) mit Hilfe der Signalsequenz (die sozusagen als Einfädelhilfe hydrophobe Aminosäuren enthält) mit Hilfe von speziellen Transportsystemen durch die Cytoplasma-Membran nach außen freigesetzt werden, bevor sie in die nicht mehr transportable globuläre, aber enzymatisch aktive Form übergehen.

Diese Enzyme entfalten als **Exoenzyme** ihre Wirkung in der Umgebung der Zelle. Wenn die Enzyme an der Zelloberfläche verbleiben (z. B. im periplasmatischen Raum Gram-negativer Bakterien), spricht man auch von **Ektoenzymen**. Aus den als Makromoleküle vorliegenden Futterstoffen werden lösliche Monomere freigesetzt. Dabei handelt es sich meist um hydrolytische Reaktionen, bei denen das Polymer unter Einbau von Wasser gespalten wird. Wiederum werden für jede chemische Substratklasse (zum Teil mehrere) spezifische Ekto- oder Exoenzyme benötigt, (z. B. Proteasen, Cellulasen, Lipasen, Phosphatasen, DNasen). Ein Teil der freigesetzten Monomere (Aminosäuren, Zucker, Fettsäuren usw.) diffundiert an die Membran und gelangt über spezifische Transportsysteme in die Zelle. Proteinsekretion und Aufnahme der Substrate verlaufen über grundverschiedene, jeweils spezifische Transportmechanismen. Während der Transport der Substrate reversibel sein kann, ist es die Proteinsekretion nicht. Ein Exoenzym muss erst wieder in seine Einzelteile (Aminosäuren) zerlegt werden, bevor es in die Zelle aufgenommen werden kann.

Verschiedene Beobachtungen in der Natur lassen sich auf die komplizierten Mechanismen der Nahrungsaufnahme zurückführen. Die Wirkung von Exoenzymen lässt sich auf einer Agarplatte als **Hof um eine Kolonie** leicht erkennen, wenn ein trübes oder anfärbbares Substrat verbraucht wird. Man versteht, dass Bakterien nicht beliebig kleine Substratkonzentrationen verwerten können. Eine sekretierte Protease mit 100 Aminosäuren muss die Aufnahme von mindestens 200 Aminosäuren ermöglichen, wenn die Zelle in der Bilanz keinen Energieverlust erleiden soll. Es wird verständlich, dass Bakterien sich oft an Stellen anheften, an denen hohe Substratkonzentrationen auftreten, am besten direkt auf dem abzubauenden Substrat. Die Bildung von Kolonien ermöglicht dabei eine **Kooperation**, da nicht jedes hydrolysierte Substratmolekül zu der Zelle findet, aus der das hydrolysierende Exoenzym stammt (s. Kap. 17).

Das Prinzip der **osmotrophen Ernährung** (s. Kap. 4) ist universell. Pilzhyphen wachsen auf dem abgebauten Substrat, Algen und Cyanobakterien nehmen gelöste Mineralstoffe auf. Bei den Protozoen scheint der Aufnahmemechanismus zunächst anders zu sein. In der **Phagocytose** werden Nahrungspartikel umflossen und wandern in Nahrungsvakuolen in die Zelle. Das Problem wird dadurch aber nur verlagert: Die entscheidende Barriere ist nun die Membran der Vakuole, durch die **lytische Enzyme** sekretiert und freigesetzte Monomere aufgenommen werden. Allerdings entstehen bei diesem Verfahren geringere Verluste durch Diffusion als bei freigesetzten Exoenzymen. Auch Organismen mit Zähnen leben durchweg osmotroph, wenn man die zelluläre Ebene betrachtet.

10.3
Aufnahme von Eisen

Ähnlich kompliziert wie die Proteinsekretion verläuft die Aufnahme von Eisen in die Zelle. Eisen ist zwar eines der häufigsten Elemente auf der Erde, jedoch in seiner oxidierten Form (Fe^{3+}) bei neutralem pH-Wert kaum löslich. Es ist deshalb sowohl im Ozean als auch für Bakterien der menschlichen Mikroflora oder für pathogene Keime oft wachstumslimitierender Faktor. Manche Bakterien scheiden nun **Siderophore** aus. Dabei handelt es sich um Oligopeptide, die Eisen komplexieren und anschließend als Fe(III)-Komplex wieder in die Zelle aufgenommen werden. Das ist zwar sehr energieaufwändig, stellt aber die Versorgung mit einem limitierenden Faktor sicher.

10.4
Sekundärer Transport

Der einfachste Transportmechanismus ist die **Diffusion**. Wasser, Gase und kleine ungeladene Teilchen können biologische Membranen durchdringen. Sie folgen dabei dem Konzentrationsgradienten und gleichen ihn aus, wenn nicht andere Gründe dem entgegenstehen. Die Diffusion zählt zu den **sekundären Transportprozessen**, die abhängig von bestehenden Gradienten und nicht an eine chemische Reaktion gekoppelt sind (Abb. 10.2). Nur wenige Stoffe können die Membran ohne weiteres durchdringen, für die meisten Stoffe hat die Zelle **spezifische Transportsysteme**, wobei es sich um Proteine handelt, die in die Membran eingebettet sind und Kontakt zur Innen- und Außenseite haben. **Transportproteine** (auch *Carrier* oder **Permeasen** genannt) sind spezifisch für ein Substrat und arbeiten normalerweise **reversibel**, d. h. sie ermöglichen Transport in eine beliebige Richtung. Im einfachsten Fall bewirken sie einen **Uniport**, d. h. sie erlauben einem Stoff, der nicht die Lipidschicht durchdringen kann, den Übertritt und bewirken damit eine **erleichterte Diffusion**. Von der einfachen Diffusion kann man diesen Prozess dadurch unterscheiden, dass bei hohen Konzentrationen die Transportrate nicht mehr zunimmt, da nur eine begrenzte Anzahl von Carriern zur Verfügung steht. Die **Porine** in der äußeren Membran der Gram-negativen Bakterien haben eine ähnliche Funktionsweise. Sie sind allerdings wenig spezifisch und erlauben den Übertritt von Molekülen mit einem Molekulargewicht von bis zu 600. Die äußere Membran ist damit nicht die osmotische Barriere der Zellen. Uniport ist unter den sekundären Transportmechanismen eher die Ausnahme. Meist ist der Transport eines Stoffes von dem Konzentrationsgradienten eines anderen Stoffes abhängig. Hierbei unterscheidet man **Symport** und **Antiport**. So wird etwa Sulfat von manchen Transportsystemen nur transportiert, wenn gleichzeitig zwei (in manchen Fällen sogar drei) Protonen in die gleiche Richtung transportiert (symportiert) werden können. Der Sulfattransport ist damit an den Protonen-Gradienten gekoppelt und kann von diesem angetrieben werden. Viele Bakterien pumpen Na^+-Ionen aus der Zelle, indem sie in einem Antiportsystem je zwei Protonen pro Na^+ aufnehmen. Da sich dabei (wie bei dem Symport von Sulfat mit drei Protonen) in der Bilanz eine Verschiebung von Ladungen ergibt, spricht man von **elektrogenem Transport**, während der Symport von 2 H^+ und SO_4^{2-} **elektroneutral** ist. Bei elektrogenen Transportsystemen kann außer den Gradienten der transportierten Stoffe das elektrische Membranpotenzial als Triebkraft auftreten.

10.5
Primärer Transport

Sobald ein Transportprozess an eine chemische Reaktion gekoppelt ist, spricht man von **primärem Transport** (Abb. 10.2). Primäre Transportsysteme können Gradienten aufbauen, während sekundärer Transport sie bereits voraussetzt. Auch primäre Transportsysteme arbeiten meist reversibel. Es kann sowohl eine chemische Reaktion den Transport antreiben als auch der Transport eine chemische Reaktion. Es handelt sich also um Energiewandlungsmaschinen. Die wichtigsten primären Transportsysteme sind die durch **Elektronentransport getriebene Protonen-Translokation** in der **Photosynthese** und der **Atmung** sowie die durch Protonen-Transport getriebene Synthese von ATP durch die **membrangebundene ATPase**. In diesen Fällen handelt es sich stets um elektrogenen Transport, so dass das Membranpotenzial und damit elektrische Energie von großer Bedeutung ist. Die Grundlagen der energetischen Bewertung wurden im letzten Kapitel dargestellt oder werden bei der chemiosmotischen Theorie (Kap. 13) behandelt.

10

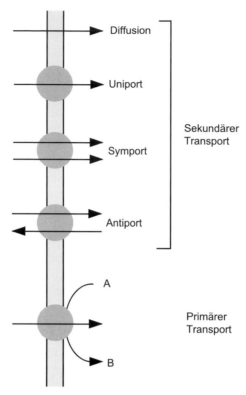

Abb. 10.2 Sekundäre und primäre Transportmechanismen

Die früher oft gebrauchte Unterscheidung zwischen **aktivem** und **passivem** Transport ist oft nicht klar. Sowohl sekundärer als auch primärer Transport können aktiv sein, wenn man als aktiven Transport Prozesse definiert, die zur Akkumulation eines Stoffes führen. Dabei wird jedoch der Gradient eines anderen Stoffes abgebaut oder die Energie einer chemischen Reaktion genutzt.

10.6
Zucker-Transport durch Gruppentranslokation

Die Zellmembran ist für Zucker undurchlässig. Zucker werden über spezifische Transportsysteme aufgenommen. Ein bei Bakterien weitverbreitetes Transportsystem ist das **Phosphotransferase-System**. Dieses bewirkt nicht nur eine Aufnahme des Zuckers in die Zelle, sondern überträgt bereits während des Transports einen Phosphatrest auf das Zuckermolekül. Der eigentliche Phosphat-Donor ist Phosphoenol-Pyruvat (PEP). Am Transportprozess sind vier Enzyme beteiligt, die teils im Cytoplasma gelöst, teils membrangebunden sind (Abb. 10.3). Da mit dem Transport chemische Reaktionen

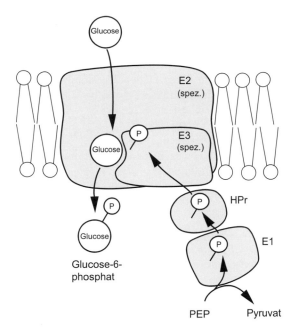

Abb. 10.3 Aufnahme eines Zuckermoleküls durch ein Phosphotransferase-System, durch das beim Transport eine Phosphatgruppe übertragen wird. Die Gruppentranslokation erfolgt unter Beteiligung von vier verschiedenen Enzymen (E1, HPr, E2, und E3)

verknüpft sind, kann man Phosphotransferase-Systeme als primäre Transportsysteme bezeichnen. Das System bietet der Zelle einige Vorteile. So wird durch den Transport kein Zucker-Gradient von innen nach außen aufgebaut, da in der Zelle ja nur Zuckerphosphat vorliegt, das gar nicht als solches transportiert werden kann. Der Zucker ist außerdem durch den Phosphatrest bereits für weitere Umsetzungen aktiviert. Organismen ohne ein solches System müssen für die Aktivierung ein ATP aufwenden. Das System kann mit leichten Variationen für verschiedene Zucker eingesetzt werden. Es unterliegt einer **Regulation** und wird etwa für Glucose nur ausgebildet, wenn dieser Zucker auch verfügbar ist.

Glossar

> **aktiver Transport:** Veralteter Begriff für Transport, der eine Akkumulation von Stoffen in der Zelle ermöglicht (vgl. primärer und sekundärer Transport)
> **Antiport:** Transport von zwei verschiedenen Molekülen in gegenläufiger Richtung
> *Carrier:* Transportprotein, Permease

10

> **Diffusion:** Spontaner Prozess der Ausbreitung von Stoffen einem Konzentrationsgradienten folgend
> **Ektoenzym:** An der Außenhülle eines Bakteriums wirkendes Enzym
> **elektrogen:** Das elektrische Potenzial über die Membran verändernd
> **elektroneutral:** Ohne Einfluss auf das elektrische Membranpotenzial
> **erleichterte Diffusion:** Uniport
> **Exoenzym:** Freigesetztes Enzym
> **Feldstärke:** Spannungsdifferenz pro Strecke
> **Gruppentranslokation:** Übertragung einer funktionellen Gruppe, z. B. während des Transports durch Phosphotransferase-Systeme
> **Osmose:** Diffusion durch selektiv permeable Membranen
> **passiver Transport:** Veralteter Begriff für Transport gemäß einem Konzentrationsgefälle
> **Permease:** *Carrier*, Transportprotein
> **Phosphotransferase-System:** Transportsystem, das eine Phosphatgruppe auf das transportierte Molekül überträgt
> **primärer Transport:** An eine chemische Reaktion gekoppelter Transport
> **sekundärer Transport:** Transport, der durch Konzentrationsgradienten getrieben wird und nicht an chemische Reaktionen gekoppelt ist
> **semipermeabel:** Selektiv durchlässig
> **Siderophore:** Eisenkomplexierende Moleküle, die von der Zelle ausgeschieden und mit einem komplexierten Eisen-Ion anschließend wieder aufgenommen werden können
> **Signalsequenz:** Aminosäure-Sequenz, die der eines durch die Cytoplasma-Membran zu sekretierenden Enzyms vorangeht, wird außerhalb des Cytoplasmas abgespalten
> **Symport:** Gekoppelter Transport zweier Substanzen
> **Uniport:** Erleichterte Diffusion, *Carrier*-vermittelter sekundärer Transport ohne Kopplung an Symport oder Antiport

Prüfungsfragen

> In welcher Form liegen die wichtigsten organischen Substrate in der Natur vor?
> Wie ernähren sich Pflanzen, Pilze, Protozoen, Bakterien, Viren?
> Wie nehmen Sie selbst und Ihre Zellen Nahrung auf?
> Was sind primäre und sekundäre Transportsysteme?
> Welche Stoffe können über die Membran diffundieren?
> Was sind Uniport, Antiport, Symport?
> Was sind elektrogene und elektroneutrale Prozesse?
> Was leisten Exoenzyme?
> Wie verläuft die Freisetzung von Proteinen?

Themen und Lernziele: Übersicht über den Stoffwechsel, Verknüpfung von Anabolismus und Katabolismus; Energiebedarf für das Wachstum; Glucose-Abbau durch Glykolyse; Coenzmye; Reduktionsäquivalente, Tricarbonsäure-Cyclus

11.1
Kopplung zwischen Anabolismus und Katabolismus

Bakterien gelten als **Destruenten** (Zersetzer), da sie in den (heutigen) biogeochemischen Stoffkreisläufen die Aufgabe der Rückführung organischer Substanz in mineralische Bausteine übernehmen. Jedoch sind sie nicht aus Bösartigkeit destruktiv, sondern eher darauf optimiert, möglichst schnell und effektiv zu wachsen, also in konstruktiver Weise **Biomasse** zu bilden. Die Erklärung für den scheinbaren Widerspruch zwischen Destruktion und Aufbau neuer Biomasse ergibt sich aus der Tatsache, dass die verwerteten organischen Substrate sowohl als **Baustoff** für neue Biomasse als auch als **Brennstoff** zur **Energieversorgung** des Stoffwechsels benötigt werden. Die Situation gleicht der eines Zimmermanns, der seine Motorsäge mit Holzfeuerung antreibt. Wachstum (**Anabolismus, Assimilation, Biosynthese**) ist zwangsweise gekoppelt an Abbauprozesse (**Katabolismus, Dissimilation, Mineralisierung**) organischer Substanz. Ausnahmen davon bilden hier nur die **lithoautotrophen** Organismen (s. Kap. 16), die ihre Biomasse aus anorganischen Vorstufen aufbauen können. Aus dem Abbau organischer Substanz gewinnen die Bakterien die Energie, die zum Aufbau neuer Biomasse erforderlich ist. Je schlechter die Ausbeute an freier Energie aus dem Abbau eines Substrats ist, desto mehr davon muss umgesetzt werden. Da

11

Bakterien auch mit sehr energiearmen Substraten noch wachsen können, setzen sie gewaltige Mengen katabolisch um und erscheinen uns vor allem als Destruenten.

Viele Bakterien sind in der Lage, mit einem einzigen einfachen Substrat zu wachsen. Alle Zellbausteine können dabei aus einem einzigen Vorgängermolekül gebildet werden. Dabei gibt es etwa 2 000 verschiedene Reaktionen und komplizierte Regulationsmechanismen. Man bezeichnet den Anabolismus deswegen als **divergent.** Katabolismus hingegen ist **konvergent.** Alle verwerteten Substrate werden einigen wenigen Stoffwechselprozessen zugeführt, die über die Oxidation des Substrats und die Freisetzung von Reduktionsäquivalenten eine Energiekonservierung aus Atmungs- oder Gärungsprozessen ermöglichen.

11.2
Überblick über das Stoffwechselgeschehen

Der **Metabolismus** (Stoffwechsel) kann als großes Räderwerk betrachtet werden (Abb. 11.1). Die Bildung der wichtigsten Stoffgruppen in der Biomasse (Proteine, Polysaccharide, Lipide und Nukleinsäuren, s. Tab. 2.2) ist (im Prinzip, aber nicht allen einzelnen Reaktionen!) reversibel und lässt sich wie alle anderen Prozesse in Kreisläufen anordnen. Polymere werden unter Wasserabspaltung gebildet, wozu Energie (normalerweise in Form von ATP) benötigt wird. Der Abbau dieser Stoffe (Depolymerisierung) erfolgt durch Hydrolyse, also Spaltung unter Aufnahme von Wasser. Hierbei wird das vorher investierte ATP nicht zurückgewonnen.

Bereits die Bausteine der polymeren Verbindungen (Aminosäuren, Zucker, Glycerin, Fettsäuren usw.) werden unter ATP-Verbrauch synthetisiert, wenn sie nicht mit der Nahrung aufgenommen wurden. Im letzten Fall wird ein Teil von ihnen für die Energiegewinnung abgebaut (katabolisiert), um das für die Biosynthesen (Anabolismus) benötigte ATP zu gewinnen. Als zentrale Drehscheibe fungiert dabei der Tricarbonsäurecyclus, der Katabolismus und Anabolismus verbindet. Durch ihn werden einerseits Vorstufen der für die Biosynthesen benötigten Verbindungen bereitgestellt. Andererseits werden katabolisierte Substrate vollständig zu CO_2 oxidiert, wobei große Mengen an Reduktionsäquivalenten freiwerden.

ATP wird im zentralen Stoffwechsel meistens verbraucht. Nur an wenigen Stellen (beim Zuckerabbau und im Tricarbonsäurecyclus) lässt es sich gekoppelt an Substratumsetzungen gewinnen (Substratphosphorylierung). Den größten Teil des ATPs liefern (zumindest bei aeroben Organismen) an der Membran ablaufende Transportprozesse (s. Kap. 13). Zunächst werden die Reduktionsäquivalente bzw. Elektronen über eine Kette von Überträgern auf Sauerstoff übertragen, wobei Wasser entsteht. Die Überträger sind Teile eines Pumpwerks, das Protonen (H^+-Ionen) über die Membran nach außen pumpt. Die Ungleichverteilung der Protonen (der pH-Gradient) und vor allem die damit verbundene Verschiebung von Ladungen (das elektrische Membranpotential) stellen eine Form von Energie da. Diese wird genutzt, um durch die membranständige ATPase ADP zu phosphorylieren. Dies erfolgt gekoppelt an einen in umgekehrter Richtung laufenden Protonentransport. So kommt es dazu, dass etwa im Laufe des Abbaus eines einzigen Glucosemoleküls mehrere hundert Protonen über die Membran transportiert werden.

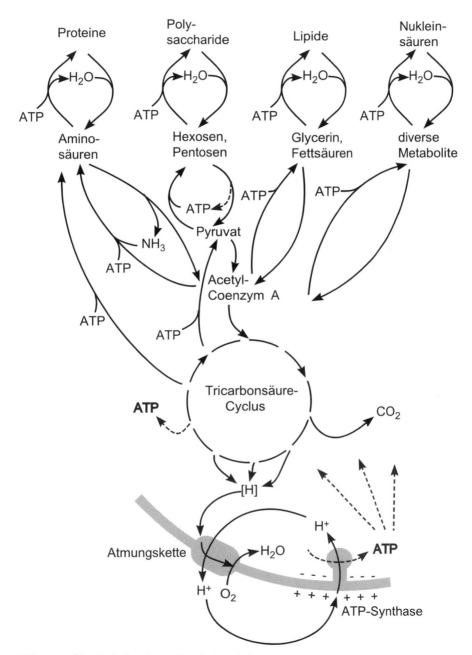

Abb. 11.1   Überblick über das Stoffwechselgeschehen

11

11.3
Wachstum mit Glucose als Substrat

Wir wollen als Beispiel ein Bakterium mit Glucose wachsen lassen und dabei überwiegend die katabolischen Reaktionen und die Mechanismen der Energiekonservierung betrachten. Das Wachstum, der „Traum" des Bakteriums, lässt sich in eine einfache Formel fassen:

$$C_6H_{12}O_6 \rightarrow 6 \langle CH_2O \rangle \qquad [11.1]$$

$\langle CH_2O \rangle$ steht dabei vereinfachend für **Biomasse**. Die Formel gibt die Zusammensetzung von Trockenmasse grob wieder. Man sieht, dass sie etwa den Redoxzustand von Zucker hat. Es ist also zur Überführung von Glucose in Biomasse keine Oxidation nötig. Allerdings wird für die Bildung von Zellmaterial Energie benötigt. Diese wird aus der Oxidation von Glucose – gekoppelt an die Reduktion von Sauerstoff – gewonnen.

$$C_6H_{12}O_6 + 6 O_2 \rightarrow 6 CO_2 + 6 H_2O \qquad [11.2]$$

Jedes Zuckermolekül kann nur einmal, entweder als Baustoff oder als Brennstoff, verwendet werden. Wir wollen uns überlegen, welcher Anteil der Glucose dissimiliert werden muss und wie viel assimiliert werden kann und dadurch den **Wachstumsertrag** ergibt (s. Kap. 8).

11.4
Energiebedarf für die Assimilation

Thermodynamisch betrachtet unterscheidet sich der Energiegehalt von Biomasse kaum von dem der Glucose. Der Brennwert von Holz steigt ja auch nicht, wenn es zu Möbeln verarbeitet wird. Jedoch muss die Zelle Energie dazu aufwenden, die Substratmoleküle zu Zellmasse umzubauen. Der Energiebedarf für die Assimilation lässt sich wie die freie Energie der Dissimilation in ATP-Einheiten angeben. Aus der Untersuchung vieler Bakterien hat man für die Assimilation einen Erfahrungswert von **etwa 10,5 g Trockenmasse/mol ATP** ermittelt. Dieser Wert wird als Y_{ATP} bezeichnet. Er ist nur ein grober Richtwert, der abhängig von den Wachstumsbedingungen (C-Quelle, N-Quelle, pH-Wert, Temperatur etc.) ist. Aus Y_{ATP} und dem Molekulargewicht unserer Biomasse-Einheit $\langle CH_2O \rangle$ von 30 lässt sich einfach berechnen, dass etwa 17 mol ATP benötigt werden, um 1 mol Glucose (180 g) in Biomasse umzuwandeln.

11.5
Energieausbeute der Dissimilation

Die **freie Energieänderung** der Dissimilation von Glucose nach Gl. 11.2 lässt sich leicht aus den Werten der Tafel 9.7 berechnen. Sie beträgt unter Standard-Bedingungen bei pH 7 und 25 °C –2870 kJ/mol. Teilt man diese Zahl durch die Energieänderung der ATP-Hydrolyse in der Zelle ($\Delta G_{biol.} = -50$ kJ/mol), so erhält man 58 ATP, die maximal aus der Oxidation eines Glucosemoleküls konserviert werden könnten. Die Zelle arbeitet jedoch nicht mit einem Wirkungsgrad von 100 %. Etwa ein Drittel der freien Energie geht als Wärme verloren und hilft der Zelle, die Richtung des Prozesses sicherzustellen (siehe nächstes Kapitel über Regulation). Wir können also mit etwa $2/3 \cdot 58 = 38$ ATP pro Glucosemolekül rechnen, ohne den genauen Weg zu kennen. Tatsächlich ist die ATP-Ausbeute bei verschiedenen Bakterien sehr variabel. Sie hängt von dem genauen biochemischen Weg ab und dürfte meistens deutlich niedriger als 38 ATP pro Glucose sein (auch wenn dieser Wert in vielen Lehrbüchern genannt wird).

11.6
Berechnung des zu erwartenden Ertrages

Unter der Annahme, dass 17 ATP benötigt werden, um ein Glucosemolekül zu assimilieren, während die Dissimilation 38 ATP liefert, lässt sich berechnen, dass von 10 mM Glucose in einem Wachstumsmedium 6,9 mM assimiliert und 3,1 mM dissimiliert werden ($6,9 \cdot 17 \approx 3,1 \cdot 38$). Dieser Wert ist die Erwartung für ideale Verhältnisse, berücksichtigt aber nicht spezielle Stoffwechselwege und den **Erhaltungsstoffwechsel**. So assimiliert etwa *E. coli* weniger als 40%, wenn man es in einem Minimalmedium mit Glucose wachsen lässt.

11.7
Transport und Aktivierung von Glucose

Glucose wird über spezifische Transportsysteme aufgenommen. Das bei Bakterien weitverbreitete **Phosphotransferase-System** wurde im letzten Kapitel über Transport vorgestellt. Es gibt jedoch auch andere Transportmechanismen. In allen Fällen wird das Zuckermolekül für den weiteren Stoffwechsel durch einen Phosphatrest **aktiviert**. Die Aktivierung erfolgt unter Verbrauch einer energiereichen Phosphatbindung von ATP oder, wie etwa beim Phosphotransferase-System, von Phosphoenol-Pyruvat. Nach einigen Reaktionen kann der Phosphatrest jedoch wieder auf ADP übertragen werden, so dass die Aktivierung letztendlich keine Energie kostet.

11.8
Glykolyse

Während die Assimilation etwa 2 000 verschiedene Reaktionen umfasst, benötigt die Dissimilation weniger als 30. Um diese wichtigen Reaktionen nachvollziehen zu können, sollte man mit den Formeln der beteiligten Metabolite vertraut sein (Abb. 11.2 und 11.3).

Es gibt in verschiedenen Organismen mehrere Wege des Zuckerabbaus, von denen hier nur einer dargestellt ist, der sowohl in Eukaryoten als auch in vielen Bakterien (z. B. *E. coli*) vorkommt. Dieser Weg wird oft einfach als **Glykolyse,** nach dem Schlüsselmetabolit **Fructose-1,6-Bisphosphat-Weg** oder auch nach seinen Entdeckern **Embden-Meyerhof-Parnas-Weg** genannt (Abb. 11.4). Alternative Wege sind der **Pentosephosphat-Weg**, auf dem Glucose zu Ribulose-5-phosphat umgesetzt wird, und der **KDPG-Weg**, auf dem 2-Keto-3-desoxy-6-phosphogluconat gebildet und zu Glycerinaldehyd-Phosphat und Pyruvat gespalten wird.

In der Glykolyse wird Glucose zu zwei Molekülen Pyruvat und vier Reduktionsäquivalenten umgesetzt (Gl. 11.3.), wobei außerdem zwei ATP konserviert (aus ADP und Phosphat regeneriert) werden können.

$$\text{Glucose} + 2\,\text{ADP} + 2\,P_i \rightarrow 2\,\text{Pyr} + 4[\text{H}] + 2\,\text{ATP} \qquad\qquad [11.3]$$

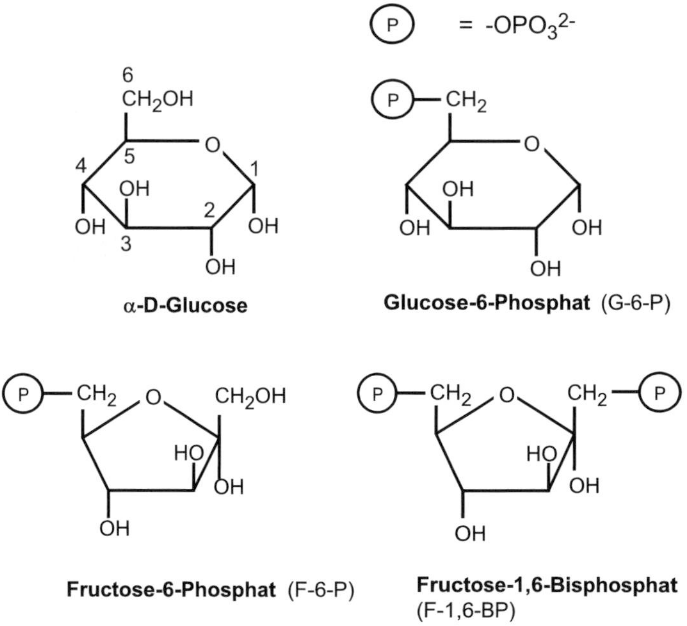

Abb. 11.2 Glucose und in der Glykolyse daraus gebildete phosphorylierte Metabolite. Die Zählweise der C-Atome ist in roten Ziffern angezeigt

Die phosphorylierte Glucose wird zu Fructose umgelagert und ein zweites Mal phosphoryliert. Fructose-1,6-Bisphosphat wird zu zwei C3-Verbindungen gespalten. Bis zum Pyruvat sind alle Intermediate phosphoryliert und damit aktiviert. Alle Schritte werden durch Enzyme katalysiert, die meisten sind reversibel (ΔG $\approx$ 0). Lediglich die Phoshorylierung der Zucker (Glucose und Fructose-6-Phosphat) sowie der letzte Schritt lassen sich nur auf Umwegen und unter Verwendung von anderen Enzymen umkehren. Die einzige Redox-Reaktion des Weges ist gekoppelt an die Phosphorylierung eines Intermediats (unabhängig von ATP). Ein Phosphatrest von 1,3-Phospho-Glycerat und der von Phosphoenol-Pyruvat können auf ADP übertragen werden. Es gibt also zwei Schritte, die eine ATP-Bildung über die **Substrat-Phosphorylierung** leisten.

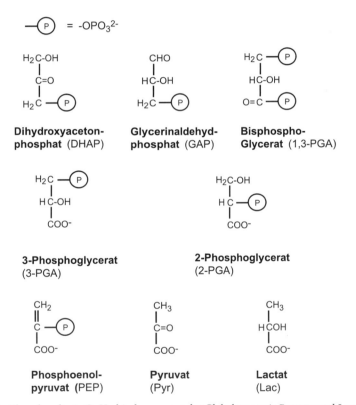

Abb. 11.3 Phosphorylierte C$_3$-Verbindungen aus der Glykolyse sowie Pyruvat und Lactat

11

11.9
Reduktionsäquivalente

In Reaktion 11.3 tritt als Produkt [**H**] auf. Dieses Kürzel bezeichnet **Reduktions-
äquivalente**. Man spricht oft auch einfach von Elektronen, auch wenn es sich um
Elektronen und Protonen handelt. Man kann statt [H] auch H^+ und e^- schreiben.
Wichtig ist, sich klar zu machen, dass zwar H^+ in der Zelle vorkommt (in Form von

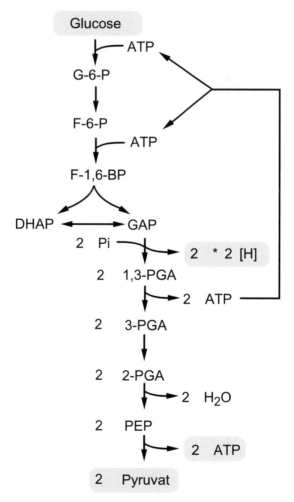

Abb. 11.4 Glykolyse: Umsetzung von Glucose zu Pyruvat über Fructose-1,6-Bisphosphat. Abkürzungen und Formeln s. Abb. 11.1 und 11.2

≈10^{-7} mol/L H_3O^+), Elektronen jedoch nicht frei in der Zelle existieren (wie in einem Elektronenstrahl), sondern sich nur durch Veränderung des Redoxzustandes ihrer Überträger bemerkbar machen. Bei der Schreibweise [H] verzichtet man darauf, den Überträger näher zu bezeichnen. Man kann deshalb mit [H] keine energetischen Berechungen anstellen, da das Redoxpotenzial natürlich von dem jeweiligen Überträger bestimmt ist. Interessant ist, dass von vielen Überträgern (z. B. NAD, FAD, Abb. 11.5) Reduktionsäquivalente stets paarweise übertragen werden, während manche Überträger (z. B. Cytochrome) nur jeweils ein Elektron übertragen. Von [H] klar zu unterscheiden ist der molekulare Wasserstoff H_2, der als Gas oder in Lösung vorkommt und von vielen Bakterien verwertet oder gebildet werden kann.

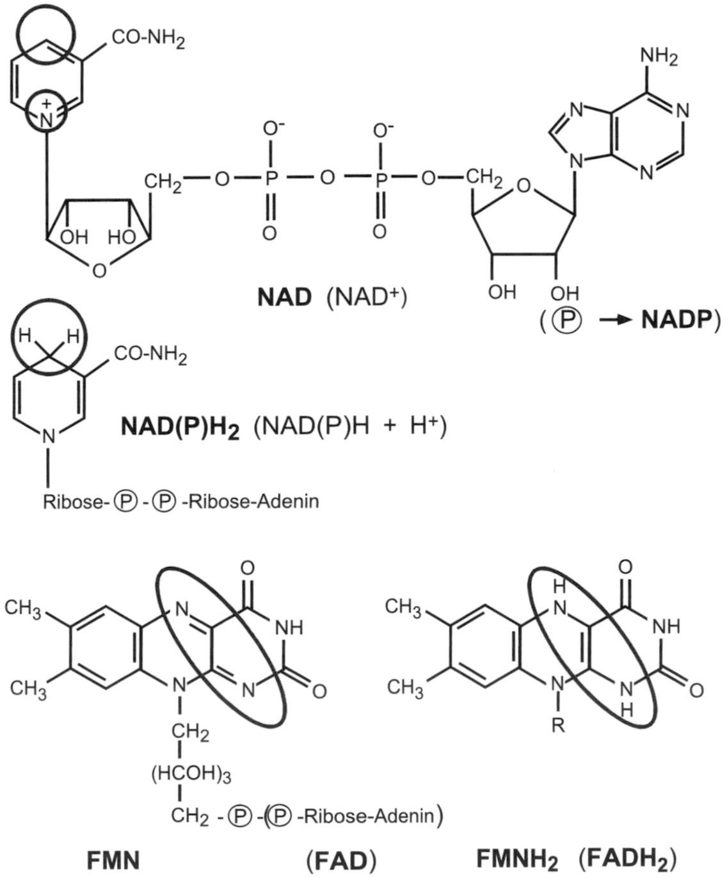

Abb. 11.5 NAD, NADP, FMN, FAD im oxidierten und reduzierten Zustand. Die Positionen, die Reduktionsäquivalente übertragen, sind markiert. NADP unterscheidet sich von NAD durch einen Phosphatrest an der Ribose, FAD von FMN (Flavin-Mononukleotid) durch zusätzliches Phosphat, Ribose und Adenin

11

Die bei der Oxidation von Glycerinaldehydphosphat (GAP) freiwerdenden Reduktionsäquivalente werden von einer **Dehydrogenase** auf das **Coenzym NAD** (Nicotinsäureamid-Adenin-Dinukleotid) übertragen. Für dieses Coenzym und die katalysierte Reaktion findet man zwei abgekürzte Schreibweisen:

$$NAD^+ + 2[H] \rightarrow NADH + H^+ \qquad [11.4]$$

oder einfacher:

$$NAD + 2[H] \rightarrow NADH_2 \qquad [11.5]$$

Die erste, genauere berücksichtigt, dass NAD in seiner oxidierten Form eine positive Ladung trägt, die nach der Reduktion auf einem Proton zurückbleibt. In den meisten Fällen reicht die einfachere Schreibweise der Gl. 11.5 allerdings aus. (Bei der Abkürzung ATP werden ja auch die negativen Ladungen nicht explizit aufgeführt.) Wichtig ist, dass das Coenzym nach seiner Reduktion wieder reoxidiert werden muss, um die Bilanz zu schließen. Die Zelle kann es sich nicht leisten, für die Verwertung eines Zuckermoleküls mehrere Coenzyme endgültig zu verbrauchen.

11.10
Pyruvat-Oxidation

Die Verwertung von Pyruvat erfolgt durch einen Multienzym-Komplex, der als **Pyruvat-Dehydrogenase**-Komplex bezeichnet wird. Er enthält drei Enzyme und vier Coenzyme (NAD, Thiamin-Pyrophosphat, Liponsäure, Coenzym A).

$$Pyr + CoA \xrightarrow{\textit{Pyruvat-Dehydrogenase}} Acetyl\text{-}CoA + CO_2 + 2[H] \qquad [11.6]$$

Es entsteht hier zum ersten Mal CO_2 (Gl. 11.6). Außerdem fallen wiederum Reduktionsäquivalente an, die auf NAD übertragen werden. Wichtigstes Endprodukt aber ist **Acetyl-CoA**. Coenzym A bewirkt eine Aktivierung von Metaboliten ähnlich der Phosphorylierung. Acetyl-CoA wird deshalb auch als aktivierte Essigsäure bezeichnet. Der CoA-Rest kann leicht gegen einen Phosphat-Rest ausgetauscht werden, der wiederum auf ADP übertragen werden kann. Die Zelle kann aber auch andere Reaktionen damit durchführen, die zu einer vollständigen Oxidation führen.

Pro Glucose entstehen durch die Umsetzung mit dem Pyruvat-Dehydrogenase-Komplex 2 Acetyl-CoA, sowie 4 [H] und zwei CO_2. Die CO_2-Bildung ist jedoch nicht an einen Verbrauch von O_2 gekoppelt (Abb. 11.6).

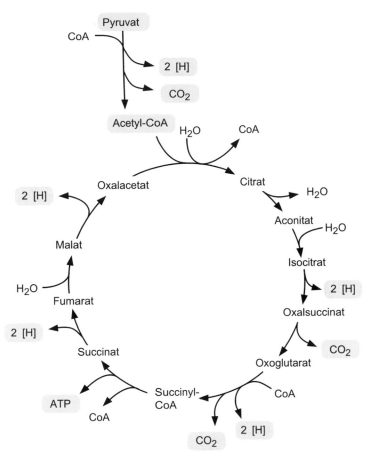

Abb. 11.6 Pyruvat-Oxidation und Tricarbonsäure-Cyclus. Bei der Bildung von Succinat entsteht ATP oder GTP, das seinen Phosphatrest auf ADP übertragen kann

11.11
Tricarbonsäure-Cyclus

Der **Tricarbonsäure-Cyclus** (TCC oder auch Citratcyclus) bewirkt die vollständige Oxidation von Acetat zu CO_2 (Abb. 11.6 und 11.7).

$$Acetat + ADP + P_i \rightarrow 2\,CO_2 + 8[H] + ATP \qquad [11.7]$$

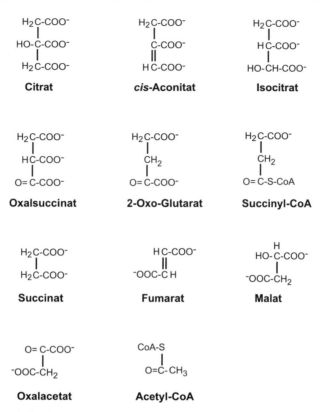

Abb. 11.7 Metabolite des Tricarbonsäure-Cyclus

Hierbei fallen acht Reduktionsäquivalente an, von denen sechs auf NAD und zwei auf das Coenzym FAD übertragen werden. Wiederum wird molekularer Sauerstoff nicht benötigt. Der Citratcyclus ist auch bei Anaerobiern zu finden, die ganz ohne O_2 leben. Er hat als **Drehscheibe des Stoffwechsels** zahlreiche Funktionen in anabolischen Prozessen, die hier nicht näher dargestellt werden. Die Umsetzung von Succinyl-CoA zu Succinat ist mit einer Phosphorylierung von **ADP** (bei manchen Organismen auch von **GDP**) gekoppelt. Zusätzlich gibt es **anaplerotische Sequenzen**, die einen Verbrauch von Intermediaten für Biosynthesen ausgleichen können. Wie bei der Glykolyse sind die meisten Reaktionen des Citratcyclus reversibel. Die beteiligten Enzyme liegen – bis auf die Succinat-Dehydrogenase – im Cytoplasma gelöst vor.

11.12
Bilanz der Oxidation von Glucose

In der Bilanz von Glykolyse, Pyruvat-Dehydrogenase und Citratcyclus (Gl. 11.8) wird Glucose vollständig oxidiert.

$$C_6H_{12}O_6 + 6H_2O + 4P_1 \rightarrow 6CO_2 + 24[H] + 4ATP \qquad [11.8]$$

Die vier gewonnenen ATP stammen aus der Übertragung von phosphorylierten Intermediaten auf ADP, also aus Substrat-Phosphorylierungs-Reaktionen. Die Aktivierung der Intermediate erfolgte in der Glykolyse mit Phosphatresten und im Citratcyclus mit Coenzym A. Letzteres kann aber (z. B. vor der Gewinnung von GTP oder ATP aus Succinyl-CoA) leicht durch einen Phosphatrest ersetzt werden. Während die ATP-Moleküle im anabolischen Stoffwechsel auf vielfältige Weise genutzt werden können, braucht die Zelle kaum Reduktionsäquivalente zum Aufbau von Biomasse. Diese müssen jedoch entsorgt werden, um die Elektronenüberträger zu regenerieren. Während des aeroben Wachstums ist dies kein Problem. Die Regenerierung erfolgt durch die Atmungskette, die sogar den weitaus größeren ATP-Gewinn ermöglicht (s. Kap. 13). Bei Anaerobiern ist die Situation zum Teil ganz anders (s. Kap. 14 und 15).

Glossar

> **anaplerotische Sequenzen:** Auffüllende Reaktionen, die einen Verbrauch von Metaboliten aus dem Citratcyclus für biosynthetische Wege kompensieren
> **Assimilation:** Einbau in die Biomasse
> **Biomasse:** $<CH_2O>$
> **Dehydrogenase:** Enzym, das Redoxreaktionen mit Übertragung von Reduktionsäquivalenten auf NAD(P), FMN der FAD katalysiert
> **Destruenten:** Abbauer
> **Dissimilation:** Abbau, katabolische Umsetzung
> **divergent:** Auseinanderstrebend
> **Elektron:** Negative Ladung, die in der Zelle nur durch den Oxidationszustand chemischer Verbindungen sichtbar wird
> **FAD:** Flavin-Adenin-Dinukleotid
> **FMN:** Flavin-Adenin-Mononukleotid
> **[H]:** Reduktionsäquivalent, $H^+ + e^-$
> **konvergent:** Aufeinander zulaufend
> **Mineralisierung:** Überführung organischer Substanz in anorganische Komponenten
> **NAD:** Nicotinsäureamid-Adenin-Dinukleotid
> **NADP:** Nicotinsäureamid-Adenin-Dinukleotid-Phosphat
> **Reduktionsäquivalent, [H]:** Elektron (plus Proton)
> **Y_{ATP}:** Wachstumsertrag pro mol ATP, oft etwa 10,5 g Trockenmasse

11

Prüfungsfragen

> Weshalb wird ein Zuckermolekül zerlegt?
> Wie werden Zuckermoleküle transportiert und zerlegt?
> Was sind Reduktionsäquivalente?
> Was leisten Coenzyme?
> Welche Reaktionen des Glucoseabbaus sind Redoxreaktionen?
> Wie wird ATP regeneriert?
> Was leistet die Glykolyse?
> Wie wird Pyruvat oxidiert?
> Was leistet der Tricarbonsäure-Cyclus?
> Welche Rolle spielt Sauerstoff bei der Oxidation von Glucose?

Regulation

12

Themen und Lernziele: Ebenen der Regulation; Bedeutung irreversibler Schritte; Regulation der Enzymaktivität, Beispiele Glykolyse, Pasteur-Effekt, Chemotaxis; Regulation der Genexpression; Operon-Struktur, Beispiel *lac*-Operon; Katabolit-Repression; Regulation anabolischer Prozesse; Attenuation

Stoffwechsel ist kein starres Räderwerk. Gerade einzellige Organismen müssen auf wechselnde Bedingungen in ihrer Umgebung reagieren. Auch die intrazellulären Verhältnisse sind nicht konstant und erfordern eine Regulation des Stoffwechsels. Außerdem ist Stoffwechsel ökonomisch. Ein Bakterium erspart sich die energieaufwändige Synthese einer Aminosäure, wenn es sie in seiner Umgebung vorfindet. Sehr viele Gene eines Bakteriums codieren für Regulatorproteine und nicht etwa Enzyme, die den Stoffwechsel katalysieren. Man kann die Situation mit der von modernen Dienstleistungsgesellschaften vergleichen, in denen mehr Angestellte in der Verwaltung beschäftigt sind als in der Produktion lebensnotwendiger Güter. Bei Eukaryoten ist diese Situation, bedingt durch die Kompartimentierung der Zelle, noch stärker ausgeprägt. Die Genome vieler Organismen (vor allem von Prokaryoten) sind heute vollständig sequenziert. Die Gensequenzen verraten aber über den wirklichen Stoffwechsel nicht viel mehr als das bürgerliche Gesetzbuch über das Leben einer Gesellschaft. Will man das tatsächliche Leben verstehen, muss man wissen, unter welchen Bedingungen welche Möglichkeit verwirklicht wird. Manches Protein wird von einer Zelle vielleicht nur ein einziges Mal im Zellcyclus benötigt, andere müssen jede Sekunde neu gebildet werden. Um die damit zusammen hängenden Fragen zu studieren, wird heute neben der Genomik zunehmend Proteomik betrieben. Man analysiert dabei nicht nur die Gesamtheit der Gene in einem Organismus, sondern auch die der tatsächlich unter verschiedenen Bedingungen vorhandenen Proteine. Die Verknüpfung zwischen den beiden Ebenen ist Regulation. Ihre Untersuchung wird das Hauptthema der Biologie in den nächsten Jahrzehnten sein. Regulation findet aber nicht nur auf der Ebene der Bildung von Enzymen statt, sondern hat viele Facetten, von denen hier nur wenige vereinfacht dargestellt werden.

H. Cypionka, *Grundlagen der Mikrobiologie*,
© Springer 2010

12

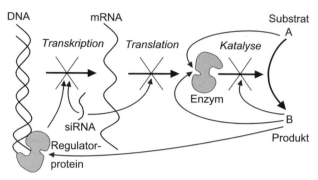

Abb. 12.1   Einige Ebenen der Regulation des Stoffwechsels

12.1
Die Ebenen der Regulation

Welche Stoffwechselwege mit welcher Rate ablaufen, steuert die Zelle auf mehreren
Ebenen (Abb. 12.1). Sie sorgt dafür, dass nicht benötigte Enzyme gar nicht erst gebildet
werden (Regulation der **Genexpression**). Dies gilt normalerweise für die Mehrzahl der
Proteine einer Zelle. Dabei spielen sowohl Regulatorproteine als auch Nukleinsäuren
(siRNA) eine Rolle. Regulatorproteine stehen in Wechselwirkung mit bestimmten
DNA-Bereichen und erleichtern oder erschweren die Transkription. Die regulatorische
(meist hemmende) Funktion kleiner RNA-Stücke, die als siRNA (*small interfering
RNA*) bezeichnet werden, hat man erst in kürzlich entdeckt. Wie diese siRNA
Transkription und Translation reguliert, ist Gegenstand aktueller Forschung. Darüber
hinaus werden vorhandene Enzyme über verschiedene Wechselwirkungen in ihrer
Aktivität reguliert. Viele Regulationsmechanismen schalten Prozesse nicht einfach an
oder ab, sondern erhöhen oder verringern die Rate, so dass sich ein fein regulierbares
Netzwerk metabolischer Reaktionen ergibt. Selbst aus scheinbaren Verlusten (den
irreversiblen Schritten in einem Stoffwechselweg) lässt sich ein regulatorischer Gewinn
erzielen. Bereits die Konzentrationen von Stoffwechselprodukten haben nicht nur
energetische (s. Kap. 9) sondern auch regulatorische Wirkung.

12.2
Die Bedeutung irreversibler Schritte

Ein wichtiger Mechanismus der Regulation besteht in der Einschaltung einiger **irreversibler Reaktionsschritte** in die Stoffwechselwege. Die meisten enzymatischen Reaktionen sind reversibel, können also ohne großen Energieaufwand in beide Richtungen ablaufen, so wie eine Kugel auf einer Platte ohne oder mit nur geringer Neigung

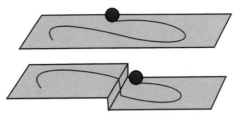

Abb. 12.2 Ein irreversibler Schritt: Eine Kugel ist ein kleine Stufe hinuntergefallen. Um sie wieder in ihre Ausgangsposition zu bringen, wird man wohl nicht die Unterlage stark kippen sondern eher einen anderen Weg wählen, z. B. sie mit der Hand anheben

weite Strecken in beliebige Richtungen laufen kann (Abb. 12.2). Die Zelle hätte dabei das Problem, den Stoffwechsel nicht in die benötigte Richtung steuern zu können. Einige enzymatisch katalysierte Schritte sind jedoch in allen Stoffwechselwegen mit einer Veränderung der freien Energie verbunden und deswegen irreversibel (vergleichbar mit Stufen in einer ebenen Platte). Die irreversiblen Schritte kosten einen Teil der freien Energie. Die Zelle erhält jedoch dafür die Möglichkeit, den Stoffwechsel zu steuern. Falls der Weg auch in umgekehrter Richtung benötigt wird, können dazu andere Stoffwechselwege eingeschlagen werden.

12.3
Regulation der Aktivität von Enzymen

Viele Enzyme werden in ihrer Aktivität reguliert. Ein einfacher Regulationsmechanismus ergibt sich bereits durch die **Konzentrationen der Substrate und Produkte** einer Reaktion. Diese bestimmen nicht nur die Energetik, sondern auch die Reaktionsrate. Bei niedrigen Substratkonzentrationen gilt: Je höher die Konzentrationen des umgesetzten Substrats, desto schneller läuft eine Reaktion ab. Oft bestimmt man für Enzyme die Halbsättigungskonstante K_M, die angibt, bei welcher Konzentration das Enzym mit halbmaximaler Rate arbeitet. Es besteht allerdings kein linearer Zusammenhang zwischen Substratkonzentration [s] und Rate v. Im einfachsten Fall wird die Rate durch die Michaelis-Menten-Beziehung beschrieben (Gl. 12.1), wobei v_{max} die ohne Substratlimitierung maximal erreichbare Umsatzrate des Enzyms ist.

$$v = \frac{v_{max} \cdot [s]}{K_M + s} \qquad [12.1]$$

Die Umsatzrate eines Enzyms kann durch störende Wechselwirkungen mit zu hohen Konzentrationen des Substrats oder des gebildeten Produkts verringert werden. Auch gibt es manchmal Metabolite, die dem natürlichen Substrat strukturell ähnlich sind, mit dem katalytischen Zentrum in Wechselwirkung treten, jedoch nicht umgesetzt werden können. Man spricht in diesem Fall von **kompetitiver Hemmung** (Abb. 12.3).

12

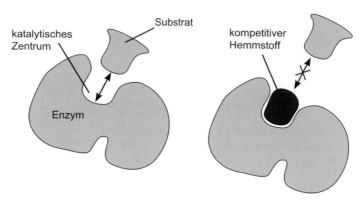

Abb. 12.3 Wechselwirkung des katalytischen Zentrums eines Enzyms mit seinem Substrat und einem kompetitiven Hemmstoff

Viele Enzyme werden jedoch nicht nur durch die **Substratkonzentration** in ihrer Aktivität geregelt, sondern weisen zusätzlich Regulationsmöglichkeiten durch Effektoren auf, die nicht mit dem katalytischen Zentrum des Enzyms interagieren. Man spricht von **allosterischen Enzymen**, die außerhalb des katalytisch aktiven Zentrums Wechselwirkungen mit solchen Effektoren haben (Abb. 12.4). Diese bewirken eine reversible Verformung des Enzyms und beeinflussen die Aktivität. Wichtige Effektoren sind ATP, AMP, ADP und NADH$_2$. Die Konzentration dieser Coenzyme enthält Informationen über den Energiezustand der Zelle und die Verfügbarkeit von Reduktionsäquivalenten. Effektoren sind aber oft auch Produkte, die durch den weiteren Verlauf eines Stoffwechselweges gebildet werden (**Endprodukt-** oder *Feedback*-**Hemmung**). Bei vielen Stoffwechselwegen ist das jeweils erste Enzym reguliert, wodurch eine Anhäufung von Intermediären verhindert wird (Abb. 12.5).

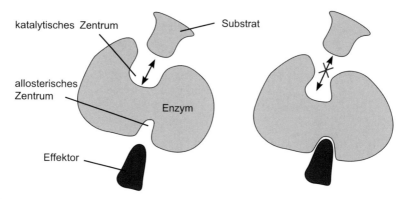

Abb. 12.4 Regulation eines allosterischen Enzyms. Hier dargestellt ist eine Hemmung durch die Wechselwirkung mit dem Effektor. Es gibt ebenso den Fall einer Aktivierung durch Effektoren

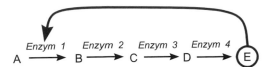

Abb. 12.5 Endprodukt-Hemmung des ersten Enzyms eines Stoffwechselweges

12.4
Regulation der Glykolyse

Am Beispiel der Glykolyse (s. Kap. 11) seien einige allosterische Regulationsmechanismen vorgestellt. Die meisten Schritte dieses Weges sind reversibel (Abb. 12.6). Lediglich drei Reaktionen, an denen jeweils ATP beteiligt ist, sind irreversibel. Der erste Schritt (Phosphorylierung von Glucose) wird bereits durch sein Produkt gehemmt.

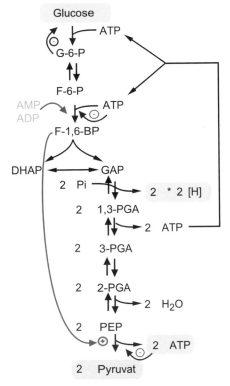

Abb. 12.6 Regulation der Glykolyse durch allosterische Mechanismen, Abkürzungen s. Kapitel 11

12

ATP hemmt die Phosphorylierung von Fructose-6-Phosphat, obwohl es in dieser Reaktion selbst verbraucht wird. Andererseits wird das Enzym durch AMP und ADP stimuliert. Auf diese Art „misst" die Zelle gewissermaßen ihren Energieladungszustand (s. Kap. 9). Der letzte Schritt wird sowohl durch ATP gehemmt, als auch durch Fructose-1,6-Bisphosphat stimuliert.

12.5
Pasteur-Effekt

Obwohl Hefe sehr viel besser aerob als anaerob wächst, geht der Glucoseumsatz einer anaerob gärenden Kultur stark zurück, wenn man sie belüftet. Ursache für diese als **Pasteur-Effekt** lange bekannte Beobachtung könnte sein, dass bei der vollständigen Oxidation von Glucose und dem bei aerober Atmung höheren Energiegewinn ADP fast vollständig phosphoryliert als ATP vorliegt und die ADP-Regenerierung (durch ATP-Verbrauch im Stoffwechsel) zum Raten-limitierenden Faktor wird. Tatsächlich beruht der Pasteur-Effekt auf der **allosterischen** Hemmung der Phosphorylierung von Fructose-6-Phosphat durch ATP (Abb. 12.6).

12.6
Regulation der Enzymaktivität durch chemische Modifikation

Während die bisher besprochenen Regulationstypen auf reversiblen Wechselwirkungen zwischen Effektoren und Proteinen beruhen, unterliegen manche Enzyme einer Regulation durch chemische Modifikation. Die Regulatorproteine sind hier Enzyme, die etwa **Phosphat-**, **Methyl-**, **Acetyl-** oder **Adenylgruppen** auf das regulierte Enzym übertragen. Die übertragenen Gruppen beeinflussen die Aktivität durch sterische Verformung des Enzyms. Ein zweites regulatorisches Protein kann unter geeigneten Bedingungen diese Gruppen wieder entfernen.

12.7
Beispiel Chemotaxis

Als Beispiel für die Regulation von Enzymaktivitäten sei die chemotaktische Reaktion von *Escherichia coli* auf einen Lockstoff beschrieben (Abb. 12.7). Bereits diese einfache Reaktion erfordert zwei Regelkreise und zahlreiche Proteine. Die meisten Prozesse in der Zelle dürften ähnlich komplex reguliert sein.

Das Bakterium schwimmt vorwärts, wenn die Drehrichtung seiner Geißeln dem Uhrzeigersinn entspricht. Hin und wieder wechselt es für kurze Zeit die Drehrichtung der Geißeln und taumelt, bevor ein neuer Schwimmvorgang in einer zufälligen Richtung erfolgt (s. Kap. 3). Ausgelöst wird das Taumeln durch das Chemotaxis-Protein Y, wenn dieses in phosphorylierter Form vorliegt (Y-P). Die Phosphatgruppe von Protein Y wird nach kurzer Zeit durch das Chemotaxis-Protein Z abgespalten, so dass das Bakterium nicht ständig taumelt. Jedoch wird in Abwesenheit eines Lockstoffs Protein Y immer wieder durch das phosphorylierte Chemotaxis-Protein A-P phosphoryliert, so dass es zum Wechsel zwischen Schwimmen und Taumeln kommt (Abb. 12.7a).

Die Gegenwart eines Lockstoffs wird durch ein MCP-Protein (*methyl-accepting chemotaxis protein*) gemeldet. Diese transmembranen Proteine haben Bindungsstellen

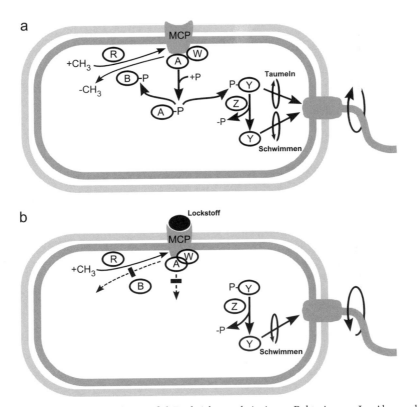

Abb. 12.7 a, b Regulation der Geißel-Drehrichtung bei einem Bakterium. **a** In Abwesenheit eines Lockstoffs wird in Intervallen eine Umkehr der Drehrichtung und damit Taumeln durch das phosphorylierte Chemotaxis-Protein Y ausgelöst. **b** In Gegenwart eines Lockstoffs bewirken die Chemotaxis-Proteine MCP und W, dass die Autophosphorylierung des Phosphatgruppen übertragenden Chemotaxis-Proteins A unterbleibt, so dass das Bakterium zunächst nur schwimmt und nicht taumelt. Gleichzeitig werden aber Methylgruppen, die kontinuierlich durch das Chemotaxis-Protein R auf das Protein MCP übertragen werden, nun nicht mehr (durch das phosphorylierte Chemotaxis-Protein B) entfernt, so dass MCP inaktiviert wird und das System wieder zurück in den Anfangszustand übergeht

12

für jeweils eine chemische Verbindung im periplasmatischen Raum. Sie verformen sich bei Kontakt mit dem passenden Lockstoff und treten in Wechselwirkung mit den Proteinen A und W in der Zelle. Protein A kann nun keine Phosphatgruppen mehr durch Autophosphorylierung aufnehmen und übertragen. Dies führt dazu, dass es bald kein Protein Y-P mehr gibt und die Zelle nicht mehr taumelt, sondern anhaltend schwimmt.

Es gibt aber noch einen zweiten Regelkreis, der dafür sorgt, dass das System in den Ausgangszustand zurückkehrt und das Bakterium nun nicht für immer schwimmen muss (Abb. 12.7b). MCP-Proteine werden nämlich vom Chemotaxis-Protein R langsam aber kontinuierlich methyliert und dadurch inaktiviert. Dieser Prozess wird normalerweise durch das phosphorylierte Protein B rückgängig gemacht und spielt deshalb in Abwesenheit des Lockstoffs keine Rolle. Unterbleibt aber die Autophosphorylierung von Protein A, so erhält auch Protein B kein Phosphat mehr. Nach einiger Zeit ist Protein MCP inaktiviert. Der Lockstoff wird frei, die Autophosphorylierung von Protein A und die Übertragung von Phosphatgruppen auf die Proteine Y und B werden wieder möglich und damit auch Taumeln und Demethylierung des MCP-Proteins. Mechanismen, die dem Signal entgegen wirken (in unserem Fall die Proteine Z und R), sind also wichtig. Das System kehrt so in seinen sensitiven Ausgangszustand zurück.

12.8
Regulation der Genexpression

Die Zelle reguliert nicht nur die Aktivität, sondern bereits die Bildung von Enzymen (Expression) auf der Ebene der Transkription und der Translation. Die bei der Transkription gebildete *messenger*-RNA kann zwar mehrfach abgelesen und in Protein umgeschrieben werden. Sie hat jedoch meist nur eine Lebenszeit von Sekunden oder wenigen Minuten; dies ist Voraussetzung für die Wirksamkeit der Regulation auf

Tafel 12.1 Positive und negative Kontrolle

	Positive Kontrolle	Negative Kontrolle
Wirkung der Bindung des Regulatorproteins an der DNA	aktiviert Transkription	hemmt Transkription
Einfluss des Effektors auf die DNA-Bindung des Regulatorproteins	hemmt oder fördert	hemmt oder fördert

der Ebene der Transkription. Während **konstitutive Enzyme** stets exprimiert werden, kann die Bildung anderer induziert (angeschaltet) oder reprimiert (unterdrückt) werden. Dies geschieht durch **Regulatorproteine**, die an die DNA binden und das Kopieren in *messenger*-RNA durch die RNA-Polymerase verhindern oder erleichtern. Es gibt zwei Typen von Regulatorproteinen: **Induktoren** oder **Aktivatoren** helfen der RNA-Polymerase, die Transkription zu beginnen, während **Repressoren** sie blockieren. Man spricht im ersten Fall von **positiver**, im zweiten von **negativer Kontrolle**. Ob ein Regulatorprotein an die DNA bindet, wird von **Effektormolekülen** bestimmt, die an das Regulatorprotein binden können. Dabei kann es je nach Fall sowohl so sein, dass die Bindung des Effektors an das Regulatorprotein die Bindung an die DNA fördert, als auch, dass dadurch die Bindung an die DNA verhindert wird (Tafel 12.1).

12.9
Operon-Struktur

Gene liegen nicht beliebig verstreut auf der DNA, sondern sind meist zu mehreren in einer gemeinsam regulierten Einheit, einem **Operon** organisiert. Jedes Operon enthält einen als **Promotor** bezeichneten DNA-Bereich. Dieser wird von der RNA-Polymerase erkannt und gebunden. Dabei hilft eine Untereinheit der Polymerase, die als **Sigma-Faktor** (σ) bezeichnet wird. Von den Sigmafaktoren gibt es mehrere verschiedene, die jeweils unter anderen Bedingungen gebunden werden und andere Promotoren bevorzugen. Bereits hierdurch ergibt sich eine regulatorische Wirkung, da abhängig von den Bedingungen verschiedene Operons abgelesen werden. Hinter dem Promotor liegt der Startpunkt der Transkription. Es folgt ein Bereich, in dem ein Leitpeptid codiert sein kann (s. unter Attenuation), dann einer, der (auf der komplementären mRNA) die Bindung von Ribosomen erleichtert. Erst danach findet man das Start-Codon für das erste codierte Gen oder Cistron. Die meisten Operons sind polycistronisch und enthalten die Strukturgene mehrerer Enzyme, die an einem Stoffwechselweg beteiligt sind. Am Ende des Operons befindet sich ein Bereich, der den Abbruch der Transkription signalisiert.

Zu einem Operon gehören jedoch weitere Bereiche, die Einfluss auf die Aktivität der RNA-Polymerase nehmen. **Repressoren**, die den Start der Transkription blockieren, binden an einen als **Operator** bezeichneten Bereich neben dem Promotor. **Aktivatoren**, die der RNA-Polymerase den Start erleichtern, können teilweise an einen Bereich nahe des Promotors binden, teils auch von entfernten Positionen aus mit der RNA-Polymerase interagieren. Repressoren und Aktivatoren sind Proteine, die ihrerseits wie allosterische Enzyme (s. oben Regulation der Enzymaktivität) durch Effektormoleküle in ihrer Form und damit in ihrer Wirksamkeit verändert werden können. Werden mehrere verschiedene Operons durch denselben Effektor gesteuert, spricht man von einem **Regulon**.

12

12.10
Das *lac*-Operon von *Escherichia coli*

Das am besten untersuchte Operon ist das **lac-Operon** von *E. coli* (Abb. 12.8). Es enthält die Gene für die Aufnahme und die Verwertung von Lactose (Milchzucker, ein Disaccharid) und unterliegt wie die meisten Operons einer mehrfachen Kontrolle. Die RNA-Polymerase bindet nur an den Operator, wenn ein **Aktivatorprotein** an den Promotor gebunden ist. Das Aktivatorprotein seinerseits bindet nur an den Promotor, wenn es cyclisches AMP (**cAMP**) gebunden hat. cAMP ist übrigens ein Signalmolekül, das auch bei anderen Operons, die unter Substratmangel abgelesen werden, eine ähnliche Wirkung entfaltet. Normalerweise ist die Transkription des *lac*-Operons durch ein zweites Regulatorprotein, einen Repressor, fast vollständig blockiert. Bindet nun das in diesem Fall als **Induktor** bezeichnete Effektormolekül an den Repressor, so verringert sich dessen Bindungskraft an die DNA. Der Repressor löst sich, und die RNA-Polymerase kann die Transkription beginnen. Bei dem Induktor handelt es sich nicht um Lactose selbst, sondern um **Allolactose**, die durch eine enzymatische Reaktion (katalysiert durch die β-Galactosidase) aus Lactose entsteht. Eine niedrige Hinter-

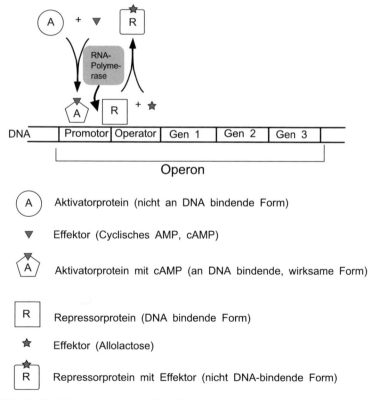

Abb. 12.8 Das *lac*-Operon von *Escherichia coli*

grundkonzentration der für die Lactoseverwertung benötigten Enzyme ist also schon in der Zelle vorhanden. Die Gene für das Repressorprotein liegen außerhalb des Bereichs, der vom *lac*-Operon kontrolliert wird.

12.11
Katabolit-Repression

Werden verschiedene Substrate gleichzeitig angeboten, so kann man in vielen Fällen beobachten, dass sie nacheinander und nicht gleichzeitig genutzt werden. Hierfür ist die **Katabolit-Repression** verantwortlich. Bietet man etwa *E. coli* Glucose und Lactose an, so wird zunächst nur Glucose verwertet. Die Ausbildung der Enzyme des *lac*-Operons ist reprimiert. Solange Glucose zur Verfügung steht, ist nämlich die intrazelluläre cAMP-Konzentration gering, so dass der Aktivator des *lac*-Operons nicht an den Operator bindet.

12.12
Regulation anabolischer Prozesse

Die Kontrolle durch Induktoren (Allolactose und cAMP) beim *lac*-Operon ist typisch und sinnvoll für katabolische Stoffwechselwege. Bei anabolischen Prozessen wie der Proteinsynthese kommt es darauf an, immer genügend Bausteine, also etwa Aminosäuren, zur Verfügung zu haben. Ein anabolisches Enzym muss dann gebildet werden, wenn die Konzentration eines Metaboliten in der Zelle gering ist. So wird das Operon, das die an der Synthese der Aminosäure **Tryptophan** beteiligten Enzyme codiert, durch einen Repressor gesteuert, der erst nach Bindung von Tryptophan aktiv wird. In Abwesenheit von Tryptophan werden jedoch die produzierenden Enzyme exprimiert (Abb. 12.9). Man bezeichnet diesen Typ der Regulation als **Endprodukt-Repression**. Der Effektor Tryptophan wird als Co-Repressor bezeichnet, da er den Repressor in seine aktive Form überführt.

12.13
Attenuation

Auch das Tryptophan-Operon unterliegt mehrfacher Regulation. Normalerweise befinden sich die Gene für Regulatorproteine außerhalb der von ihnen regulierten Operons. Bei Prokaryoten, bei denen ja Transkription und Translation in demselben Komparti-

12

ment und gleichzeitig erfolgen, gibt es aber auch einen anderen, raffinierten Regulationstyp. Die Regulation der Genexpression kann auch durch die **Attenuation** erfolgen. Hieran ist die als *Leader*-**Sequenz** bezeichnete Nucleotidsequenz vor den Strukturgenen des Operons beteiligt. Beim Tryptophan-Operon codiert sie für ein **Leitpeptid.**

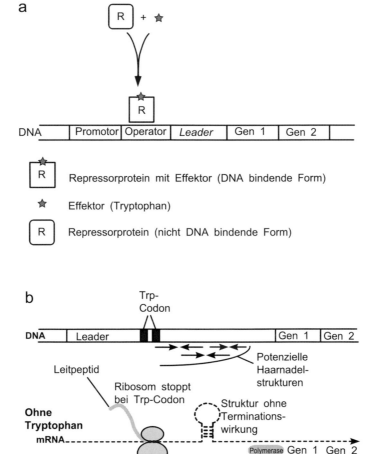

Abb. 12.9 a, b Regulation der Tryptophan-Synthese. **a** In Gegenwart von Tryptophan wird die Transkription durch einen Tryptophan-bindenden Repressor verhindert. **b** Vor den Synthesegenen liegt die Nukleotidsequenz für ein Tryptophan-haltiges Leitpeptid. Wenn in Gegenwart von Tryptophan dieses bereits während der Transkription durch ein Ribosom gebildet wird, kommt es zur Termination der weiteren Transkription durch Haarnadelstrukturen in der mRNA

Das Leitpeptid enthält sowohl zwei Codons für die Aminosäure Tryptophan als auch mehrere Bereiche mit gegenläufig komplementären Basen, die sich miteinander paaren und **Haarnadelstrukturen** ausbilden können (Abb. 12.9). Über die beiden Trp-Codons wird die Tryptophankonzentration in der Zelle gemessen. Die Translation des Leitpeptids beginnt bereits während der Transkription. Falls Tryptophan und die Tryptophan-beladene tRNA in der Zelle fehlen, wird das Ribosom an der entsprechen-den Position an der mRNA stehen bleiben. Es kommt zu Bildung einer Haarnadel-struktur, welche die weitere Transkription durch die Polymerase nicht behindert. Kann das Ribosom jedoch die Trp-Codons passieren, da hinreichend Tryptophan zur Verfü-gung steht, wird die zuerst genannte Haarnadelstruktur unmöglich. Stattdessen bildet sich eine andere, die mit der RNA-Polymerase und der DNA in Wechselwirkung tritt und den Abbruch der Transkription bewirkt. Dieser Typ der Regulation kann nur bei Prokaryoten erfolgen, da es hier keine räumliche Trennung von Transkription und Translation gibt.

Glossar

> **Aktivator:** Regulatorprotein, das die Transkription eines Gens fördert
> **allosterisches Enzym:** Enzym, dessen Aktivität durch Effektoren, die außer-halb des katalytischen Zentrums binden, regulierbar ist
> **Attenuation:** Regulationsmechanismus bei Prokaryoten, der auf Wechsel-wirkung von mRNA und DNA beruht
> **chemische Modifikation:** Veränderung der Enzymaktivität durch kovalent gebundene Gruppen
> **cyclisches AMP, cAMP:** Wichtiger Effektor
> **Effektor:** Molekül, das die Bindungsfähigkeit eines Regulatorproteins an DNA oder die Aktivität eines Enzyms verändert
> **Endprodukt-Repression:** Repression, bei dem der Repressor durch das End-produkt eines Stoffwechselwegs in die DNA-bindende Form überführt wird
> *Feed-back*-**Hemmung:** Allosterische Hemmung eines Stoffwechselweges durch sein eigenes Endprodukt
> **Genexpression:** Umsetzung eines Gens in ein Protein
> **Induktor:** Effektor, der einen Repressor in die inaktive Form überführt oder ein inaktives Aktivatorprotein aktiviert
> **irreversible Reaktion:** Reaktion mit positivem ΔG, deren Umkehr ‚biologi-sche Umwege' erfordert
> K_M-**Wert:** Substratkonzentration, bei der die Enzymaktivität halbmaximal ist
> **Konstitutive Enzyme:** Enzyme, deren Gene stets exprimiert werden
> **negative Kontrolle:** Hemmung der Transkription durch ein Regulatorpro-tein

12

> **Operator:** Bereich der DNA vor Strukturgenen, an dem ein Regulatorprotein binden kann
> **Operon:** Eine Gruppe von Genen, die gemeinsamer Kontrolle durch einen Operator unterliegt
> **Pasteur-Effekt:** Phänomen, dass Zucker von Hefe schneller ohne als mit Sauerstoff abgebaut wird, auf Regulation der Phosphofructo-Kinase durch ATP zurückzuführen
> **positive Kontrolle:** Regulation, bei der ein Regulatorprotein die Transkription fördert
> **Promotor:** Bindungsstelle der RNA-Polymerase an die DNA in einem Operon
> **Regulon:** Satz von Operons, der durch denselben Regulator gesteuert wird
> **Repressor:** Regulatorprotein, das am Operator binden und die Transkription blockieren kann
> **Sigma-Faktor:** Untereinheit der RNA-Polymerase, die an der Erkennung des Promotors beteiligt ist

Prüfungsfragen

> Auf welchen Ebenen findet Regulation statt?
> Welche Wechselwirkungen und Reaktionen gibt es dabei?
> Was ist ein Operon?
> Wie funktionieren Repression und Induktion?
> Wie sind positive und negative Regulation definiert?
> Wie werden anabolische und katabolische Prozesse reguliert?
> Wieso ist die Attenuation spezifisch für Prokaryoten?
> Was ist der Unterschied zwischen Endprodukt-Repression und *Feed-back-Hemmung*?
> Was ist der Pasteur-Effekt?
> Welche Dimension hat die Halbsättigungskonstante K_M?

Elektronentransport und chemiosmotische Energiekonservierung

13

Themen und Lernziele: Bilanzierung des Glucose-Abbaus; Prinzip des Elektronentransports; Komponenten der Atmungskette; chemiosmotische Energiewandlung; Vergleich von Bakterien, Mitochondrien und Chloroplasten; membrangebundene ATP-Synthase

Die bei der Oxidation eines Substrats frei gewordenen Reduktionsäquivalente werden durch die Atmungskette verbraucht, wobei die beteiligten Überträger reoxidiert werden (Abb. 13.1). Daran sind mehrere hintereinander geschaltete Schritte beteiligt. Erst am Ende wird Sauerstoff zu Wasser reduziert. Die Komponenten der Atmungskette sind membrangebunden. Bei Prokaryoten trägt die **Cytoplasma-Membran** die Atmungskette, bei Eukaryoten die **innere Mitochondrienmembran**, die ja in der Evolution aus der Cytoplasma-Membran von Bakterien hervorgegangen ist. Dies legt bereits den Verdacht nahe, dass es sich um ein **Transportsystem** handeln könnte. Tatsächlich werden in der Atmungskette nicht nur Elektronen von einem Überträger zum nächsten transportiert. Vor allem leistet die Kette einen Transport von Protonen von der Membraninnenseite nach außen. Da der Transport an chemische Reaktionen (die Redoxcyclen der Überträger und die Reduktion von Sauerstoff) gekoppelt ist, handelt es sich um **primären Transport**.

Die Atmungskette ist deshalb eine **primäre Protonen-Pumpe**. Man bezeichnet den Transportprozess als **vektorielle Protonen-Translokation**, da die außen auftretenden Protonen nicht neu gebildet, sondern nur verschoben werden (Abb. 13.2). Demgegenüber werden bei chemischen Reaktionen (etwa der CO_2-Bildung aus Glucose) entstehende Protonen als **skalar** bezeichnet, da sie die Gesamtmenge an Protonen im System verändern. Die vektorielle Protonen-Translokation baut nicht nur einen **Protonen-Gradienten** über die Membran auf, sondern gleichzeitig und vor allem einen **elektrischen Gradienten**, das **Membranpotenzial**. Innen entsteht ein Überschuss von negativen Ladungen, während außen positive Ladungen überwiegen. Die Atmungskette leistet keine unmittelbare ATP-Konservierung. Der Begriff Elektronentransport-Phosphorylierung ist veraltet. Er stammt aus Zeiten, als man den Mechanismus der ATP-Regenerierung durch Protonen-Transport noch nicht verstanden hatte.

13

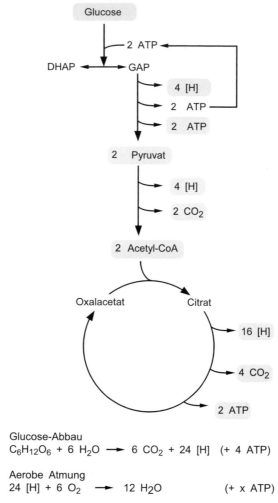

Abb. 13.1   Abbau von Glucose und Bilanz der aeroben Atmung

13.1
Bilanz der Veratmung von Glucose

Aus einem Molekül Glucose können 24 [H] freigesetzt werden. Diese reagieren bei der aeroben Atmung nach Gl. 13.1 mit Sauerstoff zu Wasser. Die beteiligten Elekronenüberträger treten in der Bilanz nicht auf, da sie Cyclen durchlaufen und unverändert aus dem Prozess hervorgehen.

$$24[H] + 6O_2 \rightarrow 12H_2O \qquad\qquad [13.1]$$

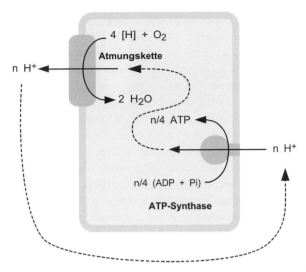

Abb. 13.2 Prinzip der Energiekonservierung durch aerobe Atmung und membrangebundene ATPase

Schreibt man statt [H] die tatsächlich verwendeten **Elektronenüberträger** (10 $NADH_2$, 2 $FADH_2$), so lässt sich anhand der **Standard-Redoxpotenziale** ($E_0' = -320$ bzw. -220 mV) und der Differenz zum Redoxpotenzial des Sauerstoffs ($E_0' = +820$ mV) der Atmungsprozess leicht **thermodynamisch bilanzieren** (s. Kap. 9 und Tafel 9.6). Bei $NADH_2$ ergeben sich -440 kJ/mol Sauerstoff, bei $FADH_2$ -400 kJ/mol Sauerstoff. Da die angefallenen 10 $NADH_2$ fünf O_2 verbrauchen und die beiden $FADH_2$ ein O_2, ergibt sich in der Bilanz ein $\Delta G_0'$ von -2600 kJ/mol Glucose für den Atmungsprozess. Die gesamte freie Energie der Glucose-Oxidation (Gl. 13.2) beträgt -2870 kJ/mol Glucose.

$$C_6H_{12}O_6 + 6\,O_2 \rightarrow 6\,O_2 + 6\,H_2O \qquad \Delta G_0' = -2870\,\text{kJ/mol} \qquad [13.2]$$

Etwa 90% der freien Energie entfallen also auf den Atmungsprozess. Dabei sind weder die Reduktionsäquivalente die **Quelle der Energie** noch der verbrauchte Sauerstoff. Erst aus der **Differenz** der Redoxpotenziale ergibt sich die Möglichkeit der Energiekonservierung. Fehlt der Sauerstoff (wie bei Gärungen und anaeroben Atmungsprozessen), verändert sich die energetische Situation dramatisch.

Bei der Oxidation von Glucose wurden bisher 4 ATP konserviert, wofür -270 KJ/mol zur Verfügung standen. Das entspricht 70 kJ/mol ATP. Für die aerobe Atmung können wir etwa die zehnfache ATP-Ausbeute erwarten.

13.2
Prinzip des Elektronentransports

Der Atmungsprozess besteht aus einer Kette von **chemischen Reaktionen** in der Membran. Dabei handelt es sich um **Redoxreaktionen**, bei denen Reduktionsäquiva-

13

lente von Überträgern mit negativem Potenzial zu solchem mit positiverem Potenzial fließen. Die beteiligten Komponenten können sich in der Membran bewegen und aneinanderstoßen. Nur bei Kontakten bestimmter Komponenten findet jedoch eine Elektronenübertragung statt, nicht bei jedem Kontakt eines negativen Überträgers mit einem anderen mit positiverem Potenzial. So kann $NADH_2$ nicht direkt Sauerstoff reduzieren. Dies ist Voraussetzung für Energiekonservierung. Es wird vermieden, dass die Elektronen in einem Schritt auf Sauerstoff übertragen werden und dabei keine Arbeit leisten können. Man betrachte zum Vergleich die Energiegewinnung an einem Stausee. Auch hier kann Strom nur gewonnen werden, wenn das Wasser nicht einfach über die Staumauer fließt, sondern durch Röhren gezwungen wird, in denen Turbinen angetrieben werden. Die Elektronenüberträger durchlaufen **Redox-Cyclen**. Am Ende des Elektronentransports sind sie wieder in ihrem Ausgangszustand. Lediglich der ursprüngliche **Elektronendonator** und der **terminale Akzeptor** Sauerstoff werden durch den Prozess chemisch verändert.

Die Leistung des Elektronentransports besteht darin, dass Protonen von der Innenseite der Membran nach außen transportiert werden. Dadurch, dass ein Überträger an der Membraninnenseite **Protonen und Elektronen aufnimmt**, aber nur Elektronen weitergibt und die Protonen an der Außenseite der Membran freisetzt, lässt sich bereits ein Protonen-Gradient erzeugen. Dies ist jedoch nicht der einzige Mechanismus. Teilweise werden mehr Protonen transloziert (durch die Membran verschoben) als Elektronen übertragen. Auch die Oxidation von Cytochromen, bei der lediglich Eisen ein Elektron abgibt, kann an Protonen-Translokation gekoppelt sein. Folglich müssen **echte Transportsysteme** (Protonen-Pumpen) an der Protonen-Translokation beteiligt sein. Da es sich um einen elektrogenen Prozess handelt, wird sowohl ein **Protonen-Gradient (ΔpH)** als auch ein **elektrisches Membranpotenzial (Δψ,** sprich Delta Psi) erzeugt.

Wie bei den meisten Transportsystemen ist auch die Elektronentransport-getriebene Protonen-Translokation im Prinzip **reversibel**. Die Zelle kann also, gekoppelt an die Aufnahme von Protonen, **rückläufigen Elektronentransport** leisten und dabei Elektronen gegen das Redoxgefälle transportieren. Die **Oxidation von Wasser zu Sauerstoff** ist allerdings nur in der Photosynthese unter Ausnutzung der Energie von Lichtquanten möglich. Interessanterweise können sowohl der Elektronenakzeptor der aeroben Atmung Sauerstoff als auch das daraus gebildete Produkt Wasser durch die Membran diffundieren, so dass deren Transport ohne energetische Relevanz ist.

13.3
Komponenten der Atmungskette

Die Atmungskette besteht aus Proteinen und Coenzymen (Abb. 13.3). Die Proteine tragen verschiedene, als **prosthetische Gruppen** bezeichnete, fest gebundene Coenzyme, die Reduktionsäquivalente übertragen. Dies sind **FMN** (Flavin-Mono-Nukleotid, Abb. 11.5) oder **Eisen-Schwefel-Zentren**. Die **Cytochrome** tragen einen **Porphyrinring**, der dem des Chlorophylls ähnelt, aber Eisen statt Magnesium als Zentralatom enthält. Während Eisen-Schwefel-Zentren und die zentralen Eisenatome der Cytochrome lediglich einen Wechsel der Oxidationszahl durchlaufen und reine **Elektronenüberträger** (jeweils eines einzelnen Elektrons) sind, werden durch NAD, die Flavine und Chinone sowohl Elektronen als auch Protonen (jeweils zwei) übertragen. Wie viele Protonen insgesamt pro oxidiertem $NADH_2$ oder $FADH_2$ über die Membran nach außen transloziert werden, ist abhängig vom Organismus und in den meisten Fällen nicht genau bekannt.

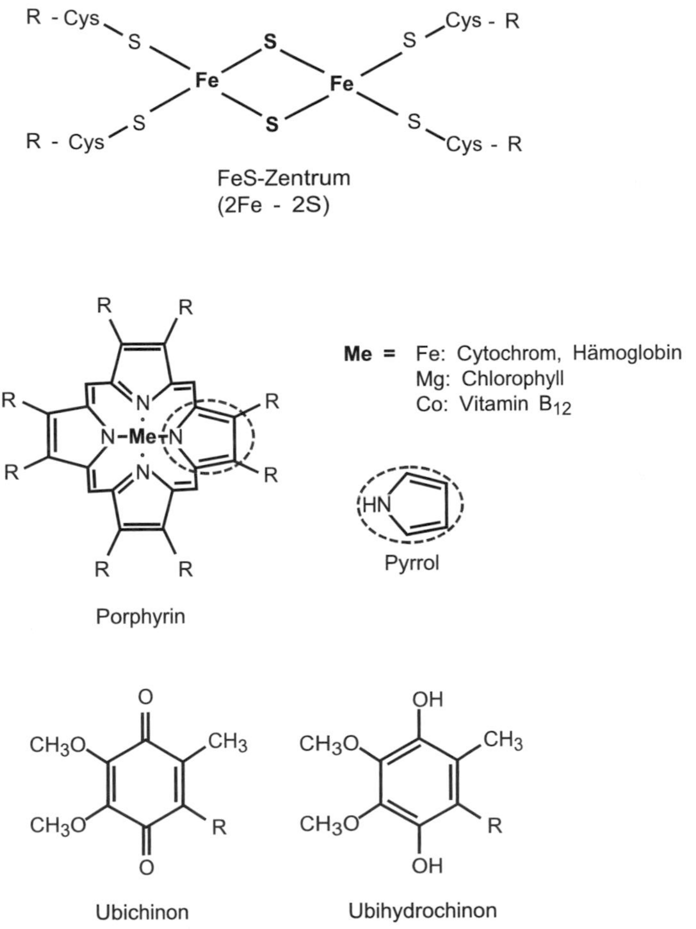

FeS-Zentrum
(2Fe - 2S)

Me = Fe: Cytochrom, Hämoglobin
Mg: Chlorophyll
Co: Vitamin B_{12}

Pyrrol

Porphyrin

Ubichinon   Ubihydrochinon

Abb. 13.3 Struktur eines einfachen Eisen-Schwefel-Zentrums, der Porphyrine und eines Chinons

13

13.4
Ablauf des Elektronentransports

Die Atmungskette mancher aerober Bakterien ähnelt in ihrer Organisation der von **Mitochondrien** (Abb. 13.4). Sie enthält mehrere **Multienzym-Komplexe**. Der erste leistet die Oxidation von $NADH_2$ und die Reduktion von Chinon. Er wird deshalb als **NADH-Chinon-Oxidoreduktase** bezeichnet. An der Elektronenübertragung sind FeS-Zentren sowie FMN als prosthetische Gruppe beteiligt. Der Komplex kann Protonen

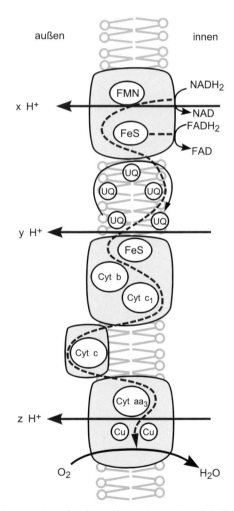

Abb. 13.4 Elektronentransport und vektorielle Protonen-Translokation. Der erste Komplex (mit FMN und FeS als prosthetischen Gruppen) leitet Elektronen an die Chinone (UQ), die einen H^+-translozierenden Cyclus durchlaufen und Elektronen an den Cytochrom bc_1-Komplex leiten. Die weiteren Überträger sind Cytochrom c (Cyt c) und die Kupfer enthaltende Cytochrom-Oxidase (Cyt aa_3)

translozieren, falls $NADH_2$ als Donator fungiert, nicht jedoch mit $FADH_2$. Das reduzierte **Chinon** (Coenzym Q) durchläuft einen Cyclus (**Chinoncyclus**), durch den erneut Protonen transloziert werden. Die Elektronen wandern auf einen weiteren Komplex, der die Cytochrome b und c_1 enthält (**Cytochrom bc_1-Komplex**). Dieser reduziert ein als **Cytochrom c** bezeichnetes Protein. Cytochrom c überträgt Elektronen auf den nächsten Komplex, der wiederum Cytochrome (aa_3) und außerdem **Kupfer** als Spurenelement im katalytischen Zentrum enthält. Der letzte Komplex wird auch als **Cytochrom-Oxidase** oder **terminale Oxidase** bezeichnet. Erst durch dieses Enzym wird Sauerstoff zu Wasser reduziert. Der Schritt kann auch an eine Protonen-Translokation gekoppelt sein. Am Ende eines Durchlaufs sind alle beteiligten Komponenten wieder in ihrem Ausgangszustand. Lediglich $NADH_2$ wurde oxidiert und ein Sauerstoffmolekül zu Wasser reduziert. Die Leistung besteht darin, dass Protonen von der Innenseite der Membran nach außen transportiert wurden.

13.5
Charakterisierung der Atmungskette

Flavine (lat. *flavus*, gelb) und **Cytochrome** (griech. *chrōma*, Farbe) sind gefärbt und ändern ihre Farbe in Abhängigkeit vom Redoxzustand. Auch NAD und $NADH_2$ lassen sich anhand ihrer **Absorption im UV-Bereich** unterscheiden. Man kann deshalb den Elektronentransport photometrisch verfolgen. Zur Charakterisierung der Atmungskette werden oft **Hemmstoffe** eingesetzt, welche die Elektronenübertragung an verschiedenen Stellen blockieren. So hemmen **Cyanid** und **Kohlenmonoxid** die **Cytochrom-Oxidase**. Andere Hemmstoffe blockieren die Oxidation von $NADH_2$ (Rotenon), die der Chinone (HQNO) oder die Oxidation von Cytochrom c (Antimycin A). Eine andere Gruppe von hoch wirksamen Substanzen, die **Entkoppler** (z. B. Dinitrophenol, CCCP, TCS), hemmen nicht den Elektronentransport, sondern beschleunigen ihn sogar. Hierbei handelt es sich um **Protonophoren**, welche die Membran für Protonen permeabel machen. Dadurch brechen Protonen-Gradient und Membranpotenzial zusammen. Die Atmung läuft zwar mit hoher Rate, leistet jedoch keine Arbeit mehr, vergleichbar einem Auto, bei dem Gas gegeben wird, ohne dass ein Gang eingelegt ist.

13.6
Chemiosmotische Energiekonservierung

Chemiosmotische Energiekonservierung kann einfach definiert werden als **Energiewandlung über transmembrane Gradienten**. Voraussetzungen hierfür sind ein geschlossenes Membransystem sowie Transportsysteme. Transport führt, wie in Kap. 9 erklärt, zwangsläufig zur Ausbildung von Gradienten und hat energetische Relevanz.

13

Jedes über die Membran transportierbare Teilchen hat dabei Bedeutung. Die Träger elektrischer Ladungen, besonders Kationen, sind besonders wichtig. Der Transport eines Ions über die Membran ist die **kleinste Energie-Einheit** des Stoffwechsels.

Zur Veranschaulichung des Prinzips denken wir uns ein Membranvesikel mit einer **künstlichen Membran**, wie man sie im Labor leicht herstellen kann. Nach der Herstellung in 200 mM KCl sei dieses Vesikel abzentrifugiert und in 2 mM KCl sowie 400 mM eines niedermolekularen Stoffes zum Ausgleich des osmotischen Drucks aufgenommen worden. Der Einfachheit halber nehmen wir an, das Vesikel habe die Form eines Würfels mit einer Kantenlänge von 1 μm, also 6 μm^2 Fläche und 10^{-15} L Volumen (Abb. 13.5). Ohne ein Transportsystem wird trotz des steilen KCl-Gradienten nichts geschehen. (Wenn Sie mit leerer Geldbörse vor dem verschlossenen Tresor einer Bank stehen, nützt Ihnen der monetäre Gradient nur etwas, wenn Sie einen Transfer-Mechanismus haben.) Wir setzen nun das **Ionophor Valinomycin** zu. Dieser Stoff kann spezifisch Kalium-Ionen umschließen und durch die Membran transportieren. Chlorid-Ionen werden jedoch nicht transportiert. Dem Gradienten folgend werden nun Kalium-Ionen aus dem Vesikel wandern. Da nur K$^+$-, nicht aber Cl$^-$-Ionen die Membran passieren, ist der Prozess elektrogen. Es entsteht ein Ladungsungleichgewicht, das Membranpotenzial. Der Kalium-Ausstrom wird weiter gehen, bis in einem Fließgleichgewicht (*steady state*) Kalium-Gradient und Membranpotenzial einander ausgleichen. Ohne dass eine chemische Reaktion oder gar eine Redoxreaktion stattgefunden hätte, hat der Konzentrationsgradient ein **elektrisches Membranpotenzial** erzeugt. Die Membran ist dabei wie ein Kondensator aufgeladen worden. Man kann das Membranpotenzial mit den für **Kondensatoren** verwendeten Parametern beschreiben. Die **Membrankapazität** gibt an, wieviele Ladungen pro Volt Spannung verschoben werden. Sie beträgt bei allen biologischen Membranen etwa 1 μFarad/cm^2. Dies entspricht etwa 10^{-11} mol oder $6 \cdot 10^{12}$ Ladungen pro Volt und cm^2. Da wir die Membranfläche unseres Vesikels kennen, lässt sich leicht ausrechnen, wieviele Ladun-

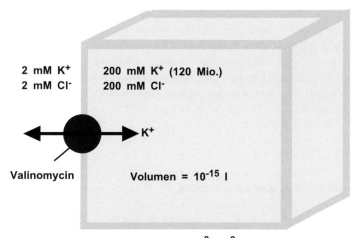

Abb. 13.5 Entstehung eines Membranpotenzials durch einen transmembranen Gradienten von KCl und selektiven Kalium-Ausstrom, der durch Valinomycin ermöglicht wird

gen durch den Konzentrationsgradienten verschoben werden. Die freie Energie im Kalium-Gradienten beträgt bei 25 °C 11,4 kJ/mol (Gl. 13.3, vgl. Kap. 9)

$$\Delta G = RT \ln\left(\frac{c_{innen}}{c_{außen}}\right) = 11,4 \, \text{kJ/mol} \qquad [13.3]$$

Im *steady state* gleichen sich K$^+$-Gradient und Membranpotenzial aus:

$$\Delta G = -z \, F \cdot \Delta\psi \qquad [13.4]$$

beziehungsweise

$$\Delta\psi = \frac{\Delta G}{-z \, F} = -0.118 \, \text{V} \qquad [13.5]$$

Aus der Membrankapazität biologischer Membranen ($6 \cdot 10^{12}$ Ladungen pro Volt und cm^2) und der Membranfläche ($6 \, \mu m^2$ oder $6 \cdot 10^{-8} \, cm^2$) lässt sich leicht errechnen, dass bei unserem Vesikel ca. 360 000 K$^+$-Ionen ein Potenzial von -1 V aufbauen würden. Für $-0,118$ V werden etwa 42 000 K$^+$-Ionen benötigt. (Leider werden die Vorzeichen für das Membranpotenzial in der Literatur nicht immer einheitlich verwendet.) In dem Vesikel befanden sich anfangs jedoch 120 Millionen K$^+$-Ionen (0,2 mol/L $\cdot$ $6 \cdot 10^{23}$ Teilchen pro mol $\cdot$ 10^{-15} L). Es fließt also nur ein verschwindend geringer Anteil der K$^+$-Ionen aus dem Vesikel. Bereits wenige Ladungen bauen ein großes Membranpotenzial auf.

13.7
Aufbau von chemiosmotischen Gradienten durch alternative Mechanismen

Jeder Transport, besonders elektrogener, hat chemiosmotische Relevanz. Es gibt verschiedene Mechanismen, die zum Aufbau eines Protonen- oder Natrium-Gradienten ohne Beteiligung klassischer Elektronentransportketten führen. So kann der **elektrogene Export** von Stoffwechselprodukten aus der Zelle im Symport mit Protonen bei manchen Bakterien zum Aufbau eines Protonen-Gradienten genutzt werden. Dieses Beispiel wird bei den Milchsäuregärern (s. Kap. 14) näher erläutert.

Bei manchen Bakterien können membrangebundene Enzyme die katalysierte Reaktion an die Translokation von Ionen koppeln. Das wichtigste Beispiel ist die Protonengetriebene ATPase, die reversibel arbeiten kann. Ein anderes Beispiel liefern die Propionsäure-Gärer (s. Kap. 14). Das Bakterium *Propionigenium modestum* betreibt seinen Energiestoffwechsel auf der Basis einer **Decarboxylase**, die Natrium-Ionen transloziert.

Ein anderer Mechanismus ist sehr weit verbreitet (Abb. 13.6): Werden Substrate im **periplasmatischen Raum** oxidiert, die freigesetzten Elektronen jedoch im Zellinneren verbraucht, so kommt dadurch ein chemiosmotisch nutzbarer Gradient zustande. So haben manche Bakterien eine periplasmatische **Hydrogenase**, die außerhalb der Zelle Wasserstoff zu Protonen und Elektronen umsetzt.

$$H_2 \xrightarrow{\textit{Hydrogenase}} 2\,H^+ + 2\,e^- \qquad [13.6]$$

13

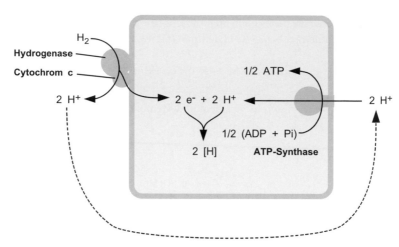

Abb. 13.6 Aufbau eines Protonengradienten durch periplasmatische Oxidation eines Substrats und daran gekoppelten vektoriellen Elektronentransport

Dadurch, dass die Elektronen elektrogen über ein Cytochrom in das Zellinnere geschleust werden, entsteht ein elektrochemischer Gradient. Man bezeichnet diesen Vorgang als **vektoriellen Elektronentransport**. Ausgeglichen werden kann der Gradient dadurch, dass Protonen über die ATPase in die Zelle fließen, Energiekonservierung leisten und schließlich bei der Reduktion eines Elektronenakzeptors verbraucht werden.

13.8
Chemiosmotische Gradienten in Bakterien, Mitochondrien und Chloroplasten

Das oben beschriebene Modellvesikel hat bezüglich seines Membranpotenzials einige Ähnlichkeit mit Bakterienzellen, Mitochondrien oder Chloroplasten. Bakterien haben in der Regel etwa 200 mM **Kalium**-Ionen akkumuliert. Das wichtigste Gegenion in der Zelle ist aber nicht Chlorid, sondern sind **Aminosäuren** und **Phosphatreste**. Das Membranpotenzial $\Delta\psi$ ist typischerweise etwa –150 mV.

Ebenso wichtig wie das elektrische Membranpotenzial ist der transmembrane **pH-Gradient**, der durch die vektorielle Protonen-Translokation aufgebaut wird. Die Bakterienzelle (bzw. das Mitochondrium) ist dadurch innen alkalischer als außen. Der Protonen-Gradient ΔpH (= $pH_{außen} - pH_{innen}$) beträgt etwa 0,8 pH-Einheiten. Bei einem pH-Wert von 7,2 im Außenmilieu bedeutet das kurioserweise, dass in einer Bakterienzelle oder einem Mitochondrium nur sechs freie Protonen existieren (10^{-8} mol H$^+$/ L · 10^{-15} L · 6 · 10^{23} Teilchen pro mol). Die meisten Protonen sind an die vielen Aminosäuren in Cytoplasma gebunden, die eine große **Pufferkapazität** bewirken. Waren etwa 100 000 Ladungen erforderlich, um ein Membranpotenzial von 150 mV aufzubauen, so müssen Millionen von Protonen aus der Zelle gepumpt werden, um ein ΔpH von 0,8 aufzubauen. Hieraus folgt, dass die chemiosmotischen Prozesse empfindlicher vom Membranpotenzial abhängen als vom Protonen-Gradienten. Für die elektrischen Ladungen gibt es nicht so etwas wie die Pufferkapazität für Protonen. Allerdings stellt der pH-Gradient ein viel größeres Reservoir zur Verfügung. Zum Vergleich denke man an einen Wasserturm von 50 m Höhe in der Nähe des Rheinfalls bei Schaffhausen. Letzterer weist zwar nur 19 m Höhendifferenz auf, hat aber hinter sich das Wasservolumen des Bodensees. Der Wasserturm baut zwar einen höheren Druck auf, reagiert aber viel empfindlicher gegen Wasserentnahme.

13.9
Energetische Bewertung des Protonen-Gradienten

Anders als bei dem Kalium-Gradienten wirken der Protonen-Gradient und das elektrische Membranpotenzial gleichsinnig als Triebkraft für einen Transport nach innen. Die freie Energie des Protonen-Gradienten wird also aus der Summe der beiden Komponenten berechnet und beträgt etwa 19 kJ pro mol Protonen.

$$\Delta G = -F \cdot \Delta \Psi + RT \ln \frac{[H^+]_{\text{außen}}}{[H^+]_{\text{innen}}} \approx 14.5 + 4.6 = 19.1 \, \text{kJ/mol} \qquad [13.7]$$

Dazu trägt das elektrische Membranpotenzial etwa drei Viertel und der Unterschied in der Protonen-Konzentration nur ein Viertel bei. Teilt man Gl. 13.7 durch $-F$ und berücksichtigt, dass $\ln [H^+] = 2{,}3 \log [H^+] = -2{,}3 \, pH$, so ergibt sich das Protonen-Potenzial, das die Energie des Protonen-Gradienten als Spannung angibt:

$$\Delta p = \Delta \Psi - 2{,}3 \, RT/F \cdot \Delta pH \approx -150 - 47 = -197 \, \text{mV} \qquad [13.8]$$

Auch hierbei entsprechen die Anteile von Membranpotenzial und Protonen-Gradient etwa den Höhen des Wasserturms und des Rheinfalls bei Schaffhausen. Membranpotenzial und pH-Gradient sind ineinander umwandelbar (durch elektrogenen Transport). Man könnte ja durch entsprechende Pumpen auch das Gefälle des Rheinfalls dazu nutzen, den Wasserturm zu füllen, wobei natürlich nur ein Bruchteil des Wassers auf das höhere Energieniveau gebracht werden kann.

13.10
ATP-Konservierung durch die membrangebundene ATPase

Der durch die Atmung aufgebaute Protonen-Gradient kann als Energiequelle für verschiedene Transportprozesse genutzt werden. Der wichtigste darunter ist der Proto-

13

nen-Einstrom durch die membrangebundene ATPase, die als primäres Transportsystem die Aufnahme von Protonen an die Regenerierung von ATP aus ADP und Phosphat koppelt (s. Kap. 9).

Da die freie Energie des Protonen-Transports etwa 19 kJ/mol beträgt, für die ATP Regenerierung aber mindestens 50 kJ/mol benötigt werden, kann nicht jedes aufgenommene Proton zur Regenerierung eines ATP-Moleküls führen. Tatsächlich werden wahrscheinlich **vier Protonen pro ATP** benötigt, wodurch etwa 75 kJ zur Verfügung stehen. Die ATP-Synthase besteht aus mehreren Proteinen und ist heute molekularmechanisch recht gut verstanden. Wie die meisten Transportsysteme arbeitet sie reversibel. Sie kann also auch unter ATP-Verbrauch Protonen aus der Zelle pumpen und damit etwa den intrazellulären pH-Wert regeln.

Die vektorielle Protonen-Translokation durch die Atmungskette und die Protonen-Aufnahme über die ATPase erfolgen normalerweise gleichzeitig in einem Fließgleichgewicht. Sie führen nicht zu einer skalaren Änderung der Protonen-Konzentrationen und sind deshalb nicht leicht zu messen. Man kann Zu- und Abfluss von Fließgleichgewichten oft jedoch sichtbar machen, wenn man eine kurzfristige Auslenkung aus dem Gleichgewicht herbeiführt. Setzt man einer Bakterien- oder Mitochondrien-Suspension, die in ungepuffertem Medium unter Sauerstoffausschluss inkubiert wird, einen kleinen Sauerstoffpuls zu, der innerhalb weniger Sekunden verbraucht wird, so kann man mit einer pH-Elektrode eine kurzfristige Freisetzung von Protonen durch die Atmungskette und eine anschließende Aufnahme der Protonen durch die ATPase beobachten (Abb. 13.7). Der Rückfluss der Protonen zeigt eine negativ-exponenzielle Charakteristik, da die Protonen um so schneller aufgenommen werden, je größer die Auslenkung aus dem Gleichgewicht ist. pH-Gradient und Membranpotenzial lassen sich außerdem mit Hilfe von radioaktiv oder Fluoreszenz-markierten Indikatoren analysieren.

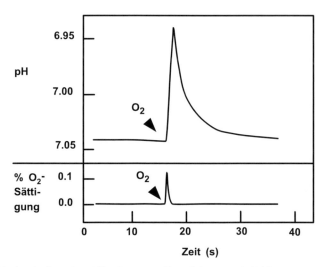

Abb. 13.7 Nachweis der vektoriellen Protonen-Translokation mit Hilfe einer pH-Elektrode. Ein kleiner Puls sauerstoffgesättigter Salzlösung führt zu einer kurzfristigen Ansäuerung durch den Atmungsprozess. Es folgt die Aufnahme der Protonen durch die ATPase mit einem negativ exponenziellen Verlauf

Da die Energiekonservierung mit Hilfe der Protonen-Translokation ein rein vektorieller Prozess ist, kann man eine Zelle nicht durch **externe Ansäuerung** energetisieren. Der skalare Zusatz von Säure zu einer Zellsuspension führt zwar zur Aufnahme einiger Protonen über die ATPase. Der Prozess kommt jedoch schnell zum Stillstand, da das Membranpotenzial abstoßend auf die Protonen wirkt. Nur durch die vorherige elektrogene Translokation wird ein transmembraner Gradient aufgebaut, der anschließend zur Energiekonservierung genutzt werden kann.

13.11
Energiebilanz von Atmung und chemiosmotischer ATP-Konservierung

Bei der Oxidation von Glucose waren 24 [H] freigesetzt und auf 10 NAD und 2 FAD übertragen worden. Nimmt man an, dass die Oxidation von $NADH_2$ über drei Protonen translozierende Kopplungsstellen erfolgt und die von $FADH_2$ über zwei Kopplungsstellen, so erhält man, wenn an jeder Kopplungsstelle vier Protonen pro Elektronenpaar transloziert werden, $136\,H^+$. (Tatsächlich ist die Anzahl der translozierten Protonen selten genau bekannt. Sie hängt vom Organismus, dessen Elektronentransportsystem und den Bedingungen ab. Es gibt sowohl Kopplung an weniger als auch an mehr als drei Protonen.) Wenn $4\,H^+$ pro ATP zurückfließen, ließen sich aus 136 translozierten Protonen 34 ATP regenerieren. Zusammen mit den vier ATP durch Substrat-Phosphorylierung in der Glykolyse und dem Tricarbonsäurecyclus ergäben sich 38 ATP, davon etwa 90% aus dem Atmungsprozess. Insgesamt hätten die Zellen für die ATP-Konservierung aus der Glucose-Oxidation ($\Delta G_0' = -2879\,kJ/mol$) $75\,kJ/mol$ ATP benötigt (2870/38). Da das ΔG_{biol} für Hydrolyse von ATP unter den Bedingungen in der Zelle etwa $50\,kJ/mol$ beträgt, ist dies ein **Wirkungsgrad von 66%** bei einer Kette von etwa zwanzig chemischen Reaktionen. Keine von Menschen konstruierte Energiewandlungsmaschine hat einen ähnlich hohen Wirkungsgrad.

Glossar

> **Antimycin A:** Hemmstoff des Elektronentransports zwischen dem Cytochrom bc_1-Komplex und Cytochrom c
> **CCCP:** Carbonylcyanid-m-Chlorophenylhydrazon, Entkoppler, Protonophor.
> **Chinon:** Membrangebundenes, an Elektronentransport und Protonen-Translokation beteiligtes Coenzym
> **Cyanid:** Hemmstoff der Cytochrom-Oxidase

13

> **Cytochrom-Oxidase:** Terminale Oxidase, die Cytochrom oxidiert und Sauerstoff reduziert
> **Eisen-Schwefel-Zentrum:** Prosthetische Gruppe von Elektronentransport-Proteinen, überträgt ein Elektron
> **Entkoppler:** Veralteter Begriff für Protonophor
> **Flavin:** Gelb gefärbtes Coenzym oder prosthetische Gruppe von Elektronentransport-Proteinen
> **HQNO:** Hydroxychinolin-N-Oxid, Chinon-analoges Molekül, Hemmstoff des Elektronentransports von Chinonen zum Cytochrom bc_1-Komplex
> **Ionophor:** Stoff, der geladene Teilchen über eine Membran transportiert
> **Kohlenmonoxid:** Hemmstoff der Cytochrom-Oxidase (und des Sauerstofftransports im Blut)
> **Membrankapazität:** Maß für die Anzahl Ladungen pro Fläche, die ein Membranpotenzial aufbauen, etwa $10^{-11}\,\mathrm{mol\,V^{-1}\,cm^{-2}}$
> **Membranpotenzial:** $\Delta\psi$, Spannungsdifferenz zwischen den Seiten einer Membran, oft etwa 15 mV, innen Überschuss negativer Ladungen
> **Porphyrin:** Prosthetische Gruppe aus vier Pyrrolen mit einem zentralen Metall-Ion (Fe, Mg, Co, Ni)
> **prosthetische Gruppe:** Fest gebundenes Coenzym
> **Protonengradient:** ΔpH, pH-Differenz zwischen den Seiten einer Membran, oft etwa 0,8 Einheiten, innen alkalischer
> **Protonenpumpe:** System, das einen transmembranen pH-Gradienten aufbaut, entweder durch Elektronenüberträger, die Protonen und Elektronen aufnehmen, aber nur Elektronen weitergeben, oder durch klassische Transportmechanismen
> **Protonophor:** Ionophor für Protonen, Entkoppler, führt zum Abbau des Membranpotenzials und danach auch des Protonengradienten
> **Pufferkapazität:** Maß für die Anzahl Protonen, die einen transmembranen Protonengradienten aufbauen, sehr viel größer als die Membrankapazität
> **Pyrrol:** Ringförmige Verbindung mit einem N- und vier C-Atomen
> **Rückläufiger Elektronentransport:** Elektronentransport entgegen dem Redoxgefälle, getrieben durch Protonenaufnahme
> **skalarer Prozess:** Vorgang, durch den sich die Menge eines Stoffes im System verändert
> **TCS:** Tetrachlorosalicylanilid, Entkoppler, Protonophor
> **terminale Oxidase:** Enzym, das den Elektronenakzeptor reduziert, z. B. Cytochrom-Oxidase
> **Ubichinone:** Gruppe von Chinonen
> **Valinomycin:** Kalium-Ionophor
> **vektorieller Prozess:** Transportprozess ohne Bildung oder Verbrauch

Prüfungsfragen

> Wodurch unterscheidet sich Elektronentransport von primärem elektrogenem Transport?
> Wodurch ist Elektronentransport primärer elektrogener Transport?
> Wodurch unterscheiden sich vektorielle und skalare Prozesse?
> Was ist der Unterschied zwischen Membranpotenzial und Redoxpotenzial?
> Welche funktionellen Gruppen sind an der Elektronenübertragung beteiligt?
> Was sind prosthetische Gruppen?
> Welche Komponenten der Atmungskette sind reine Elektronenüberträger?
> Woraus schließt man, dass es echte Protonenpumpen geben muss?
> Weshalb ist der Begriff „Elektronentransport-Phosphorylierung" veraltet?
> Wodurch wird rückläufiger Elektronentransport möglich?
> Welche Reaktionen durchläuft Sauerstoff in der Atmungskette?
> Was bewirken Cyanid und Kohlenmonoxid?
> Was bewirkt ein Entkoppler?
> Was sind die Voraussetzungen für chemiosmotische Energiewandlung?
> Was bewirkt Valinomycin?
> Wie viele Protonen werden pro konserviertem ATP aufgenommen?
> Weshalb kann man eine Zelle kaum durch Zugabe von Säure energetisieren?

Themen und Lernziele: Prinzip der Gärungen; Schlüsselreaktionen der ATP-Gewinnung; Pyruvat als zentrales Intermediat und seine Umsetzungen; Übersicht über die Gärprozesse; Milchsäure-Gärung; alkoholische Gärung; Buttersäure-Gärung; Proikonsäure-Gärung; gemischte Säuregärung; Vergärung von Substratgemischen

14.1
Prinzip der Gärungen

Sauerstoff ist am Abbau des Glucosemoleküls nur bei einer einzigen Reaktion, und zwar der allerletzten, beteiligt. Daraus könnte man den Schluss ziehen, diese Reaktion sei nicht wichtig und man könne auf sie verzichten wie auf das letzte Glied einer Kette, ohne dass die Situation dadurch stark verändert würde. Dieser Schluss wäre aber falsch, denn alle Reduktionsäquivalente aus der Glucose-Oxidation werden ja letztlich auf Sauerstoff übertragen. In dessen Abwesenheit ändert sich die Situation dramatisch. Allerdings sind anoxische Verhältnisse nicht ungewöhnlich. Sie waren lange Zeit in der Erdgeschichte gegeben (s. Kap. 18) und sind heute noch typisch für viele Standorte, etwa Sedimente und Verdauungssysteme höherer Organismen. Der Baustoffwechsel wird durch die Abwesenheit von Sauerstoff oft nicht sehr beeinflusst. Auch der Abbau der meisten Verbindungen erfordert keinen molekularen Sauerstoff. Der Elektronenfluss und die Energiekonservierung nehmen jedoch andere Wege. Bei den anaeroben Atmungsprozessen wird Sauerstoff durch andere Verbindungen ersetzt. Oft werden diese jedoch nicht wie Sauerstoff in einer einzigen Reaktion, sondern über Zwischenstufen in einer Reaktionskette reduziert. Bei den Gärungen wird kein externer Elektronenakzeptor genutzt. Stattdessen dient das Substrat sowohl als Elektronendonator als auch als Elektronenakzeptor zur Energiekonservie-

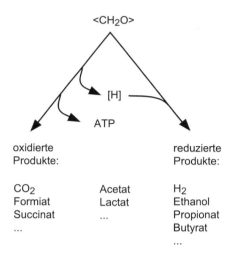

Abb. 14.1 Prinzip der Gärungen und wichtigste Gärprodukte

rung (Abb. 14.1). Außerdem wird es als Baustoff für die Biosynthese genutzt. Die Rolle der Reduktionsäquivalente verändert sich dabei gegenüber den Atmungsprozessen völlig. Waren für die Atmung Reduktionsäquivalente willkommene Voraussetzung, stellen sie bei Gärungen eine Belastung dar. Die Situation lässt sich vergleichen mit der Energiegewinnung aus Wasserkraft. Gibt es ein Tal, in das man das Wasser leiten kann, so lässt sich daraus Energie gewinnen. Wohnt man aber im Tal und gibt es keinen Abfluss, so drohen Überschwemmungen, die unter Energieaufwand vermieden werden müssen. Energie steckt eben nicht einfach in einem Stoff, sondern in den Reaktionsmöglichkeiten unter den gegebenen Bedingungen. Durch die Gärungen werden fast immer mehrere teils reduzierte, teils oxidierte Produkte gebildet. Eine Netto-Oxidation des Substrats ist dabei nicht möglich. Stattdessen bewirken Gärungen eine **Disproportionierung** der Substrate. Dabei erfolgt die Energiekonservierung typischerweise nicht durch chemiosmotische Mechanismen, sondern durch **Substrat-Phosphorylierung**.

14.2
Schlüsselreaktionen der ATP-Gewinnung bei Gärern

Zu den bisher besprochenen ATP-regenerierenden **Kinase-Reaktionen** (s. Kap. 11) kommt die **Acetat-Kinase** hinzu. Oft wird im Laufe der Gärungen Acetyl-Coenzym A (Acetyl-CoA) gebildet, das man auch als aktivierte Essigsäure bezeichnet. Der Coenzym A-Rest lässt sich leicht durch einen durch einen Phosphatrest austauschen.

$$\text{Acetyl-CoA} + \text{P}_i \xrightarrow{\textit{Phosphotransacetylase}} \text{Acetyl-P} + \text{CoA} \qquad [14.1]$$

Der Coenzym A- und der Phosphatrest sind energetisch etwa gleichwertig. Das gebildete Acetyl-Phosphat kann dann durch die **Acetat-Kinase** zur ATP-Regenerierung genutzt werden.

$$\text{Acetyl-P} + \text{ADP} \xrightarrow{\textit{Acetat-Kinase}} \text{Acetat} + \text{ATP} \qquad [14.2]$$

Ohne die chemiosmotische Energiekonservierung, die durch die aerobe Atmung ermöglicht wird, bleiben ATP-Ausbeute und **Wachstumsertrag** bei den Gärern gering. Die Zellen setzen große Mengen an Substrat um, bevor sie sich teilen können. Dies kann allerdings für biotechnologische Verfahren von Vorteil sein. So bildet Hefe bei der alkoholischen Gärung nur wenig Biomasse, aber reichlich Ethanol.

Die wichtigsten **reduzierten Produkte** sind molekularer Wasserstoff, Ethanol, Propionat und Butyrat, die wichtigsten **oxidierten Produkte** sind Kohlendioxid, Formiat und Succinat (Abb. 14.1). Wichtige Gärungsprodukte sind außerdem **Acetat** und Lactat, deren Oxidationszustand dem von Glucose und der vereinfachten Biomasse-Formel <CH_2O> entspricht.

14.3
Rolle von Pyruvat bei den Gärungen

Den Schlüssel für das Verständnis vieler Gärungen liefert der Stoffwechsel von Pyruvat. Pyruvat wird über die Glykolyse oder alternative Zuckerabbauwege gebildet und ist selbst kein Gärprodukt, sondern ein wichtiges **Intermediat**. Es wird entweder zur Energiekonservierung (über die Bildung von Acetyl-Coenzym A und Acetyl-Phosphat) oder zur Bildung reduzierter Endprodukte genutzt (Abb. 14.2).

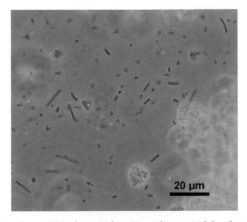

Abb. 14.2 Jogurt unter dem Mikroskop. Neben Koagulierter Milch erkennt man Stäbchen und Streptococcen

14

14.4
Milchsäure-Gärung

Die einfachste Gärung ist die **homofermentative Milchsäure-Gärung**, bei der aus Glucose ausschließlich Milchsäure gebildet wird.

$$\text{Glucose} \rightarrow 2 \text{ Lactat}^- + 2 \text{ H}^+ \qquad \Delta G_0' = -198 \text{ kJ/mol} \qquad [14.3]$$

Dies wird dadurch erreicht, dass durch die Lactat-Dehydrogenase Pyruvat zu Lactat reduziert wird.

$$\text{Pyruvat} + 2[\text{H}] \xrightarrow{\textit{Lactat-Dehydrogenase}} \text{Lactat} \qquad [14.4]$$

Dabei werden die während der Glykolyse angefallenen Reduktionsäquivalente verbraucht und NAD regeneriert. Die Zelle hat in der **Bilanz** 2 ATP pro Glucose gewonnen. Dies ist angesichts der freien Energie von –198 kJ/mol unter Standard-Bedingungen nicht viel. Viele andere Gärer erreichen auf Umwegen und durch die Bildung stärker reduzierter Produkte höhere Ausbeuten.

Bei der **heterofermentativen Milchsäure-Gärung** entstehen neben Milchsäure als weitere Produkte Acetat, Ethanol und CO_2. Dies ist darauf zurückzuführen, dass Glucose nicht über die Glykolyse, sondern den **Pentose-Phosphat-Weg** abgebaut wird.

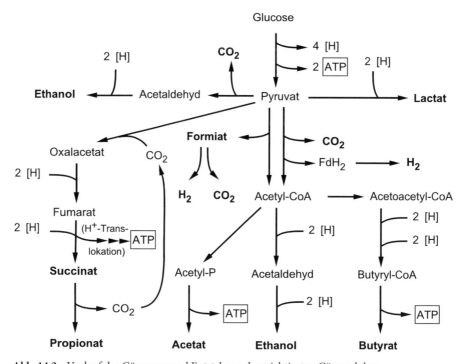

Abb. 14.3 Verlauf der Gärungen und Entstehung der wichtigsten Gärprodukte

Hierbei wird als Zwischenprodukt Ribulose-5-Phosphat gebildet, das zu Glycerinaldehyd-Phosphat und Acetyl-Phosphat gespalten wird. Während Glycerinaldehyd-Phosphat die aus der Glykolyse bekannten Umsetzungen macht und letztlich zu Lactat reduziert wird, wird Acetyl-Phosphat teils zur Energiekonservierung über die Acetat-Kinase genutzt, teils zur Entsorgung der Reduktionsäquivalente zu Ethanol reduziert.

Natürlich haben auch Gärer geschlossene Membransysteme und transportieren Stoffe, so dass sich chemiosmotische Prozesse an der Membran abspielen. Die Milchsäure-Gärung kommt ohne Beteiligung eines membrangebundenen Elektronentransportsystems aus. Es könnte aber dennoch für manche Milchsäuregärer die Möglichkeit zur Energiekonservierung durch Protonen-Translokation geben. Während der Milchsäure-Gärung wird eine hohe **intrazelluläre Konzentration** von Milchsäure aufgebaut. Hierdurch wird das Cytoplasma angesäuert. Verfügen die Zellen über ein Transportsystem, das Lactat im Symport mit mehr als einem Proton freisetzt, so kann durch **elektrogenen Symport** ein Protonen-Gradient aufgebaut werden, der zur Energiekonservierung über eine membrangebundene ATPase genutzt werden kann (Abb. 14.3). Ein elektroneutrales Symportsystem von Lactat mit einem einzigen Proton, das netto eine Freisetzung von Milchsäure bewirkt, kann hingegen nur den Säureüberschuss in der Zelle abbauen und nicht zu einem nutzbaren Protonen-Gradienten führen. Dieses Beispiel zeigt, dass chemiosmotische Energiekonservierung nicht an Elektronentransport gekoppelt sein muss (s. Kap. 13).

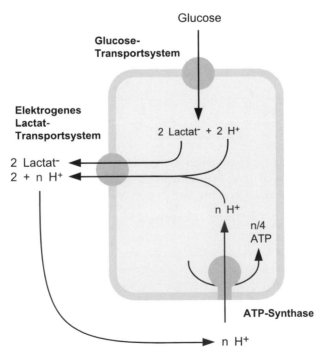

Abb. 14.4 Chemiosmotische ATP-Konservierung aus dem elektrogenen Symport von Protonen mit Lactat

14

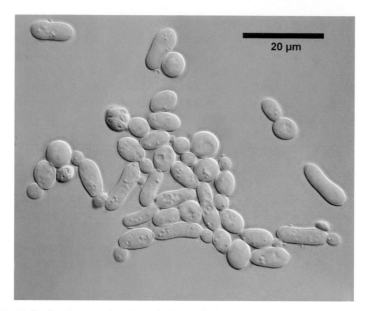

20 µm

Abb. 14.5   Hefezellen in gärendem Wein (Federweißer)

14.5
Alkoholische Gärung

Ähnlich einfach wie die homofermentative Milchsäure-Gärung verläuft die alkoholische Gärung durch Hefe.

$$\text{Glucose} \rightarrow 2 \text{ Ethanol} + 2 \text{ CO}_2 \qquad \Delta G_0' = -235 \text{ kJ/mol} \qquad [14.5]$$

Diese Gärung ist zwar etwas stärker exergon als die Milchsäure-Gärung, liefert aber auch nur 2 ATP pro Glucose. Pyruvat wird dabei nicht direkt reduziert, sondern zunächst durch die **Pyruvat-Decarboxylase** zu Acetaldehyd und CO_2 gespalten.

$$\text{Pyruvat} \xrightarrow{\textit{Pyruvat-Decarboxylase}} \text{Acetaldehyd} + \text{CO}_2 \qquad [14.6]$$

Diese Reaktion ist zu unterscheiden von der aus dem aeroben Abbau bekannten Pyruvat-Dehydrogenase-Reaktion. Letztere bildet zwar auch CO_2 aus Pyruvat. Allerdings werden daneben Acetyl-CoA und Reduktionsäquivalente in Form von NADH$_2$ freigesetzt, die im Falle der Gärung nicht nutzbar, sondern problematisch wären. Acetaldehyd wird in der alkoholischen Gärung durch die **Alkohol-Dehydrogenase** unter Verbrauch von NADH$_2$ zu Ethanol reduziert.

$$\text{Acetaldehyd} + 2[\text{H}] \xrightarrow{\textit{Alkohol-Dehydrogenase}} \text{Ethanol} \qquad [14.7]$$

14.6
Pyruvat-Ferredoxin-Oxidoreduktase

Viele Gärer reduzieren Pyruvat nicht einfach, sondern nutzen es zur Energiekonservierung, indem sie es zu Acetyl-CoA und CO_2 umsetzen, ohne gleichzeitig weiteres $NADH_2$ zu bilden. Dies leistet die **Pyruvat-Ferredoxin-Oxidoreduktase**, die Reduktionsäquivalente auf Ferredoxin überträgt.

$$\text{Pyruvat} + \text{CoA} + \text{Ferrodoxin (oxidiert)} \xrightarrow{\textit{Pyruvat-Ferredoxin-Oxidoreduktase}}$$
$$\text{Acetyl-CoA} + CO_2 + \text{Ferredoxin (reduziert)} \qquad [14.8]$$

Ferredoxin ist ein Eisen-Schwefel-Protein, das ein stärker negatives Redoxpotenzial ($E_0' \approx -430\,\text{mV}$, abhängig vom Organismus) als $NADH_2$ hat. Es kann die Reduktionsäquivalente mit Hilfe einer **Hydrogenase** als molekularen Wasserstoff freisetzen. Man kann dies als Reduktion von Protonen bezeichnen und H^+-Ionen als Elektronenakzeptor betrachten. Allerdings haben Protonen bei neutralem pH-Wert ein Standard-Redoxpotenzial von $-420\,\text{mV}$. Deshalb lässt sich dieser Schritt keinesfalls an Energiekonservierung koppeln. Umgekehrt ist der gebildete Wasserstoff ein sehr guter Elektronendonator, der mit verschiedensten Elektronenakzeptoren genutzt werden kann.

$$\text{Ferredoxin (reduziert)} \xrightarrow{\textit{Hydrogenase}} H_2 + \text{Ferredoxin (oxidiert)} \qquad [14.9]$$

Durch diese Reaktionen fallen zwar keine neuen Reduktionsäquivalente als $NADH_2$ an, jedoch werden die während der Glykolyse gebildeten nicht entsorgt. Es müssen also weitere Redoxreaktionen stattfinden, um die Gärungsbilanz auszugleichen.

14.7
Pyruvat-Formiat-Lyase

Manche Gärer (z.B. *Escherichia coli*) setzen Pyruvat zu Acetyl-CoA und Formiat um. Diese Reaktion wird durch die **Pyruvat-Formiat-Lyase** katalysiert.

$$\text{Pyruvat} + \text{CoA} \xrightarrow{\textit{Pyruvat-Formiat-Lyase}} \text{Acetyl-CoA} + \text{Formiat} \qquad [14.10]$$

Das gebildete Formiat kann durch die **Formiat-Hydrogen-Lyase** zu Wasserstoff und CO_2 gespalten werden. Die Produkte sind dann die gleichen wie bei der Umsetzung durch Pyruvat-Ferredoxin-Oxidoreduktase und Hydrogenase.

$$\text{Formiat} \xrightarrow{\textit{Formiat-}H_2\textit{-Lyase}} H_2 + CO_2 \qquad [14.11]$$

Wie bei der Pyruvat-Ferredoxin-Oxidoreduktase ist die Gärungsbilanz noch nicht geschlossen, da NAD noch nicht regeneriert ist.

14

14.8
Buttersäure-Gärung

Buttersäure ist ein typisches Gärprodukt der **Clostridien**, die außerdem eine Reihe weiterer reduzierter Alkohole sowie Aceton und Acetat bilden können.

$$\text{Glucose} \rightarrow \text{Butyrat}^- + \text{H}^+ + 2\,\text{H}_2 + 2\,\text{CO}_2 \qquad\qquad [14.12]$$

Buttersäure entsteht aus der Kondensation von zwei Acetyl-CoA und zwei anschließenden Reduktionsschritten (Abb. 14.4). Dabei wird zunächst ein CoA-Rest abgespalten. Eine energiereiche Bindung geht dabei verloren. Die andere bleibt bis zur Bildung von Butyryl-CoA erhalten und kann letztlich zur Regenerierung eines ATP genutzt werden. Die Buttersäure-Gärer können also pro Glucose drei ATP konservieren.

Die Bildung von **molekularem Wasserstoff** durch reduziertes Ferredoxin ist eine elegante Möglichkeit, überschüssige Reduktionsäquivalente zu entsorgen. Es fragt sich, weshalb die Zellen nicht auch aus $NADH_2$ molekularen Wasserstoff freisetzen. Mechanistisch ist dies tatsächlich möglich, und es geschieht auch – abhängig von den Bedingungen in der Umgebung der Bakterien. Unter Standard-Bedingungen ist die Reaktion **endergon**, da das Redoxpotenzial von $NADH_2$ ($E_0' = -320\,\text{mV}$) etwa $100\,\text{mV}$ positiver als das von H_2 ($E_0' = -420\,\text{mV}$) ist. Lässt man aber Clostridien unter einem

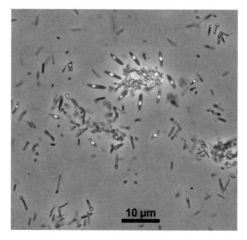

Abb. 14.6 Sporenbildende Bakterien, wahrscheinlich Clostridien auf verfaulenden Pflanzenresten. Im Phasenkontrast erscheinen die Sporen hell leuchtend und je nach Art verschieden groß und terminal bzw. zentral in der Zelle lokalisiert

relativ großen Gasvolumen wachsen, so dass der Wasserstoff-Partialdruck deutlich unter 101,3 kPa bleibt, oder setzt man andere Bakterien zu, die den gebildeten Wasserstoff verbrauchen, so verschiebt sich das **Gleichgewicht** in Richtung Wasserstoffbildung. Gleichzeitig wird mehr Acetat und weniger Buttersäure gebildet.

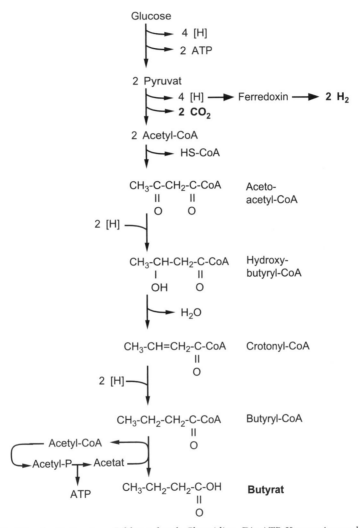

Abb. 14.7 Weg der Buttersäure-Bildung durch Clostridien. Die ATP-Konservierung kann über die Acetatkinase oder auch ausgehend von Butyryl-CoA über Butyryl-Phosphat durch eine Butyratkinase erfolgen

14.9
Propionsäure-Gärung

Obwohl Propionat sich nur durch den Reduktionsgrad eines C-Atoms von Pyruvat unterscheidet, wird es über einen komplizierten Weg gebildet. Dieser Weg wird nach einem charakteristischen Zwischenprodukt **Methylmalonyl-CoA-Weg** genannt. Er verläuft über die Verlängerung von Pyruvat zu Oxalacetat durch Übertragung einer Carboxylgruppe, woran als Coenzym **Biotin** beteiligt ist (Abb. 14.5). Oxalacetat wird schrittweise zu Succinat reduziert. Dabei katalysiert die **Fumarat-Reduktase** den letzten Schritt. Dieses Enzym ist (wie aus dem Tricarbonsäure-Cyclus bekannt) **membrangebunden**, leistet **Protonen-Translokation** und ermöglicht so zusätzliche Energiekonservierung. Succinat wird anschließend mit Hilfe von Coenzym A aktiviert und unter Beteiligung von **Coenzym B$_{12}$** zu dem verzweigten Molekül Methylmalonyl-CoA umgesetzt. Von diesem wird die freie Carboxylgruppe auf Biotin übertragen und steht zur Carboxylierung des nächsten Pyruvat-Moleküls zur Verfügung. Der Umweg ermöglicht damit den Zellen eine erhöhte Energieausbeute. Diese wird allerdings über chemiosmotische Mechanismen erreicht und nicht über die für Gärungen typische Substrat-Phosphorylierung. Man spricht daher auch von **Fumarat-Atmung**.

Einen **Sonderfall der Propionsäure-Gärung** bewirkt das Bakterium *Propionigenium modestum*. Es setzt Succinat zu Propionat und CO_2 um.

$$\text{Succinat} + H_2O \rightarrow \text{Propionat} + CO_2 \qquad \Delta G_0' = -20\,\text{kJ/mol} \qquad [14.13]$$

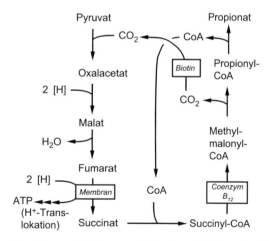

Abb. 14.8 Propionsäure-Gärung. Der Umweg der Propionat-Bildung über Methylmalonyl-CoA ermöglicht Energiekonservierung über Protonen-Translokation durch die membrangebundene Fumarat-Reduktase

Dies ist keine typische Gärung, sondern eigentlich nur eine **Decarboxylierung**. Da aber ein oxidiertes (CO_2) und ein reduziertes Produkt (Propionat) entstehen, kann man die Umsetzung als Gärung klassifizieren. Die **freie Energie** ist mit etwa $-20\,kJ/mol$ die niedrigste, die von Lebewesen noch zum Wachstum genutzt werden kann. Der Weg verläuft über die Bildung von Methylmalonyl-CoA. Allerdings erfolgt die Abspaltung von CO_2 durch eine **membrangebundene Decarboxylase**, die als primäres Transportsystem elektrogen **Natrium-Ionen** transloziert. Dabei kann aus thermodynamischen Gründen kaum mehr als ein Natrium-Ion pro Substratumsatz transloziert werden. Eine Substrat-Phosphorylierung oder Elektronentransport-getriebene Protonen-Translokation gibt es bei diesem Bakterium nicht. Der Natrium-Gradient wird von einer Natrium-abhängigen ATPase zur Konservierung von ATP genutzt.

14.10
Gemischte Säure-Gärung

Für die im Darm lebenden Enterobakteriaceen ist die **gemischte Säure-Gärung** oder auch **Ameisensäure-Gärung** typisch. Die wichtigsten Gärprodukte sind dabei Formiat, Acetat, Succinat, Lactat, Ethanol, Kohlendioxid und Wasserstoff. Abhängig vom Organismus werden die Produkte in unterschiedlichen Proportionen gebildet, wobei die wichtigsten beteiligten Stoffwechselwege bereits in den vorangehenden Abschnitten dargestellt sind.

14.11
Vergärung von Substratgemischen

Die bisher beobachteten Gärungen beobachtet man in Reinkulturen, denen ein einziges Substrat zugesetzt wird. Häufig liegen jedoch **Gemische von Substraten** vor. Dann kann es dazu kommen, dass ein Substrat oxidiert wird und ein anderes als Elektronenakzeptor fungiert. Die Gärer verhalten sich meist sehr flexibel und katalysieren die Schritte, die ihnen die beste Energieausbeute ermöglichen. Bekanntestes Beispiel hierfür ist die **Stickland-Reaktion**, bei der Paare von **Aminosäuren** vergoren werden. So kann von manchen Clostridien **Alanin** oxidativ desaminiert und über Pyruvat unter ATP-Gewinn zu Acetat umgesetzt werden, während **Glycin** die anfallenden Reduktionsäquivalente übernimmt, reduktiv desaminiert wird und dadurch ebenfalls zu Acetat umgesetzt wird. Obwohl Glycin bei diesem Prozess als Elektronenakzeptor fungiert, kann man in diesem Fall kaum von einer Atmung sprechen, da die Reduktion nicht mit Protonen-Translokation gekoppelt ist.

14

Glossar

> **Acetatkinase :** Enzym, das die Phosphorylierung von ADP mit Acetylphosphat katalysiert, wichtig im Gärungsstoffwechsel

> **Alkohol-Dehydrogenase:** Enzym, das Acetaldehyd zu Ethanol reduziert und $NADH_2$ oxidiert

> **Ameisensäure-Gärung:** Gemischte Säure-Gärung mit Formiat als typischem Produkt

> **Biotin:** Coenzym, das an Carboxylierungs-Reaktionen beteiligt ist

> **Coenzym B_{12}:** Cyanocobalamin, Porphyrin-haltiges Coenzym, das an Umlagerungen von Kohlenstoffgerüsten und Methylierungsreaktionen beteiligt ist

> **Disproportionierung:** Spaltung eines Moleküls unter gleichzeitiger Oxidation und Reduktion

> **Ferredoxin:** Eisen-Schwefel-Proteine, die an Redoxprozessen beteiligt sind

> **Formiat-Hydrogen-Lyase:** Enzym, das Formiat zu CO_2 und H_2 umsetzt

> **Fumarat-Atmung:** Reduktion von Fumarat zu Succinat gekoppelt an Protonen-Translokation

> **Gärung:** Disproportionierung von (meist organischen) Verbindungen gekoppelt an Energiekonservierung

> **gemischte Säure-Gärung:** Gärung mit verschiedenen Produkten, u.a. H_2, Formiat, Acetat, Lactat, Succinat, Ethanol, CO_2, typisch für Enterobakterien

> **heterofermentative Milchsäuregärung:** Gärungsstoffwechsel von Milchsäuregärern, die Glucose über den Pentosephosphat-Weg spalten und neben Milchsäure auch Ethanol und Acetat produzieren

> **homofermentative Milchsäuregärung:** Vergärung von Glucose zu Milchsäure als einzigem Produkt

> **Hydrogenase:** Enzym, das gasförmigen Wasserstoff umsetzt

> **Methylmalonyl-CoA-Weg:** Weg der Propionat-Bildung aus Pyruvat in vielen Gärern

> **Pentosephosphat-Weg:** Abbauweg von Glucose, bei dem der C_5-Zucker Ribulose-5-Phosphat als Intermediär gebildet wird

> **Phosphotransacetylase:** Enzym, das Acetyl-CoA und Phosphat zu Acetylphosphat und Coenzym A umsetzt (und umgekehrt)

> **Pyruvat-Decarboxylase:** Enzym, das Pyruvat zu Acetaldehyd und CO_2 umsetzt

> **Pyruvat-Ferredoxin-Oxidoreduktase:** Enzym, das Pyruvat mit Coenzym A zu Acetyl-CoA und CO_2 umsetzt und die Reduktionsäquivalente auf Ferredoxin überträgt

> **Pyruvat-Formiat-Lyase:** Enzym, das Pyruvat zu Acetyl-CoA und Formiat umsetzt

> **Stickland-Reaktion:** Paarweise Vergärung von Aminosäuren, wobei eine als Elektronendonator und die andere als Elektronenakzeptor fungiert

Prüfungsfragen

> Was ist eine Disproportionierung?
> Was sind die wichtigsten reduzierten und oxidierten Gärungsprodukte?
> Welche Reaktionen durchläuft Pyruvat in den Gärungen?
> Durch welche Reaktionen konservieren Gärer ATP?
> Wo entsteht Wasserstoff?
> Wie könnten Milchsäure-Gärer auf chemiosmotischem Wege
>   Energie konservieren?
> Weshalb macht ein *Clostridium* Buttersäure?
> Welche Coenzyme sind an der Propionat-Gärung beteiligt?
> Welches ist der schlechteste Elektronenakzeptor?

Themen und Lernziele: Prinzip der Gärungen; Schlüsselreaktionen der ATP-Gewinnung; Pyruvat als zentrales Intermediat und seine Umsetzungen; Übersicht über die Gärprozesse; Milchsäure-Gärung; alkoholische Gärung; Buttersäure-Gärung; Proikonsäure-Gärung; gemischte Säuregärung; Vergärung von Substratgemischen

Bei der aeroben Atmung erlauben Redoxreaktionen mit einer Potenzialspanne von insgesamt etwa $1,1\,V$ (zwischen $E_0' = -320\,mV$ bei **NADH$_2$** und $+814\,mV$ bei **Sauerstoff**) den Antrieb von Protonenpumpen. Bei den Gärungen gibt es zwar auch Redoxreaktionen, jedoch können die nicht an eine Protonen-Translokation gekoppelt werden, da die beteiligten organischen Verbindungen (fast) alle sehr ähnliche (negative) Redoxpotenziale haben und außerdem im Cytoplasma gelöst vorliegen. Wenn jedoch statt Sauerstoff andere Elektronenakzeptoren zur Verfügung stehen, so kann in vielen Fällen wenigstens ein Teil der Redoxreaktionen zur vektoriellen Translokation von Protonen oder Natrium-Ionen genutzt werden. Dies ist bei den anaeroben Atmungsprozessen der Fall (Tafel 15.1). Dabei gibt es allerdings einige **Randbedingungen** zu beachten. Die maximal erreichbare Energieausbeute hängt von der Differenz der Redoxpotenziale ab und ist meist geringer als bei der aeroben Atmung (Abb. 15.1).

Viele der alternativen Elektronenakzeptoren und die entstehenden reduzierten Endprodukte können nicht wie Sauerstoff und Wasser durch die Zellmembran diffundieren. Es sind deshalb häufig spezielle Transportsysteme beteiligt. Teilweise findet die Reduktion aber auch im periplasmatischen Raum statt. Die Reduktion vieler alternativer Elektronenakzeptoren erfolgt nicht in einem einzigen Schritt, sondern in mehreren. Es handelt sich sozusagen um mehrere Akzeptoren, die sukzessiv gebildet werden. Es kann sogar sein, dass (wie bei Sulfat) der eigentliche Elektronenakzeptor erst unter Energieaufwand in eine reduzierbare Form überführt werden muss. Außerdem ist in manchen Fällen die Abgrenzung von Gärung und Atmung nicht klar. Ein wichtiger alternativer Elektronenakzeptor ist nämlich **anorganisches Kohlendioxid**, das durch anaerobe Atmungsprozesse in reduzierte organische Verbindungen (Methan oder

H. Cypionka, *Grundlagen der Mikrobiologie*,
© Springer 2010

15

Tafel 15.1   Anaerobe Atmungsprozesse

$5[H] + NO_3^- + H^+ \rightarrow \frac{1}{2}N_2 + 3H_2O$	Denitrifikation
$8[H] + NO_3^- + 2H^+ \rightarrow NH_4^+ + 3H_2O$	Nitrat-Ammonifikation
$[H] + Fe^{3+} \rightarrow Fe^{2+} + H^+$	Eisen-Reduktion
$2[H] + Mn^{4+} \rightarrow Mn^{2+} + 2H^+$	Mangan-Reduktion
$8[H] + SO_4^{2-} + 2H^+ \rightarrow H_2S + 4H_2O$	Sulfat-Reduktion
$2[H] + S \rightarrow H_2S$	Schwefel-Reduktion
$8[H] + CO_2 \rightarrow CH_4 + 2H_2O$	CO_2-Reduktion zu Methan
$8[H] + 2CO_2 \rightarrow CH_3COOH + 2H_2O$	CO_2-Reduktion zu Acetat
$2H^+ + 2e^- \rightarrow H_2$	Protonen-Reduktion (durch Gärer ohne Energiekonservierung)

Acetat) überführt wird. Dies entspricht in der stöchiometrischen Bilanz einer Gärung. Jedoch ist die daran gekoppelte chemiosmotische Energiekonservierung typisch für Atmungsprozesse.

15.1
Nitrat-Reduktion

Etwa 5 bis 10% der Trockenmasse lebender Organismen bestehen aus Stickstoff. Dieser liegt fast ausschließlich in reduzierter Form als Aminogruppe von Aminosäuren und Coenzymen vor. Viele Pflanzen, Pilze und Bakterien können Nitrat als Stickstoffquelle nutzen und zur Stufe des Ammoniaks reduzieren. Die **assimilatorische Nitrat-Reduktion** ist kein Atmungsprozess. Im Unterschied zur dissimilatorischen Nitrat-Reduktion wird sie durch im Cytoplasma lösliche Enzyme katalysiert, die keine Protonen-Translokation leisten können. Außerdem weist die Regulation auf einen assimilatorischen Prozess hin: Der Zusatz von Ammonium-Ionen zum Medium führt zur Repression der Enzyme, während Sauerstoff ohne Einfluss ist.

Bei der **dissimilatorischen Nitrat-Reduktion** wird Nitrat als Elektronenakzeptor für einen Atmungsprozess genutzt. Viele Bakterien, die Nitrat dissimilatorisch nutzen, sind fakultativ anaerob. Sie verwerten bevorzugt Sauerstoff als Elektronenakzeptor. Sauerstoff führt zur Repression der an der Nitrat-Reduktion beteiligten Enzyme. Man unterscheidet nach den Endprodukten zwei Wege der dissimilatorischen Nitrat-Reduktion, die **Denitrifikation**, die zur Bildung von N_2 führt, und die **Nitrat-Ammonifikation**, die zur Bildung von Ammonium-Ionen führt.

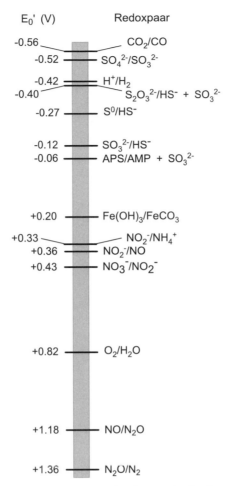

Abb. 15.1 Redoxpotenziale anorganischer Verbindungen, die durch Prokaryoten reduziert und oxidiert werden (vgl. Tafel 9.6)

15.2
Denitrifikation

Die Denitrifikation (ein von Botanikern für den Nitratentzug gebildeter Begriff) ist ein sehr wichtiger Prozess im Stickstoff-Kreislauf, da sie der einzige Weg zur Bildung von N_2 ist. Dazu werden zwei Nitratmoleküle und zehn Reduktionsäquivalente benötigt.

$$2\,NO_3^- + 2\,H^+ + 10\,[H] \rightarrow N_2 + 6\,H_2O \qquad [15.1]$$

Nitrat ist nach Sauerstoff der beste Elektronenakzeptor. Die Oxidation von Glucose liefert etwa 90% der freien Energie der Oxidation mit Sauerstoff.

15

$$C_6H_{12}O_6 + 4,8\,NO_3^- + 4,8\,H^+ \rightarrow 6\,CO_2 + 2,4\,N_2 + 8,4\,H_2O$$

$$\Delta G_0' = -2715\,kJ/mol$$

[15.2]

Die Elektronenüberträger sind die gleichen wie bei der aeroben Atmung. Auch sind die an der Nitrat-Reduktion beteiligten Enzyme membrangebunden. Nitrat kann nicht wie Sauerstoff in einem einzigen Schritt reduziert werden. Stattdessen treten mehrere **Zwischenstufen** auf (Abb. 15.2). Nitrat muss zunächst durch ein spezifisches **Transportsystem** in die Zelle aufgenommen werden. In der Zelle kann es durch die **Nitrat-Reduktase**, ein Molybdän-haltiges Enzym, zu **Nitrit** reduziert werden. Dabei wird, wie auch bei den späteren Schritten, der abgespaltene Sauerstoff als Wasser freigesetzt. Den nächsten Schritt zu Stickstoffmonoxid katalysiert die **Nitrit-Reduktase**. Bei manchen Organismen katalysiert dieses Enzym auch die weitere Reduktion zu **Lachgas** (N_2O), bei anderen gibt es eine spezielle **NO-Reduktase**. Der letzte Schritt wird durch die **N_2O-Reduktase** katalysiert. Dieses Enzym wird spezifisch durch **Acetylen** (Ethin) gehemmt. In Gegenwart von Acetylen wird N_2O als Endprodukt der Denitrifikation freigesetzt. Dies kann man gaschromatographisch leicht nachweisen und so in Felduntersuchungen die Denitrifikationsrate bestimmen.

Nicht immer wird der gesamte Prozess der Denitrifikation durchlaufen. Auch Zwischenprodukte, namentlich Nitrit und N_2O, können von Denitrifikanten verwertet werden. Außerdem gibt es viele Bakterien, die nur den ersten Schritt, die Umsetzung von Nitrat zu Nitrit, durchführen. In nitratreichen Medien kann es dadurch zu einer Anhäufung von giftigem Nitrit kommen.

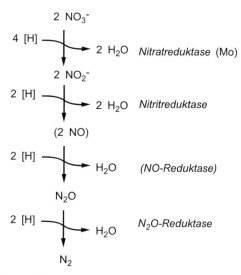

Abb. 15.2 Schritte der Denitrifikation

15.3
Dissimilatorische Nitrat-Ammonifikation

Die dissimilatorische Nitrat-Ammonifikation wird teils von strikten Anaerobiern, teils von fakultativen Aerobiern durchgeführt.

$$NO_3^- + 2H^+ + 8[H] \rightarrow NH_4^+ + 3H_2O \qquad [15.3]$$

Obwohl der Stickstoff dabei acht Elektronen aufnimmt, also mehr als bei der Denitrifikation (fünf), ist die freie Energie geringer als bei der Umsetzung zu N_2. Dies liegt daran, dass gasförmiger Stickstoff eine besonders energiearme Verbindung ist (was auch sein Name schon verrät).

$$C_6H_{12}O_6 + 3NO_3^- + 6H^+ \rightarrow 6CO_2 + 3NH_4^+ + 3H_2O$$
$$\Delta G_0' = -1800\,kJ/mol \qquad [15.4]$$

An der Reduktion von Nitrat zu Ammonium-Ionen sind eine **Nitrat-Reduktase** und eine **Nitrit-Reduktase** beteiligt (Abb. 15.3). Letztere enthält Eisen-Schwefel-Zentren und ein **Sirohäm** (eisenhaltiges Häm) und kann sechs Elektronen auf Nitrit übertragen.

Während die Nitrat-Ammonifikation bei vielen Bakterien an chemiosmotische Energiekonservierung gekoppelt ist, kann sie in manchen Fällen auch ohne das eine **Ertragsteigerung** bewirken. So können manche Clostridien Nitrat ohne unmittelbare Kopplung an Energiekonservierung zu Ammoniak reduzieren. Die dadurch verbrauchten Reduktionsäquivalente machen aber die Bildung von Buttersäure bei der Vergärung organischer Substrate unnötig. Die Zellen können deshalb mehr Acetat bilden und zusätzliches ATP über die Acetat-Kinase konservieren.

Ein Sonderfall der Nitritreduktion ist die Bildung von N_2 aus NH_4^+ und NO_2^-, die anaerobe Ammonium Oxidation (ANAMMOX), die in den Kapiteln 16 und 17 näher dargestellt ist.

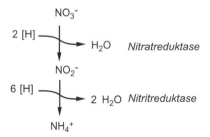

Abb. 15.3 Schritte der Nitrat-Ammonifikation

15

15.4
Sulfat-Reduktion

Wie bei der Nitrat-Reduktion muss auch bei der Sulfat-Reduktion zwischen **assimilatorischen** und **dissimilatorischen** Prozessen unterschieden werden. Schwefel hat an der Trockensubstanz von Biomasse einen Anteil von etwa 1% (etwa soviel wie Phosphor). Er kommt hauptsächlich in reduzierter Form in den Thiolgruppen von **Aminosäuren** (Cystein und Methionin) und **Coenzymen** sowie in den **Eisen-Schwefel-Zentren** von Proteinen vor. Viele Pflanzen, Pilze und Bakterien können reduzierten Schwefel für die Assimilation aus Sulfat gewinnen, das durch lösliche Enzyme reduziert wird. Sind organische Schwefelverbindungen verfügbar, werden diese Enzyme nicht exprimiert.

Die **dissimilatorische** Sulfat-Reduktion ist ein Atmungsprozess, der von einer speziell angepassten physiologischen Gruppe von Bakterien durchgeführt wird.

$$SO_4^{2-} + H^+ + 8[H] \rightarrow HS^- + 4\,H_2O \qquad\qquad [15.5]$$

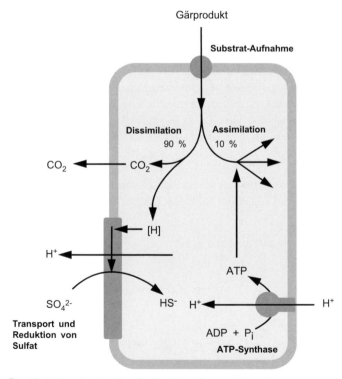

Abb. 15.4 Überblick über den Stoffwechsel Sulfat reduzierender Bakterien. Es werden überwiegend Gärprodukte verwertet. Für den Elektronentransport steht nur eine geringe Redoxspanne zur Verfügung. Anders als Sauerstoff (und anders als hier dargestellt) kann Sulfat nicht in einem Schritt reduziert werden (s. Abb. 15.6)

Es handelt sich um obligate Anaerobier, von denen allerdings viele Sauerstoff reduzieren können, ohne dabei zu wachsen. Als Substrate verwerten diese Bakterien (und Archaeen) typischerweise Gärungsprodukte, nur wenige komplexere Substrate wie Zucker, aromatische Verbindungen oder sogar Alkane (Abb. 15.4). Sie sind gut daran angepasst, mit Gärern zusammenzuleben und fördern in **syntrophen Beziehungen** deren Wachstum dadurch, dass sie überschüssigen Wasserstoff verbrauchen. Der Substratabbau durch manche Sulfat-Reduzierer ähnelt dem der Gärer. So oxidiert *Desulfovibrio* Lactat nur unvollständig bis zu Acetat und konserviert dabei ATP über die Acetat-Kinase (Abb. 15.5). Andere Sulfat-Reduzierer können ihre Substrate jedoch vollständig oxidieren, obwohl sie dabei meist nur langsam wachsen. Wird Glucose mit Sulfat als Elektronenakzeptor oxidiert (was meistens ein Gärer und Sulfat-Reduzierer in Zusammenarbeit leisten), so beträgt die freie Energie unter Standard-Bedingungen nur −480 kJ/mol, etwa ein Sechstel der beim aeroben Abbau verfügbaren Energie.

$$C_6H_{12}O_6 + 3SO_4^{2-} + 3H^+ \rightarrow 6CO_2 + 3HS^- + 6H_2O$$
$$\Delta G_0' = -480\,kJ/mol$$

[15.6]

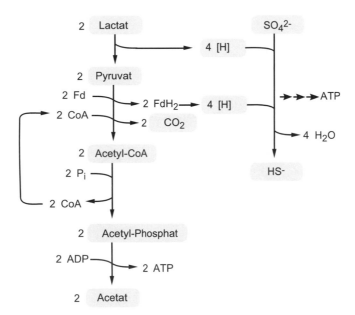

Abb. 15.5 Unvollständige Oxidation von Lactat zu Acetat durch *Desulfovibrio*. Die Acetatbildung ermöglicht ATP-Konservierung über einen Weg, der typisch für Gärer ist. Fd und FdH$_2$ bezeichnen Ferredoxin in der oxidierten und reduzierten Form

15

Sulfat ist also ein energetisch schlechter Elektronenakzeptor. Dies ist nicht nur auf die ungünstigen **Redoxverhältnisse** zurückzuführen, sondern auch darauf, dass das Sulfatmolekül zunächst unter ATP-Verbrauch **aktiviert** werden muss, bevor es überhaupt reduziert werden kann. Die geringe freie Energie führt zu einem geringen Wachstumsertrag und dazu, dass große Mengen an Sulfat reduziert werden müssen, bevor die Zellen sich verdoppeln können.

15.5
Biochemie und Energiekonservierung bei der Sulfat-Reduktion

Bevor Sulfat reduziert werden kann, muss es durch ein spezifisches Transportsystem in die Zelle aufgenommen werden (Abb. 15.6). Dies geschieht bei assimilatorisch Sulfat reduzierenden Organismen oft durch primäre Transportsysteme. Die dissimilatorisch Sulfat reduzierenden Bakterien haben **sekundäre Transportsysteme**, die Sulfat im

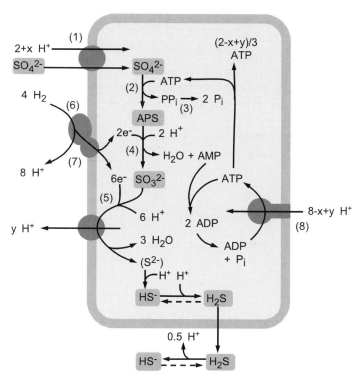

Abb. 15.6 Schritte der Sulfat-Reduktion mit Wasserstoff und der daran gekoppelten chemiosmotischen Energiekonservierung. **1** Transportsystem, **2** ATP-Sulfurylase, **3** Pyrophosphatase, **4** APS-Reduktase, **5** Sulfitreduktase mit Kopplung an Protonen-Translokation, **6** Hydrogenase, **7** Cytochrom c, **8** ATP-Synthase

Symport mit Protonen (bei Süßwasserstämmen) oder Natrium-Ionen (bei marinen Stämmen) transportieren. Dabei gibt es je nach Stamm und Anzuchtbedingungen sowohl elektroneutrale Transportsysteme, die Sulfat mit zwei Kationen symportieren, als auch elektrogene Systeme, durch die Sulfat im Symport mit drei Kationen aufgenommen wird.

In der Zelle kann Sulfat nicht direkt reduziert werden, sondern wird mit Hilfe von ATP aktiviert. Diese **Aktivierung** geschieht jedoch nicht durch Übertragung eines Phosphatrestes, sondern durch Übertragung des AMP-Restes auf Sulfat, wobei **Adenosin-Phosphosulfat** (APS) entsteht. Es wird dabei **Pyrophosphat** (Diphosphat) abgespalten. Dieses wird zu zwei Phosphatmolekülen hydrolysiert, bevor es wieder zu ATP regeneriert werden kann. Die Aktivierung kostet also zwei energiereiche Phosphatbindungen.

Die Reduktion des gebildeten APS erfolgt in Stufen. Zunächst wird durch die **APS-Reduktase Sulfit** gebildet, wobei außerdem AMP freigesetzt wird. Sulfit wird durch die **Sulfit-Reduktase** zu **Sulfid** reduziert. Es ist bis heute nicht klar, ob dabei direkt sechs Elektronen übertragen werden oder ob weitere Zwischenstufen und Enzyme beteiligt sind. Die APS-Reduktase und auch die Sulfit-Reduktase scheinen löslich im Cytoplasma vorzuliegen oder nur lockere Wechselwirkungen mit der Membran zu haben. Eine Protonen translozierende Funktion dieser Enzyme ist nicht nachgewiesen. Protonen-Translokation könnte auch nur über die Elektronenüberträger (Chinone, Cytochrome) in der Membran erfolgen. Außerdem haben viele Sulfat-Reduzierer eine periplasmatische Hydrogenase, die Energiekonservierung über vektoriellen Elektronentransport leisten kann (s. Kap. 13). Insgesamt muss die Zelle mehr als zwei ATP aus der Sulfat-Reduktion konservieren, um die für die Aktivierung von Sulfat investierte Energie zurückzugewinnen. Der intrazellulär gebildete Schwefelwasserstoff liegt in der Zelle überwiegend als HS^- vor, kann jedoch unter Mitnahme eines weiteren Protons als H_2S durch die Zellmembran **diffundieren**. Dies liefert einen zumindest partiellen Ausgleich für die beim Sulfattransport aufgenommenen Protonen.

15.6
Vergärung von anorganischen Schwefelverbindungen

Thiosulfat, **Sulfit** und **elementarer Schwefel** sind die einzigen anorganischen Verbindungen, die vergoren werden können. Manche Sulfat-Reduzierer bewirken eine **Disproportionierung** dieser Verbindungen zu Sulfid und Sulfat. Die Reaktionen liefern nur wenig freie Energie, Thiosulfat zum Beispiel nur 20 kJ/mol:

$$S_2O_3^{2-} + H_2O \rightarrow SO_4^{2-} + HS^- + H^+$$
$$\Delta G_0' = -20\,kJ/mol$$

[15.7]

Dennoch können einige Sulfat-Reduzierer (*Desulfovibrio sulfodismutans*) diesen Prozess als einzigen Energie liefernden zum Wachstum nutzen. An der Energiekonser-

15

vierung sind sowohl chemiosmotische Schritte als auch eine Umkehr der ATP-abhängigen Sulfataktivierung beteiligt.

15.7
Schwefel-Atmung

Wie im letzten Abschnitt erwähnt, können einige Sulfat-Reduzierer elementaren Schwefel als Elektronenakzeptor nutzen. Es gibt aber auch eine Reihe von Spezialisten, die Sulfat nicht reduzieren, wohl aber Schwefel. Hierzu gehören sowohl **Eubakterien** als auch **Archaeen**, darunter einige extrem thermophile (z. B: *Pyrodictium*), die ihr Wachstums-Optimum bei Temperaturen über 100 °C haben.

15.8
Anaerobe Atmung mit Metall-Ionen als Elektronenakzeptoren

Zahlreiche Bakterien, darunter fakultative Aerobier wie strikte Anaerobier, sind in der Lage, verschiedene Metall-Ionen (**Eisen, Mangan, Vanadium**, sogar **Uran**) als Elektronenakzeptoren für eine anaerobe Atmung zu nutzen. Für viele dieser Bakterien ist dies eine Alternative zu anderen verwertbaren Elektronenakzeptoren. Voraussetzung für den Atmungsprozess ist, dass das Ion in die Zelle gelangen oder im periplasmatischen Raum reduziert werden kann. Das Redoxpotenzial muss außerdem geeignet sein, Elektronentransport und eine daran gekoppelte Protonen-Translokation zu ermöglichen. Es werden je nach Ion ein, zwei oder mehrere Elektronen übertragen.

Die wichtigsten Metall-Ionen sind Eisen- (Fe^{3+}) und Mangan-Ionen (Mn^{4+}), über die ein erheblicher Anteil des Elektronentransports in Sedimenten und anoxischen Wasserkörpern ablaufen kann. Wichtig ist, dass durch die Umsetzung sowohl der **pH-Wert** des Mediums als auch die **Löslichkeit** der Ionen durch den Redoxzustand verändert werden kann. Eisen ist in zweiwertiger Form sehr viel besser löslich als in dreiwertiger, in der Hydroxide (Rost) ausfallen. Auch Mangan ist in oxidierter Form (Braunstein) schlechter löslich als in der reduzierten, zweiwertigen.

15.9
Reduktion von Kohlendioxid

Kohlendioxid ist ein Molekül, das wie anorganische Stickstoff- und Schwefel-Verbindungen sowohl assimilatorisch als auch dissimilatorisch reduziert werden kann. Dabei sind die **assimilatorischen Prozesse** sehr verbreitet. Jede Zelle ist zu verschiedenen Carboxylierungsreaktionen fähig und kann einen Teil der Biomasse aus CO_2 bilden. Stellt jedoch CO_2 die einzige Kohlenstoffquelle dar, spricht man von **Autotrophie**. Hierzu sind nicht nur die Photosynthese treibenden Pflanzen und Bakterien in der Lage, sondern auch zahlreiche chemotrophe Bakterien.

Der heute wichtigste Weg der Assimilation von Kohlendioxid ist der **Calvin-Cyclus** (Ribulose-1,5-Bisphosphat-Weg). Durch ihn wird CO_2 unter Verbrauch von 3 ATP und 4 Reduktionsäquivalenten auf die Oxidationsstufe eines Zuckers (oder der fiktiven Biomasse-Einheit <CH_2O>) reduziert.

$$CO_2 + 2\,ATP + 4[H] \rightarrow \langle CH_2O \rangle + H_2O + 3\,ADP + 3\,P_i \qquad [15.8]$$

Dieser Weg wird von allen grünen Pflanzen und auch von aeroben und fakultativ anaeroben chemoautotrophen Organismen genutzt. Er ist vom Energieaufwand her nicht besonders günstig. Allerdings leistet er es, in Gegenwart des sehr guten Elektronenakzeptors Sauerstoff den schlechten Akzeptor CO_2 zu reduzieren. Für die strikt anaeroben autotrophen Organismen ist die energetische Situation günstiger. Hier gibt es keinen Sauerstoff als Konkurrenten um die Elektronen. Manchmal gibt es sogar einen Überschuss an Elektronen. Andererseits haben Anaerobier oft Energieprobleme. Es ist deshalb nicht verwunderlich, dass sie energetisch günstigere Wege als den Calvin-Cyclus zur CO_2-Fixierung gefunden haben. Manche Sulfat-Reduzierer und die Grünen Schwefelbakterien nutzen den **Tricarbonsäure-Cyclus** in **rückläufiger** (reduktiver) **Richtung**. Dabei werden nur 1 bis 2 ATP pro fixiertem CO_2 benötigt. Bei anderen strikten Anaerobiern wird der **Acetyl-CoA-Weg** zur CO_2-Fixierung genutzt (Abb. 15.7 und Tafel 15.2).

Dieser Weg leistet die Synthese von Acetyl-CoA mit einem Energieaufwand von weniger als 1 ATP. Schlüsselenzym ist die **Kohlenmonoxid-Dehydrogenase**, welche die Kondensation des C_2-Körpers und gleichzeitige Aktivierung mit Coenzym A be-

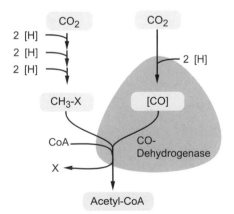

Abb. 15.7   Prinzip des Acetyl-CoA-Weges. Das Schlüsselenzym Kohlenmonoxid-Dehydrogenase leistet sowohl die Reduktion von CO_2 als auch die Umsetzung eines gebundenen CO-Moleküls und einer gebundenen Methylgruppe mit Coenzym A zu Acetyl-CoA

15

wirkt. Der Acetyl-CoA-Weg wird von **methanogenen**, **Sulfat reduzierenden** und **homoacetogenen** Bakterien zur CO_2-Fixierung genutzt. Er ist im Prinzip reversibel und kann in leicht variierter Form auch beim **Abbau von Acetat** zu CO_2 und sogar für einen **anaeroben Atmungsprozess** genutzt werden.

Tafel 15.2 Verbreitung des Acetyl-CoA-Wegs

> **Acetat-Synthese** bei autotrophem Wachstum
>> einiger Sulfat reduzierender Bakterien
>> methanogener Archaeen
>> homoacetogener Bakterien

> **Acetat-Oxidation** bei (vielen) Sulfat-Reduzierern
> **Acetat-Spaltung** bei methanogenen Archaeen
> **Carbonat-Atmung** bei homoacetogenen Bakterien

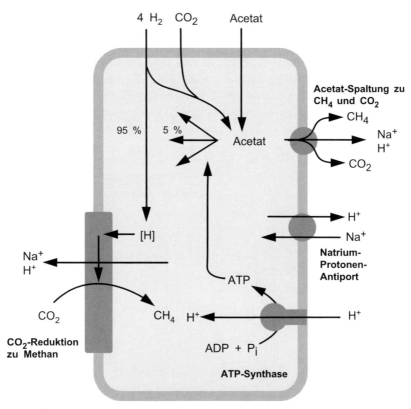

Abb. 15.8 Überblick über den Stoffwechsel methanogener Archaeen. Es werden nur Wasserstoff und Acetat verwertet. Für Elektronentransport und chemiosmotische Energiekonservierung durch Translokation von Protonen und Natrium-Ionen steht nur eine sehr geringe Redoxspanne zur Verfügung. Die Reduktion von CO_2 zu Methan verläuft über einen mehrstufigen Prozess (s. Abb. 15.10)

15.10
Carbonat-Atmung

Kohlendioxid ist zwar kein guter Elektronenakzeptor, jedoch an anoxischen Standorten normalerweise unerschöpflich. Deshalb kann ihm eine wichtige Rolle als Elektronenakzeptor zukommen. Es gibt zwei wichtige Stoffwechselwege, die Methanogenese und die Homoacetat-Gärung, die die Reduktion von CO_2 zu organischen Molekülen bewirken. Wegen der Bildung reduzierter organischer Substanz sind diese Stoffwechselwege oft den Gärungen zugeordnet worden. Die Mechanismen der Energiekonservierung und die Verwendung eines anorganischen Elektronenakzeptors lassen jedoch auch eine Einordnung als Atmung zu.

15.11
Methanogenese

Die wichtigste Carbonat-Atmung ist die **Methanogenese**. Die Reduktion von CO_2 mit 8 Reduktionsäquivalenten führt dabei zur Bildung vollständig reduzierten Kohlenstoffs.

$$CO_2 + 8[H] \rightarrow CH_4 + 2H_2O \qquad [15.9]$$

Die Methanogenese wird ausschließlich von **Archaeen** geleistet, und zwar von einer spezialisierten Gruppe, die (fast) nur zwei Substrate, nämlich **Wasserstoff** oder **Acetat** verwertet (Abb. 15.8). Von einigen Arten verwertete C_1-Verbindungen (Formiat, CO, Methanol, Formaldehyd, Methylamin) spielen quantitativ keine Rolle und lassen sich in den Hauptweg einordnen. Die freie Energie der Methanogenese ist gering. Mit Glucose beträgt sie unter Standard-Bedingungen nur –420 kJ/mol. Diesen Betrag müssen sich allerdings mindestens zwei Bakterien teilen, da methanogene Archaeen keine Glucose verwerten können (Abb. 15.9).

$$C_6H_{12}O_6 \rightarrow 3CH_4 + 3CO_2 \qquad \Delta G'_0 = -420 \text{kJ/mol} \qquad [15.10]$$

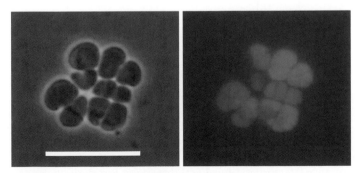

Abb. 15.9 *Methanosarcina* spec., ein methanogenes Archaeon. Man erkennt die für Sarcinen typischen Zellpakete. Im UV-Licht bewirkt das als Faktor F_{420} bezeichnete Coenzym eine blaugrüne Fluoreszenz. Der Maßstab entspricht 5 µm (Aufnahme Bert Engelen)

15.12
Biochemie der Kohlendioxid-Reduktion zu Methan

Die Reduktion von CO_2 zu CH_4 erfolgt in mehreren Schritten, bei denen je zwei Elektronen übertragen werden (Abb. 15.10 und 15.11). Die an Coenzyme gebundenen Zwischenprodukte durchlaufen die Redoxstufen des **Formiats**, des **Formaldehyds** und des **Methanols**. Als Elektronenüberträger fungieren dabei weder NAD noch FAD, sondern ein als **Faktor F_{420}** bezeichnetes Coenzym, das durch seine **Fluoreszenz** bei UV-Bestrahlung methanogene Archaeen im Mikroskop erkennbar macht. Die anderen beteiligten Coenzyme (**Methanofuran**, **Tetrahydromethanopterin** und die **Coenzyme M** und **B**) sind ebenfalls bei Eubakterien nicht bekannt. Die Umsetzungen sind teilweise an die Translokation von Natrium-Ionen oder Protonen gekoppelt. Der wichtigste Schritt ist dabei der letzte, bei dem ein **Heterodisulfid** aus **Coenzym M**

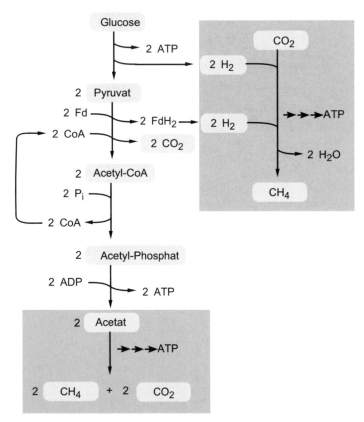

Abb. 15.10 Methanogener Abbau von Glucose. Nur die unterlegten Umsetzungen werden von methanogenen Archaeen geleistet. Fd und FdH_2 bezeichnen Ferredoxin in der oxidierten und reduzierten Form

und **Coenzym B** an der Membran reduziert und dadurch gespalten wird. Coenzym M ist das einfachste bekannte Coenzym. Es handelt sich um **Mercaptoethansulfonsäure** ($HS-CH_2-CH_2-SO_3$), die an der Thiolgruppe methyliert werden kann. Ersetzt man die Sulfid-Gruppe des Coenzym M durch Bromid, erhält man das strukturanaloge **Brom-Ethansulfonat (BES)**. Dies ist ein spezifischer Hemmstoff der Methanogenese, da es zwar mit den beteiligten Enzymen interagiert, aber nicht wie Coenzym M einen Methylrest übertragen kann.

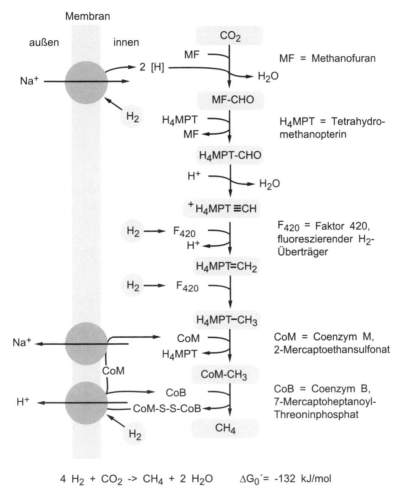

$$4 \ H_2 + CO_2 \rightarrow CH_4 + 2 \ H_2O \qquad \Delta G_0{'} = -132 \ kJ/mol$$

Abb. 15.11 Schritte der CO_2-Reduktion mit Wasserstoff durch methanogene Archaeen. Es sind spezielle Coenzyme daran beteiligt. Einige Schritte sind an die Translokation von Natrium-Ionen oder Protonen gekoppelt

15.13
Methanogene Acetat-Spaltung

Bei der Spaltung von Acetat zu Methan und CO_2 handelt es sich eigentlich nur um eine **Decarboxylierung**. Die freie Energie der Reaktion ist mit etwa -30 kJ/mol sehr gering und muss zur Konservierung eines ATP mehrfach ablaufen.

$$CH_3COO^- + H^+ \rightarrow CH_4 + CO_2 \qquad \Delta G_0' = -30\,\text{kJ/mol} \qquad [15.11]$$

Der Prozess verläuft über eine Variation des **Acetyl-CoA-Wegs** (Abb. 15.7) und erlaubt eine chemiosmotische Energiekonservierung über die Translokation von Natrium-Ionen oder Protonen (Abb. 15.8).

15.14
Homoacetat-Gärung

Die zweite Möglichkeit der Carbonat-Atmung wird als **Homoacetat-Gärung** bezeichnet, da es sich um einen Stoffwechselweg handelt, durch den Glucose ausschließlich zu Acetat umgesetzt wird.

$$C_6H_{12}O_6 \rightarrow 3\,CH_3COOH \qquad \Delta G_0' = -330\,\text{kJ/mol} \qquad [15.12]$$

Eine solche Gärung ist mit den bisher besprochenen Wegen nicht zu erklären. Schließlich wird ja Glucose in zwei C_3-Körper gespalten, von denen auf dem Weg zu Acetat je ein CO_2 abgespalten wird. Das dritte Acetat-Molekül entsteht nun aus zwei Kohlendioxid-Molekülen, die über den Acetyl-CoA-Weg gebildet werden (Abb. 15.12).

$$2\,CO_2 + 8[H] \rightarrow CH_3COOH + 2\,H_2O \qquad [15.13]$$

Der Prozess verbraucht wie die Bildung von Methan insgesamt acht Reduktionsäquivalente, ist an die **Translokation von Protonen oder Natrium-Ionen** gekoppelt und ermöglicht Energiekonservierung durch chemiosmotische Prozesse. Außerdem können Homoacetat-Gärer, anders als Buttersäure-Gärer, beide aus Pyruvat gebildeten Acetyl-CoA-Reste zur Energiekonservierung nutzen. Sie erhalten damit mehr als 4 ATP pro umgesetzter Glucose.

Homoacetat-Gärer sind nicht unbedingt auf Glucose als Substrat angewiesen. Sie haben oft einen vielseitigen, allerdings strikt anaeroben Stoffwechsel. Manche können auch mit Wasserstoff als Elektronendonator wachsen. Autotrophie ist für sie kein Problem. Schließlich wird ja auf dissimilatorischem Wege ohnehin aus CO_2 reichlich Acetat gebildet, das für die Assimilation genutzt werden kann.

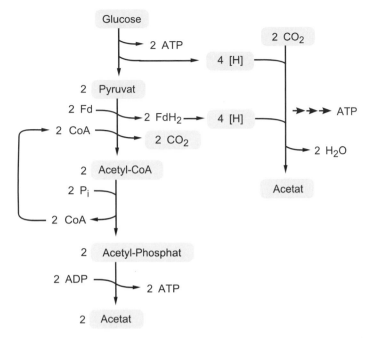

Abb. 15.12 Umsetzung von Glucose zu drei Acetat durch Homoacetat-Gärung (Carbonat-Atmung zu Acetat). Fd und FdH$_2$ bezeichnen Ferredoxin in der oxidierten und reduzierten Form. Vgl. mit Abb. 15.10!

Glossar

> **Acetyl-CoA-Weg:** Bei strikten Anaerobiern verbreiteter Stoffwechselweg, über den Acetat gebildet oder abgebaut werden kann. Schlüsselenzym ist die Kohlenmonoxid-Dehydrogenase
> **Acetylen:** Ethin
> **Braunstein:** Mangandioxid
> **Brom-Ethansulfonat:** Dem Coenzym M ähnlicher Hemmstoff der Methanogenese
> **Calvin-Cyclus:** Stoffwechselweg der assimilatorischen CO$_2$-Reduktion der Eukaryoten, Cyanobakterien und vieler anderer Bakterien
> **Carbonat-Atmung:** Dissimilatorische Reduktion von CO$_2$ zu Methan durch methanogene oder Acetat durch homoacetogene Bakterien
> **Coenzym B:** An der Methanogenese beteiligtes Coenzym mit Thiolgruppe, 7-Mercaptoheptanoylthreoninphosphat
> **Coenzym M:** An der Methanogenese beteiligtes Coenzym mit Thiolgruppe, 2-Mercaptoethansulfonat
> **Denitrifikation:** Dissimilatiorische Reduktion von Nitrat zu N$_2$
> **Ethylen:** Ethen

15

> **Faktor F$_{420}$:** Fluoreszierendes Coenzym methanogener Bakterien, Wasserstoffüberträger
> **Heterodisulfid:** Verbindung aus den Coenzymen M und B mit einer Disulfid-Brücke
> **Homoacetatgärung:** Gärungsweg mit Acetat als einzigem Gärprodukt, beinhaltet Carbonat-Atmung zu Acetat
> **Methanofuran:** Coenzym methanogener Bakterien, übernimmt C$_1$-Körper
> **Nitrat-Reduktase:** Enzym, das Nitrat zu Nitrit reduziert
> **Nitrit-Reduktase:** Enzym, das Nitrit zu NO oder Ammonium reduziert
> **NO-Reduktase:** Enzym, das NO zu N$_2$O reduziert
> **Sirohäm:** Eisenhäm
> **Syntrophie:** Kooperatives Wachstum von verschiedenen Organismen mit Substraten, die von einem allein nicht verwertet werden können
> **Tetrahydromethanopterin:** Coenzym methanogener Bakterien, übernimmt C$_1$-Körper

Prüfungsfragen

> Wodurch unterscheiden sich Gärung und anaerobe Atmung mechanistisch und in der stöchiometrischen Bilanz?
> Mit welchem Elektronendonator können Sie testen, ob ein Atmungsprozess Energiekonservierung erlaubt?
> Wodurch unterscheiden sich Sauerstoff-Reduktion und Nitrat-Reduktion?
> Wie können Sie eine assimilatorische von einer dissimilatorischen Nitrat-Reduktase unterscheiden?
> Wie kann ein *Clostridium* durch Nitrat-Reduktion ohne chemiosmotische Prozesse die ATP-Ausbeute erhöhen?
> Was sind die Substrate der dissimilatorisch Sulfat reduzierenden Bakterien?
> Welche Schritte beinhaltet die Sulfat-Reduktion?
> Was sind die Bedingungen für die Funktion eines Metall-Ions als Elektronenakzeptor?
> Welche Wege der CO$_2$-Fixierung gibt es?
> Welches ist das Schlüsselenzym des Acetyl-CoA-Weges?
> An welchen Prozessen ist der Acetyl-CoA-Weg beteiligt?
> Welche Stufen durchläuft CO$_2$ bei der Methanogenese?
> Welches ist das einfachste Coenzym?
> Wie kann man methanogene Bakterien mit Hilfe des Mikroskops identifizieren?
> Wie kommt es dazu, dass 2/3 des Methans aus Acetat und 1/3 aus H$_2$ + CO$_2$ gebildet werden?
> Welche Arten der Carbonat-Atmung gibt es?

Lithotrophie – Verwertung anorganischer Elektronendonatoren

16

Themen und Lernziele: Dogma der biologische Unfehlbarkeit; lithotrophe versus Atmungsprozesse; Biochemie und Energiekonservierung aus lithotropher Organismen; Autotrophie; anoxygene und oxygene Photosynthese; biologische Reaktionen von Sauerstoff; Nutzung von Lichtenergie durch Halobakterien

16.1
Lithotrophie und das Dogma der biologischen Unfehlbarkeit

Biologische Prozesse sind niemals Einbahnstraßen. Das **Dogma der biologischen Unfehlbarkeit** besagt: Was auf biologische Weise gebildet wird, lässt sich auch biologisch wieder abbauen. Dies gilt ohne Ausnahmen, wenn auch nicht unter allen Bedingungen. Alle biologischen Prozesse lassen sich in **Kreisläufe** einordnen. Allerdings ist die Umkehrung vieler Prozesse von geeigneten Bedingungen in der Umwelt abhängig. Oft werden **Umwege** eingeschlagen. Viele Schritte können nur von Prokaryoten geleistet werden.

Typisch dafür sind die **lithotrophen Prozesse** (griech. *lithos*, der Stein, griech. *trophé*, die Nahrung, Tafel 16.1). Durch sie werden anorganische Verbindungen oxidiert und als Elektronendonatoren zur Energiegewinnung in Atmungsprozessen und zur Reduktion von CO_2 genutzt. Alles Leben beruht auf lithotrophen Prozessen, von denen heute die **oxygene Photosynthese** der wichtigste ist. Die Notwendigkeit zur Lithotrophie ist aber auch durch die Atmungsprozesse und Gärungen gegeben. Durch sie entstehen zahlreiche **reduzierte anorganische Verbindungen**, die reoxidiert werden können. Die wichtigsten sind H_2O, N_2, NH_4^+, Fe^{2+}, H_2S und H_2. Aber auch Kohlenmonoxid (CO) und verschiedene reduzierte Metall-Ionen gehören in die Gruppe der lithotroph verwerteten Elektronendonatoren. Ihre Reoxidation schließt die **Kreisläufe** von O, N, S, H und vor allem der Reduktionsäquivalente. Die meisten der Verbindungen können von Bakterien oder Archaeen als Elektronendonatoren für einen Atmungsprozess genutzt werden, vorausgesetzt dass geeignete Elektronenakzeptoren zur Verfügung stehen. In einigen Fällen ist molekularer Sauerstoff erforderlich, nicht nur als Elektronenakzeptor, sondern auch für eine direkte Oxidation in einer **Oxygenasereaktion**. Eukaryoten können nicht lithotroph wachsen – mit einer wichtigen, aber nur scheinbaren Ausnahme: In der **oxygenen Photosynthese** wird Wasser als Elektronendonator genutzt. Die Photosynthese ist also ein lithotropher Prozess, der allerdings bei den Pflanzen an **Chloroplasten** und damit an aus Prokaryoten hervorgegangene Organellen gebunden ist.

Auch **Acetat** und **Methan** entstehen als Endprodukte anaerober Atmungsprozesse. Allerdings handelt es sich hier um organische Verbindungen und folglich nicht um lithotrophe Prozesse. Während Acetat leicht in den Stoffwechsel zu integrieren ist, wird Methan von Spezialisten, den methanotrophen Bakterien genutzt.

Bei Redoxprozessen wird die **freie Energie** durch die Differenz der Redoxpotenziale bestimmt. Sauerstoff ist aufgrund seines positiven Redoxpotenzials ein sehr guter Elektronenakzeptor. **Protonen** hingegen werden von Gärern nur als Elektronensenke genutzt, ohne dass die Wasserstoffbildung chemiosmotische Energiekonservierung ermöglicht. Bei den chemolithotrophen Prozessen verhält es sich nun entsprechend genau umgekehrt. Das durch die aerobe Atmung gebildete Wasser lässt sich nicht zur Energiekonservierung nutzen. Es wird sogar **Lichtenergie** benötigt, um Wasser zu

Tafel 16.1 Lithotrophe Prozesse

Elektronen-donator	Oxidiertes Endprodukt	Prozess (Beispiel)
$CO \rightarrow$	CO_2	Kohlenmonoxid-Oxidation
$H_2 \rightarrow$	H^+	Wasserstoff-Oxidation (z. B. Knallgasbakterien)
$CH_4 \rightarrow\rightarrow\rightarrow^{*)}$ $O_2!$	CO_2	Methanoxidation (Oxygenase!) (Methylo- spez. methanotrophe Bakterien)
$H_2S \rightarrow\rightarrow\rightarrow$	SO_4^{2-}	Sulfurikation (*Thiobacillus* oder phototrophe Schwefelbakterien)
$Fe^{2+} \rightarrow$	Fe^{3+}	Eisenoxidation (*Gallionella*)
$N_2 \rightarrow\rightarrow\rightarrow$	NO_3^-	unbekannt (nur über Umwege)
$NH_4^+ \rightarrow\rightarrow\rightarrow$	NO_3^-	Nitrifikation durch zwei Bakterien
$NH_4^+ \rightarrow\rightarrow\rightarrow$ $O_2!$	NO_2^-	*Nitrosomonas* (Oxygenase!)
$NO_2^- \rightarrow$	NO_3^-	*Nitrobacter*
$NO_2^- + NH_4^+ \rightarrow\rightarrow\rightarrow$	N_2	ANAMMOX, *Planctomyces*
$H_2O \rightarrow$	O_2	Oxygene Photosynthese (Cyanobakterien, Chloroplasten)

$^{*)}$ Mehrere Pfeile deuten auf mehrstufige Prozesse.

spalten und daraus Reduktionsäquivalente freizusetzen. Wasserstoff hingegen ist ein ausgezeichneter Elektronendonator für chemolithotrophe Bakterien. Grundsätzlich gilt: Je günstiger der Akzeptor einer Atmung ist, desto ungünstiger ist der daraus gebildete Elektronendonator für lithotrophe Prozesse.

Ebenso gilt auch grundsätzlich: Anorganische Elektronendonatoren können mit Hilfe verschiedener Akzeptoren oxidiert werden, solange deren Redoxpotenzial geeignet ist. Hierbei gibt es allerdings Ausnahmen. In einigen Fällen tritt Sauerstoff nicht als Elektronenakzeptor auf, sondern als direkter Reaktant in **Oxygenase-Reaktionen**. So wird Ammoniak durch eine Oxygenase zu Hydroxylamin und Wasser oxidiert.

$$NH_3 + O_2 + 2[H] \xrightarrow{\textit{Ammonium-Mono-Oxygenase}} NH_2OH + H_2O \qquad [16.1]$$

Oxygenasen sind beteiligt am Abbau schwer angreifbarer Moleküle, vor allem von **Alkanen** und **aromatischen Verbindungen**. Auch Methan wird von den methanotrophen Bakterien zunächst mit Hilfe einer Oxygenase zu Methanol oxidiert. Oxygenase-Reaktionen sind nicht an Energiekonservierung gekoppelt. Je nachdem, ob ein oder beide Sauerstoffatome in das umgesetzte Molekül eingebaut werden, unterscheidet man zwischen **Mono- und Di-Oxygenasen**.

Molekularer Stickstoff kann aufgrund des sehr positiven Redoxpotenzials nicht als Elektronendonator für Atmungsprozesse genutzt werden. Die einzige biologische Reaktion, die N_2 eingeht, ist die Reduktion zu NH_3. Die Reaktion wird durch **Nitrogenasen** katalysiert. Diese komplexen und für den N-Kreislauf unentbehrlichen Enzyme findet man – wie die Fähigkeit zur Ammonium- und Nitrit-Oxidation – nur bei Prokaryoten.

16.2
Biochemie und Energiekonservierung aus lithotrophen Prozessen

Wie die anaeroben Atmungsprozesse verläuft auch die Oxidation anorganischer Verbindungen in vielen Fällen über **mehrere Schritte**, die durch mehrere Enzyme katalysiert werden. Molekularer Wasserstoff, Kohlenmonoxid und Metall-Ionen können allerdings in einem einzigen Schritt oxidiert werden. Die Beteiligung von Oxygenasen am ersten Schritt der Oxidation von Ammonium-Ionen und Methan wurde im letzten Abschnitt bereits dargestellt. Viele der an der Oxidation anorganischer Verbindungen beteiligten Enzyme sind membrangebunden und an chemiosmotischen Prozessen beteiligt. Viele pumpen jedoch nicht Protonen über die Membran nach außen, sondern nehmen Protonen auf und koppeln dies an einen **rückläufigen Elektronentransport**. Dieser dient dazu, $NAD(P)H_2$ zu bilden, das für die autotrophe CO_2-Fixierung benötigt wird. Wegen der relativ positiven Redoxpotenziale ist eine direkte Reduktion von NAD oder NADP nämlich nicht möglich.

Oft wird gesagt, dass „lithotrophe Bakterien aus der Oxidation anorganischer Stoffe Energie gewinnen." Wenn das so wäre, könnten wir leicht ein biologisches *perpetuum mobile* konstruieren, indem wir etwa ein schwefeloxidierendes (Abb. 16.1) mit einem Sulfat reduzierenden Bakterium zusammen kultivieren.

16

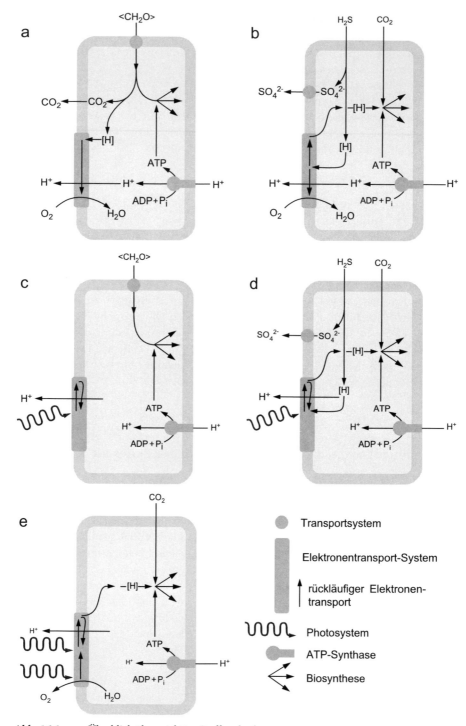

Abb. 16.1 a–e   Überblick über wichtige Stoffwechseltypen

Sulfatreduzierer gewinnen Energie, wie im letzten Kapitel besprochen, aus der Reduktion von Sulfat, also aus der Sulfat-Atmung. Lithotrophe Bakterien hingegen gewinnen ATP nicht aus der Oxidation des anorganischen Elektronendonators, sondern ebenfalls aus einem Atmungsprozess. Auch bei der Glucose-Oxidation lassen sich 90% des ATP aus dem Atmungsprozess gewinnen. Die Oxidation zu CO_2 liefert vor allem Reduktionsäquivalente in Form von $NADH_2$. Ebenso liefert die Oxidation der anorganischen Elektronendonatoren Reduktionsäquivalente. Das Leben wird den lithotrophen Organismen durch weitere Gegebenheiten schwer gemacht: Es gibt bei der Oxidation anorganischer Elektronendonatoren **keine Substrat-Phosphorylierung**. Die Reduktionsäquivalente, die aus der Oxidation der anorganischen Elektronendonatoren freigesetzt werden, haben häufig ein recht positives Redoxpotenzial. Sie lassen sich in einer Atmungskette für die Protonen-Translokation nutzen. Allerdings steht nur eine **geringe Redoxspanne** zur Verfügung.

16.3
Autotrophie

Viele lithotrophe Bakterien sind fakultativ oder sogar obligat autotroph. Sie bauen also ihre Biomasse aus dem einfachsten anorganischen Baustein auf. Dabei kann die CO_2-Fixierung über den **Calvin-Cyclus** oder über für strikte Anaerobier typische Wege (s. Kap. 15) verlaufen. Das Wachstum ist dabei deutlich energieaufwändiger als mit organischen Substraten, die als Vorstufen von Zellbestandteilen verwertet werden können. Für die Reduktion von CO_2 werden zusätzlich Elektronen verbraucht. Die aus der Oxidation anorganischer Verbindungen freigesetzten Elektronen können aber meistens nicht direkt zur Reduktion von NAD oder NADP genutzt werden. Diese für die Biosynthese wichtigen Elektronenüberträger müssen über energieaufwändigen **rückläufigen Elektronentransport** reduziert werden.

Die Kohlenstoff-Autotrophie und die geringe freie Energie der Redoxreaktionen führen dazu, dass die meisten lithotrophen Organismen nur geringe Wachstumserträge haben. Sie setzen dabei aber große Mengen an Substrat um und sind für die biogeochemischen Kreisläufe unersetzlich.

16.4
Photosynthese

Auch die Photosynthese ist ein lithotropher Prozess. Allerdings haben die phototrophen Lebewesen das Problem der Energieversorgung elegant gelöst. Sie sind nicht wie die chemolithotrophen auf einen Elektronenakzeptor für einen Atmungsprozess angewiesen. Sie stellen sich Elektronenakzeptor und Reduktionsäquivalente mit nega-

16

tivem Redoxpotenzial in einer lichtgetriebenen Reaktion selbst her. Die heute von den grünen Pflanzen, Algen und Cyanobakterien durchgeführte oxygene Photosynthese ist Grundlage aller biologischen Kreisläufe.

$$H_2O + CO_2 \xrightarrow{\text{Licht}} \langle CH_2O \rangle + O_2 \qquad\qquad [16.2]$$

Durch diese Reaktion wird aus dem schlechtesten Elektronendonator Wasser der beste Elektronenakzeptor Sauerstoff. Gleichzeitig stammt aus diesem Prozess die Reduktionskraft für die Bildung von Biomasse $\langle CH_2O \rangle$. Die freie Energie, die heutigen chemotrophen Lebewesen zur Verfügung steht, stammt aus der photosynthetischen Wasserspaltung. Dies war in der Erdgeschichte nicht immer so (s. Kap. 18). Der oxygenen Photosynthese steht die anoxygene gegenüber. Sie wird von roten und grünen (zum Teil auch braungefärbten) Bakterien durchgeführt (Abb. 16.2). Statt Wasser werden von diesen Bakterien allerdings leichter oxidierbare Verbindungen verwendet. Das **Prinzip der oxygenen und anoxygenen Photosynthese** lässt sich mit einer einfachen Gleichung beschreiben, die **C.B. van Niel** 1931 formuliert hat:

$$2 H_2A + CO_2 \rightarrow \langle CH_2O \rangle + H_2O + 2 A \qquad\qquad [16.3]$$

H_2A kann dabei entweder Wasser sein, wie in der oxygenen Photosynthese, oder auch H_2S, S^0, $S_2O_3^{2-}$ oder H_2. Von einigen phototrophen Bakterien können sogar organische Verbindungen wie Acetat oder Propionat verwertet werden.

Abb. 16.2   Kolonien anoxygen phototropher Bakterien im Agar

16.5
Reaktionen der Photosynthese

Die Grundprinzipien der Photosynthese lassen sich am einfachsten bei den **roten und grünen Bakterien** (Abb. 16.2) erkennen. Sie haben nur ein Photosystem, das wie in den Chloroplasten der Pflanzen membrangebunden ist. Es hat zahlreiche Komponenten, die den aus der Atmungskette bekannten ähnlich sind (Abb. 16.3). Es handelt sich um ein Elektronentransportsystem, das Protonen-Translokation wie eine Atmungskette leistet. Auch die ATP-Konservierung erfolgt über eine membrangebundene ATPase.

Die Lichtreaktion bewirkt einen **rückläufigen Elektronentransport**. Den entscheidenden Schritt der Freisetzung eines Elektrons leistet das **Chlorophyll** im Reaktionszentrum. Im weiteren Verlauf ist wichtig, dass die freigesetzten Elektronen nicht direkt zurückfallen, sondern gezwungen werden, über eine **Protonen translozierende Elektronentransportkette** zurückzufließen. Dieser Prozess wird als **cyclischer Elektronentransport** bezeichnet. Nach dem Rückfluss der translozierten Protonen über die ATP-Synthase bleibt als einziges chemisch detektierbares Ergebnis die Phosphorylierung von ADP (Abb. 16.1). Es hat aber eine mehrfache Wandlung der Energieform stattgefunden: Lichtenergie wurde zur Erzeugung eines Redoxpotenzials unter Freisetzung eines Elektrons genutzt. Der Elektronen-Rückfluss hat zum Aufbau eines chemiosmotischen Gradienten geführt. Der wiederum hat die Phosphorylierung von ADP durch ein primäres Transportsystem geleistet. Der Begriff Photo-Phosphorylierung ist deswegen ungenau und ebenso veraltet wie jener der Elektronentransport-Phosphorylierung.

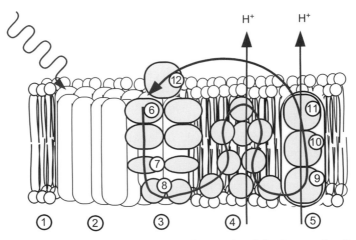

Abb. 16.3 Photosyntheseapparat eines anoxygen phototrophen Bakteriums und cyclischer Elektronentransport. 1: Membran, 2: Antennenpigmente (*light harvesting complex*), 3: Reaktionszentrum, 4: Chinoncyclus, 5: Cytochrom bc_1-Komplex, 6: Bacteriochlorophyll a (*special pair*, P870), 7: Bacteriophaeophytin, 8: Chinon A und B (nahe FeS-Zentrum), 9: Cytochrom b, 10: FeS-Protein, 11: Cytochrom c_1, 12: Cytochrom c_2.

16.6
Assimilatorischer Elektronentransport zur CO_2-Fixierung

Phototrophe Bakterien, die mit organischen Verbindungen wachsen, nutzen die Photosynthese nur in der oben beschriebenen Weise, das heißt zur Energiekonservierung über cyclischen Elektronentransport. Sie können das verwertete Substrat vollständig assimilieren und müssen nicht wie chemotrophe Bakterien den größten Teil davon für katabolische Prozesse der Energiekonservierung opfern. Außerdem benötigen sie keinen Elektronendonator, wenn das Substrat in seinem Oxidationszustand dem der Biomasse gleicht.

Betrachten wir autotrophe Organismen, so muss zur Reduktion von CO_2 ein **Elektronendonator** zur Verfügung stehen. Dieser wird nicht wie bei den chemolithotrophen Bakterien überwiegend katabolisch umgesetzt, sondern ausschließlich für die **Assimilation** von CO_2 verwendet. Man kann deshalb den Wachstumsertrag phototropher Organismen leicht aus der Menge des umgesetzten Elektronendonators bestimmen. Die **Gewinnung von Reduktionsäquivalenten** für die CO_2-Reduktion verläuft ähnlich wie bei den chemolithotrophen Bakterien. Meist reicht das Redoxpotenzial der Elektronendonatoren nicht zur direkten Reduktion von NAD(P), so dass ein **rückläufiger Elektronentransport** nötig ist. Der stellt jedoch für die phototrophen Organismen im Licht kein Problem dar.

16.7
Besonderheiten der oxygenen Photosynthese

Die Verwertung von Wasser als Elektronendonator für die CO_2-Fixierung durch die oxygen phototrophen Organismen wird durch den Einsatz eines zweiten Photosystems erreicht. An der **Wasserspaltung** im Photosystem II ist **Mangan** als Spurenelement beteiligt. Dieses Photosystem ist dem **Photosystem I** in den Chloroplasten und dem Photosystem der roten und grünen Bakterien in seiner Grundstruktur ähnlich. Man nimmt an, dass es sich in der Evolution daraus entwickelt hat und die anoxygene Photosynthese in der Erdgeschichte der oxygenen vorausging.

Durch die photosynthetische Wasserspaltung werden Reduktionsäquivalente und der beste Elektronenakzeptor gleichzeitig gebildet. Diese Reaktion stellt die Redoxspanne zur Verfügung, von der heutige Organismen ganz überwiegend leben. Die Wasserspaltung und ihre Umkehr in der aeroben Atmung sind die häufigsten Reaktionen von Sauerstoff auf der Erde (Tafel 16.2). Andere Reaktionen, wie etwa Oxygenase- und Entgiftungs-Reaktionen haben einen viel geringeren Anteil.

Tafel 16.2 Biologische Reaktionen von molekularem Sauerstoff

> **Photosynthetische Wasserspaltung**

$$2H_2O \xrightarrow{\textit{Lichtenergie}} O_2 + 4[H]$$

> **Oxidase-Reaktionen** (O_2 reduziert zu Wasser oder Wasserstoffperoxid)

$$O_2 + 4[H] \xrightarrow{\textit{Cytochrom-Oxidase}} 2H_2O$$

> **Oxygenase-Reaktionen** (O_2 eingebaut in schwer angreifbares Molekül,
> z. B. CH_4, NH_3, Alkane, Aromaten)
> Mono-Oxygenase (1 O zu Wasser reduziert, 1 O in Substrat-Molekül)
> Di-Oxygenase (beide O in Substrat-Molekül)

> **Toxische O_2-Spezies**
> Superoxid-Radikal ($^\bullet O_2^-$), Wasserstoff-Peroxid (H_2O_2), Hydroxyl-Radikal
> ($HO^\bullet$), gebildet durch Reaktion von O_2 mit reduzierenden Verbindungen
> (unvollständige O_2-Reduktion)

> **Entgiftung** durch Superoxid-Dismutase, Katalase bzw. chem. Reaktionen

[> Ozon (O_3) nicht biologisch produziert, sondern aus Stickoxiden und O_2 unter
UV-Einwirkung gebildet]

16.8
Nutzung von Lichtenergie durch Halobakterien

Eine Energiekonservierung aus Licht ohne daran gekoppeltes autotrophes Wachstum findet man auch bei den **Halobakterien**, in konzentrierten Salzlösungen lebenden **Archaeen** (Abb. 16.4). Sie haben allerdings weder Chlorophyll noch ein dem Photosyntheseapparat entsprechendes Elektronentransportsystem. Statt dessen kann **Bacteriorodopsin**, ein dem Sehpurpur ähnliches Molekül in der Membran, durch Licht zur Translokation von Protonen angeregt werden (Abb. 16.5). Dies ist das einzige Beispiel der Ausnutzung von Lichtenergie bei den Archaeen. Da es sich bei den Archaeen um eine sehr früh abgespaltene Gruppe handelt und man annehmen kann, dass die Fähigkeit der Ausnutzung von Lichtenergie Selektionsvorteile mit sich brachte, liefert dieser Befund ein wichtiges Argument, dass die ersten Lebewesen nicht phototroph waren.

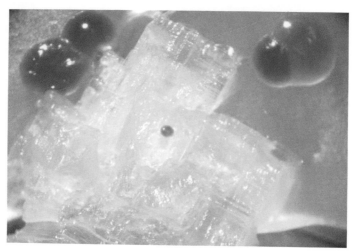

Abb. 16.4 Kolonien von Halobakterien auf salzgesättigtem Agar. Die Farbe der Zellen wird durch Carotinoide und Bakteriorhodopsin bestimmt (Aufnahme Bert Engelen)

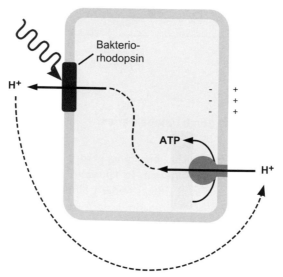

Abb. 16.5 Nutzung von Lichtenergie zur Protonen-Translokation durch Bakteriorhodopsin in der Membran von Halobakterien (Archaeen)

Glossar

> **anoxygen:** Nicht Sauerstoff produzierend
> **Antennenpigmente:** Pigmente, die Licht an das Reaktionszentrum leiten, (Bacterio-)Chlorophyll, Carotinoide u. a.
> **Bacteriophaeophytin:** Elektronenübertragende prosthetische Gruppe im Reaktionszentrum
> **Bacteriorhodopsin:** Dem Sehpurpur verwandtes rotes Pigment in der Membran von Halobakterien, kann eine lichtgetriebene Protonen-Translokation leisten
> **chemolithoautotroph:** Prokaryot, der im Dunkeln wächst und anorganische Elektronendonatoren für einen Atmungsprozess und die Reduktion von CO_2 als Kohlenstoffquelle nutzt
> **chemoorganoheterotroph:** Lebewesen, das organische Verbindungen sowohl als Elektronendonator für die Energiegewinnung als auch zum Aufbau seiner Biomasse verwertet
> **Chinoncyclus:** Cyclische Umsetzung von membrangebundenen Chinonen, kann an Protonen-Translokation gekoppelt sein
> **Di-Oxygenase:** Enzym, das beide Sauerstoff-Atome von O_2 auf das umgesetzte Substrat überträgt
> **Halobakterien:** Gruppe von Archaeen, die in konzentrierten Salzlösungen leben
> **lithotroph:** Nutzung anorganischer Elektronendonatoren für Elektronentransport und/oder die Reduktion von CO_2
> **Mono-Oxygenase:** Enzym, das ein Sauerstoff-Atom von O_2 auf das umgesetzte Substrat überträgt und das andere zu Wasser reduziert
> **organoheterotroph:** Mit organischen Verbindungen als Elektronendonator und als C-Quelle wachsend
> **oxygen:** Sauerstoff produzierend
> **Ozon:** Reaktive Sauerstoff-Form, O_3
> **Photosystem I:** Photosystem, das cyclischen Elektronentransport und auch Elektronen zur Reduktion von CO_2 liefern kann
> **Photosystem II:** Photosystem der grünen Pflanzen und Cyanobakterien, das die oxygene Wasserspaltung leistet
> **Reaktionszentrum:** Membran-gebundener Multienzymkomplex, in dem Photonen die Freisetzung von Elektronen bewirken können
> **Sulfurikation:** Schwefeloxidation zu Sulfat durch chemotrophe Bakterien
> **Superoxid-Dismutase:** Enzym, das Superoxid-Radikale zu Wasserstoffperoxid und Sauerstoff umsetzt
> **Superoxid-Radikal:** Reaktive Form des Sauerstoffs O_2^-

16

Prüfungsfragen

> Welche Elektronendonatoren werden bei lithotrophen Prozessen verwertet?
> In welche Reihenfolge lassen sie sich bringen?
> Weshalb ist es sinnvoll, dass viele lithotrophe Bakterien auch autotroph wachsen können?
> Weshalb ist der Satz „Lithotrophe Bakterien gewinnen Energie durch die Oxidation anorganischer Verbindungen" zumindest nicht genau?
> Was besagt das „Dogma der biologischen Unfehlbarkeit"?
> Weshalb bilden ein Sulfat-Reduzierer und ein Schwefel-Oxidierer zusammen nicht ein *perpetuum mobile*?
> Wie unterscheiden sich der Schwefelbedarf eines farblosen Schwefel-Oxidierers und eines phototrophen Schwefelbakteriums?
> Wo enden die Reduktionsäquivalente aus dem Schwefel in beiden Fällen?
> Woher stammt das Sulfid, das phototrophe Schwefelbakterien oxidieren?
> Wie lautet die vereinfachte Gleichung für die Photosynthese?
> Für welche biologischen Reaktionen wird Sauerstoff benötigt?

Mikrobielle Ökologie und Biogeochemie 17

Themen und Lernziele: Wechselbeziehungen in der Ökologie; limitierende Ressourcen; Methoden zur Bestimmung von Zellzahl, Biomasse, Diversität und Aktivität; Abbau organischer Substanz; Xenobiotika; Kreisläufe von C, N, S, P und Metallen; mikrobielle Prozesse im Meer, in Seen, Böden und Verdauungssystemen; Extremophile Prokaryoten und ihre Anpassungen

17.1
Mikrobielle Ökologie und Biogeochemie

Der Begriff **Ökologie** wurde 1869 von **Ernst Haeckel** eingeführt und als „Lehre vom Haushalt der Natur" defniert. Leider ist von der ursprünglichen, umfassenden Bedeutung einiges verloren gegangen. Heutige Definitionen beziehen sich oft eher auf die Organismen und ihre Beziehungen zu anderen Organismen und ihrer Umgebung. Dabei werden die Wechselbeziehungen zwischen Organismen und Umwelt auf den Ebenen des Individuums (**Autökologie**), der Population (**Demökologie**) und der Lebensgemeinschaft (**Synökologie**) untersucht. Ein anschaulicher Vergleich benutzt das Bild eines Theaters: Der Untersuchung des Standorts entspricht dabei die Beschreibung der Bühne, der Physiologie, Taxonomie und Genetik die Bewertung der Darsteller und dem gespielten Stück die Ökologie. Fragt man aber über das einzelne Stück hinaus nach dem Spielplan des Theaters, seinem Budget und seiner Geschichte, kommt man zur **Biogeochemie** und **Paläontologie**. Diese beiden Disziplinen sind eng mit der Mikrobiologie verzahnt. Mikroben sind wesentlich an der Aufrechterhaltung der **biogeochemischen Stoffkreisläufe** beteiligt. In der Erdgeschichte waren sie lange Zeit sogar allein verantwortlich dafür. Aber auch heute noch werden viele Reaktionen, besonders in den Kreisläufen von Stickstoff und Schwefel, ausschließlich durch Prokaryoten katalysiert.

H. Cypionka, *Grundlagen der Mikrobiologie,*
© Springer 2010

17.2
Wechselbeziehungen in der mikrobiellen Ökologie

Die Vielfalt der Beziehungen von Mikroben zu anderen Organismen und ihrer Umgebung ist nicht geringer als die größerer Organismen (Tafel 17.1). Gerade wegen der geringen Größe ist der Kontakt oft sehr eng, bis hin zum Eindringen (**Infektion**) und zur **Endosymbiose**, dem Leben innerhalb eines Wirts oder sogar seiner Zellen. Bei den Chloroplasten und Mitochondrien ist die Endosymbiose mit den Wirtszellen unzertrennlich geworden. Aber auch die **Darmflora** von Mensch und Tieren, **Flechten**, Stickstoff fixierende **Wurzelknöllchen** und **Mykorrhiza** sind Beispiele von Symbiosen mit Mikroorganismen. Die meisten Beziehungen sind nicht **neutralistisch** oder nur für eine von zwei Arten relevant (**Kommensalismus, Amensalismus**), sondern **mutualistisch** (wechselseitig). Dabei dürften negative Einflüsse (**Parasitismus, Konkurrenz, Räuber-Beute-Beziehung**) weniger wichtig als förderliche sein. Protozoen leben häufig **räuberisch**, aber auch unter den Bakterien gibt es solche (*Bdellovibrio, Vampirococcus*), die lebende Bakterien befallen. Auch ohne den engen räumlichen Kontakt der **Symbiose** findet man wechselseitige fördernde Beziehungen. **Syntrophe** Mikroorganismen verwerten gemeinsam Substrate, die jeder einzelne nicht nutzen könnte (s. Abschnitt über Abbau organischer Substanz). Bakterien einer Art können durch Botenstoffe (**Bakterien-Pheromone**) miteinander kommunizieren. So wird die **Fruchtkörperbildung** der Myxobakterien, bei der viele tausend Bakterien zusammenströmen und kleine pilzähnliche Körper bilden, bei Nahrungsmangel durch Signalstoffe ausgelöst. Bei verschiedenen Bakterien wirken Derivate des **Homoserinlactons** als Signalstoffe. So wird die **Biolumineszenz** von marinen Bakterien (*Vibrio fischeri*) durch ein solches Lacton als *Autoinducer* gesteuert. Abhängig von der Konzentration des Signalstoffes und damit abhängig von der Dichte der Zellsuspension werden die lichterzeugenden Enzyme induziert.

17.3
Konkurrenz um limitierende Ressourcen

Liebigs Gesetz vom Minimum (1840) besagt, dass derjenige Faktor das Wachstum begrenzt, der in der relativ geringsten Menge vorliegt. Aufgrund der Flexibilität mikrobieller Lebensgemeinschaften findet man oft sogar mehrere **limitierende Faktoren**. Stets sind aber gerade die Substanzen, die den Ablauf eines Prozesses limitieren und damit steuern, nur in Spurenkonzentrationen vorhanden. Aus der hohen **Konzentration** eines Stoffes kann man deshalb nicht auf eine große Bedeutung schließen. Es ist eher umgekehrt: Das Wichtige ist kaum vorhanden!

Um die Umsatzrate eines Stoffes bestimmen zu können, muss man neben der Konzentration auch die *Turnover-Zeit* kennen, also die Zeit, in der die vorhandene Menge umgesetzt wird. Bakterien sind durch effektive Transportsysteme sehr gut an extrem niedrige Konzentrationen nicht nur der organischen Substrate, sondern auch von Phosphor, Stickstoff, Eisen und anderer Nährstoffe angepasst. Viele sind **K-Strategen**,

die auch bei hohen Konzentrationen keine hohe Umsatz- und Wachstumsrate erreichen, aber Spurenkonzentrationen effektiv verwerten können. Demgegenüber weisen
r-Strategen sehr viel höhere Raten auf, die sie jedoch nur bei hohen Konzentrationen
erreichen, die selten und nur kurzfristig auftreten (Abb. 17.1). Die Abhängigkeit der

Tafel 17.1 Wechselbeziehungen zwischen Arten oder Organismen A und B

	A	B
Neutralismus	0	0
Kommensalismus	0	+
Amensalismus	0	−
Symbiose, Syntrophie	+	+
Parasitismus, Räuber-Beute-Beziehung	+	−
Konkurrenz	−	−
0: ohne Relevanz, +: positiver, −: negativer Einfluss		

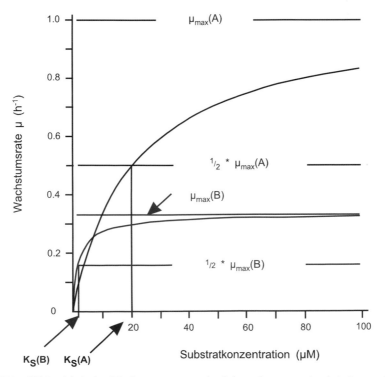

Abb. 17.1 Abhängigkeit der Wachstumsrate von der Substratkonzentration bei einem r-Strategen (A) und einem K-Strategen (B). Der K_S-Wert gibt die Substratkonzentration bei halbmaximaler Wachstumsrate an. Organismus B hat zwar die geringere maximale Wachstumsrate, jedoch wächst er bei geringen Substratkonzentrationen schneller als Organismus A

17

Wachstumsrate (μ) von der Substratkonzentration ([s]) lässt sich durch eine einfache Beziehung beschreiben, die in ähnlicher Form auch für die Abhängigkeit der Reaktionsrate eines Enzyms benutzt wird (s. Gl. 12.1). Dabei wird die bei hoher Substratkonzentration erreichbare maximale Wachstumsrate mit μ_{max} bezeichnet. Die Halbsättigungskonstante (K_S) gibt die Konzentration an, bei der durch Substratlimitierung die Wachstumsrate halbmaximal wird.

$$\mu = \frac{\mu_{max} \cdot [s]}{K_S + [s]}$$ [17.1]

Als Maß für die **Substrat-Affinität** (A) eines Stammes bestimmt man den Quotienten aus der maximalen Rate bei sättigender Substratkonzentration (μ_{max}) und K_S.

$$A = \mu_{max} / K_S$$ [17.2]

17.4
Methoden der mikrobiellen Ökologie

Um die Leistungen und Wechselwirkungen der Mikroben zu verstehen, müssen einige Parameter analysiert werden, die bei Mikroorganismen sehr viel schwieriger zu erfassen sind als bei größeren Lebewesen: **Anzahl** und **Biomasse** der Mikroorganismen an einem Standort, **Artenzusammensetzung** der Gemeinschaft und ihre **Aktivitäten**. Hierzu werden spezielle Methoden eingesetzt, von denen einige hier kurz dargestellt werden. Viele dieser Methoden sind neuartig, noch entwicklungsfähig und an konkreten Standorten nur nach Modifikationen anzuwenden. Die aktuelle Forschung in der mikrobiellen Ökologie befasst sich deshalb in erheblichem Umfang mit methodischen Fragen.

17.5
Bestimmung von Anzahl und Biomasse

Bereits die Anzahl der Mikroorganismen lässt sich an den meisten Standorten nicht leicht bestimmen. Bakterien sind fast immer so klein, dass sie nicht von unbelebten Partikeln unterscheidbar sind. Man benutzt daher Methoden, durch die lebende Zellen spezifisch sichtbar gemacht werden. Zur Bestimmung der **Gesamtzellzahl** gibt man **Fluoreszenzfarbstoffe** (DAPI, Acridin-Orange oder SybrGreen, s. Kap. 6) zu, die erst nach ihrer Anlagerung an Nukleinsäuren fluoreszieren, und zählt leuchtende Partikel vor dunklem Hintergrund mit Hilfe des Epifluoreszenz-Mikroskops. Zur Bestimmung der **Lebendzellzahl** lässt man Bakterien aus stark verdünnten Proben auf Agarplatten oder in Flüssigmedien wachsen. Auf Agarplatten bilden einzelne teilungsfähige Zellen zählbare Kolonien. Bei Flüssigmedien setzt man mehrere Verdünnungsstufen parallel an und errechnet die Anzahl der Bakterien aus der Anzahl der bewachsenen Röhrchen mit Hilfe von statistischen Verfahren (MPN, *most-probable-number*-Verfahren, s. Kap. 6). Meist liegt die gemessene Lebendzellzahl weit unter 1% der Gesamtzellzahl. Dies ist aber nicht darauf zurückzuführen, dass mehr als 99% der Zellen tot wären, sondern darauf, dass in jedem Wachstumsversuch geeignete Bedingungen für nur einen geringen Anteil der Bakterien aus natürlichen Gemeinschaften geboten werden können. Die meisten Bakterien an natürlichen Standorten werden als **nicht kultivierbar** eingestuft. Doch muss man sich klar machen, dass die Natur ihnen die Möglichkeit zu wachsen geboten hat. Auch kann man mit verschiedenen Methoden zeigen, dass die Zellen physiologisch aktiv sind. Es ist deshalb eine Herausforderung für die Mikrobiologen, die richtigen Wachstumsbedingungen im Labor zu finden.

Zur Abschätzung der **Biomasse** kann man als indirekten Parameter die in einer Probe vorhandene **DNA** quantifizieren. Man weiß, dass bakterielle Genome etwa 1 bis 4 Millionen Basenpaare haben. Hier ist allerdings zu fragen, ob am untersuchten Standort extrazelluläre DNA überdauert hat. Ein anderer Parameter, der Hinweise auf die mikrobielle Biomasse geben kann, ist die **ATP-Konzentration**. ATP hat außerhalb lebender Zellen nur eine kurze Halbwertszeit. An lebender Biomasse hat es einen Gewichtsanteil von etwa 1/250 des Zell-Kohlenstoffs. Es lässt sich mit Hilfe eines luminometrischen Verfahrens (ATP-abhängiges Leuchten von Luciferin aus Glühwürmchen katalysiert durch **Luciferase**) sehr empfindlich messen. Allerdings gibt es auch hier erhebliche Störungsquellen und Schwankungsbreiten.

17.6
Analyse mikrobieller Lebensgemeinschaften

Noch weitaus schwieriger als die Bestimmung der Keimzahl ist die Analyse der in einer mikrobiellen **Lebensgemeinschaft** vorhandenen **Populationen** (Vertreter einer Art). Große Phytoplankter lassen sich meistens noch im Mikroskop identifizieren, bei Bakterien ist das mit einfachen mikroskopischen Methoden unmöglich. Der geringe Erfolg bei der Kultivierung und die ungeheure Diversität von vielen tausend Arten selbst in kleinen Proben vergrößern das Problem.

Molekularbiologische Techniken haben hier die Möglichkeiten revolutioniert (s. Kap. 7). Es gelingt heute, einzelne Gruppen von Bakterien sichtbar zu machen. Dazu verwendet man meist **fluoreszierende Sonden**. Diese können als **Antikörper** gegen spezifische Gruppen auf der Oberfläche der gesuchten Mikroben gerichtet sein (**Immunofluoreszenz-Sonden**). Zunehmend werden fluoreszierende **RNA-Sonden** eingesetzt. Diese tragen eine Sequenz von etwa 18 Nukleotiden, die komplementär zu einem Stück der ribosomalen 16 S-RNA sind. Nach einer Präparation, die Zellhüllen für Sonden permeabel macht, lassen sich je nach der Spezifität der eingesetzten Sonde die Mikroorganismen großen phylogenetischen Gruppen oder einzelnen Arten zuordnen. Verwendet man diesen Ansatz bei Proben von natürlichen Standorten, spricht man von Fluoreszenz-*in-situ*-Hybridisierung (FISH).

17

Durch die **Polymerase-Kettenreaktion** (PCR, s. Kap. 7) lassen sich aus der DNA einer Probe gezielt bestimmte Sequenzabschnitte amplifizieren, auch wenn nur wenige Exemplare vorhanden sein sollten. Die Analyse der Diversität dieser Abschnitte kann zum Beispiel durch die **denaturierende Gradienten-Gelelektrophorese (DGGE,** Abb. 17.2) erfolgen. Bei diesem Verfahren werden gleichlange doppelsträngige DNA-Stücke nach ihrer Sequenz getrennt, da sie während einer Gelelektrophorese abhängig von der Position von Guanin-Cytosin-Paaren an verschiedenen Stellen eines denaturierenden Gradienten ausfallen und Banden bilden.

Die Anzahl der Methoden, mit denen es möglich ist, einzelne Bakterien einer Arten zu erkennen und sogar ihre Aktivitäten sichtbar zu machen, nimmt ständig zu. Dennoch bleibt eine wichtige, wenn auch oft schwierige Aufgabe, die Mikroben in Reinkultur zu isolieren, um so ihre Eigenschaften und Fähigkeiten zu studieren. Solange man ein Bakterium nicht kultivieren kann, hat man sein wesentliches Projekt (nämlich, zwei Bakterien zu werden) nicht verstanden, selbst wenn man die komplette Genomsequenz kennt.

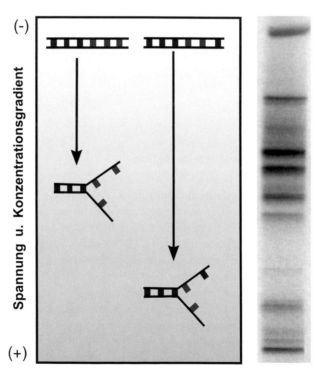

Abb. 17.2 Trennung von gleichlangen doppelsträngigen DNA-Stücken in der denaturierenden Gradienten-Gelelektrophorese (DGGE). Abhängig von der Anzahl und Position der stabileren GC-Paare (*rot*) denaturiert die DNA an verschiedenen Stellen eines Gradienten zu nachweisbaren Banden. Der Doppelstrang mit dem zusätzlichen GC-Paar läuft weiter im Gel, bevor er denaturiert wird. *Rechts* DGGE-Analyse von 16 S-rRNA Genen aus einem marinen Sediment. Jede Bande entspricht der DNA-Sequenz eines Bakterium mit unterscheidbarem Phylotyp

17.7
Messung mikrobieller Aktivitäten

Trotz der gewaltigen Umsätze, die von Mikroben in den biogeochemischen Kreisläufen gemacht werden, ist der Nachweis ihrer Aktivität meist schwierig. Es scheint sich nichts zu tun. Der Grund dafür ist, dass die meisten Systeme sich in einem **Fließgleichgewicht** (*steady state*) befinden, in dem Zufluss und Abfluss von Substraten und Biomasse sich weitgehend ausgleichen. Um dennoch mikrobielle Aktivitäten sichtbar zu machen, verwendet man häufig radioaktive oder fluoreszierende *Tracer*. Dies sind Stoffe, die nur in Spurenkonzentrationen zugesetzt werden und die den gleichen Umsatz wie das interessierende Substrat haben, dabei jedoch hochempfindlich nachweisbar sind.

Die photosynthetische **Primärproduktion** etwa wird meist als Aufnahme von radioaktiv ^{14}C-markiertem CO_2 im Licht gemessen. Da CO_2 auch im Dunkeln umgesetzt werden kann, wird die CO_2-Aufnahme in einem dunkel gestellten Kontrollansatz abgezogen. Bei der Auswertung ist außerdem zu berücksichtigen, dass am Anfang CO_2 nur aufgenommen werden kann, während einer längeren Inkubation jedoch auch fixiertes CO_2 zum Teil wieder freigesetzt wird.

Das **Wachstum** von Bakterien lässt sich über den Einbau von ^{3}H-markiertem Thymidin (DNA-Baustein) oder von Aminosäuren (Leucin) verfolgen. Wachstumsraten lassen sich aber auch aus der statistischen Auswertung mikroskopischer Bilder abschätzen. Der **Anteil an Teilungsstadien** in einer Bakteriengemeinschaft (*frequency of dividing cells*) steigt proportional mit der Wachstumsrate.

Neben den radioaktiv markierten *Tracern* werden zunehmend **fluoreszierende Modellsubstrate** eingesetzt. Dabei verwendet man *Tracer* wie etwa Methylumbelliferyl (MUF), das verschiedene Gruppen (Phosphat, Zuckerrest, Aminosäure) tragen kann, aber erst nach der Abspaltung dieser Gruppe fluoresziert. Als Summenparameter kann man sehr empfindlich die mit jeder mikrobiellen Aktivität verbundene **Wärmefreisetzung** im **Mikrokalorimeter** messen. Hinweise darauf, welche Prozesse in Sedimenten oder Böden auch in der Vergangenheit dominierten, gewinnt man aus der Analyse der Verteilung **stabiler Isotope** (^{13}C/^{12}C, ^{34}S/^{32}S) in organischen und anorganischen Fraktionen.

17.8
Aktivitätsberechnung aus Gradienten

Während an vielen Standorten kaum Konzentrationsänderungen mit der Zeit auftreten, lassen sich oft räumliche Gradienten feststellen. Solche stratifizierten Systeme ermöglichen eine Messung von Aktivitäten auch im Fließgleichgewicht durch Bestimmung der diffusiven Flüsse. Nach dem 1. **Fickschen Gesetz** ist der **Diffusionsfluss** (F) durch eine Schicht proportional zu der Durchlässigkeit des Mediums (z. B. der Porosität von Sediment, beschrieben durch einen Diffusionskoeffizienten D), der Fläche (A) und dem Gradienten (dc/dx) in der Schicht.

17

$$F = -D \cdot A \cdot dc/dx \qquad [17.3]$$

Bestimmt man etwa mit einer **Mikroelektrode** den Sauerstoff-Gradienten an der Wasser-Sediment-Grenzschicht eines marinen Sediments, lässt sich daraus die Sauerstoff-Aufnahmerate berechnen (Abb. 17.3). Da sich über dem Sediment eine nicht mehr turbulent durchmischte, **diffusive Grenzschicht** befindet, benötigt man nur den Diffusionskoeffizienten für Wasser und den Konzentrationsgradienten in dieser Schicht (Tafel 17.2).

Krümmungen im Vertikalprofil (entsprechend der 2. Ableitung des Gradienten) lassen sich durch Produktion oder Verbrauch von Sauerstoff im Sediment erklären. Kennt man den Diffusionskoeffizienten innerhalb des Sediments, so lassen sich aus der zweiten Ableitung des Profils sogar die Umsatzraten in den verschiedenen Schichten berechnen.

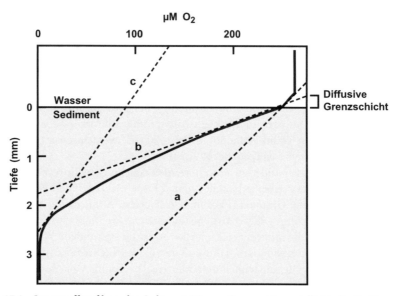

Abb. 17.3 Sauerstoffprofil an der Sediment-Wasser-Grenze. Dargestellt ist die O_2-Konzentration in Abhängigkeit von der Tiefe (*rote Kurve*). a, b und c zeigen die Steigung der Kurve in verschiedenen Schichten. Die Steigungen sind dem Fluss proportional. Der Knick a, b an der Sedimentoberfläche ist auf Unterschiede im Diffusionskoeffizienten zurückzuführen, die geringere Steigung in tieferen Schichten c auf Sauerstoffverbrauch durch Sediment-Organismen

Tafel 17.2 Beispiel für die Berechnung des O_2-Flusses in einem Gradienten

---

Die O_2-Konzentration ändere sich auf 1 mm von 230 µM (Luftsättigung) auf 130 µM

> Diffusionskoeffizient D von O_2 in Wasser, 25 °C: 0,0792 cm^2 h^{-1}
> Gradient dc/dx: 100 µM/0,1 cm (1 µM = 1 nmol/mL = 1 nmol cm^{-3})
> Fläche A, z. B. 1 cm^2
> Fluss F
> $= -0,0792$ cm^2 h$^{-1} \cdot (-100$ µM$) \cdot (0,1$ cm$)^{-1}$
> $= 79,2$ nmol O_2 cm^{-2} h^{-1}

17.9
Kohlenstoff-Kreislauf

Der Kohlenstoff-Kreislauf bezieht Atmosphäre, Hydrosphäre und Lithosphäre ein. Heute wird er durch die oxygene photosynthetische **Primärproduktion** angetrieben (Tafel 17.3). Heterotrophe Organismen, die von der Verwertung der in der Photosynthese gebildeten Biomasse $<CH_2O>$ leben, werden als **Konsumenten** bezeichnet. Ihr als **Sekundärproduktion** bezeichnetes Wachstum wandelt lediglich die Form des $<CH_2O>$ um, wobei bereits Verluste auftreten, weil ein Teil zur Energiekonservierung gebraucht wird.

$$x\langle CH_2O\rangle_{Substrat} + y\,O_2 \rightarrow (x-y)\langle CH_2O\rangle_{assimil.} + y\,CO_2 + y\,H_2O \qquad [17.4]$$

Der vollständige Abbau des organischen Materials obliegt den **Destruenten**. Sie bewirken eine **Mineralisierung** der organischen Substanz und ermöglichen dadurch die **Recyclisierung**. Dabei wachsen die Destruenten natürlich auch. Der auch als **Dissimilation** bezeichnete Abbau erfolgt im Rahmen von **katabolischen Prozessen**, die der Energiekonservierung dienen. Am einfachsten lässt sich der **Katabolismus** durch die Umkehrung der Gleichung der Primärproduktion beschreiben. Er benötigt nicht einmal die Energetisierung durch Licht, da die Reaktionen exergon sind. Insgesamt lässt sich der Kohlenstoff-Kreislauf als große **syntrophe Wechselbeziehung** (Abb. 17.4) auffassen, in dem die photosynthetischen Primärproduzenten die Substrate der Konsumenten und Destruenten bilden und umgekehrt.

Mit dem Kohlenstoff-Kreislauf sind die Kreisläufe von Stickstoff, Schwefel und der anorganischen Verbindungen, die als Elektronendonatoren oder -akzeptoren genutzt werden könnten, verbunden. Teils erfolgt die Kopplung über die Assimilation, weil diese Elemente in der Biomasse benötigt werden, teils auch über die Dissimilation, weil sie anaerobe und lithotrophe Prozesse als Umwege ermöglichen. Vor der Entwicklung der oxygenen Photosynthese und der durch sie ermöglichten aeroben Atmung müssen die Kreisläufe ganz anders ausgesehen haben.

Mikroben sind nicht nur durch biochemische Umsetzungen am Kohlenstoff-Kreislauf beteiligt. Sie verändern die Mobilität von Mineralien, Metall-Salzen und vor allem von Carbonaten dadurch, dass sie die **Ausfällung** von Calcium- und Calcium-

Tafel 17.3 Vorkommen von Kohlenstoff auf der Erde

	Kohlenstoff-Reservoir in 10^9 t als CO_2
Luft	2 600 (0,039 Vol.-%)
Lebende Biomasse	2 000
CO_2 in den Ozeanen	130 000
reduzierter Kohlenstoff	
Sedimente (z. B. Methanhydrate)	27 500
Kohle, Öl, Gas	10 000

17

Magnesium-Carbonaten beeinflussen. Dies ist nur zum Teil durch mikrobielle Veränderungen des pH-Wertes zu erklären.

17.10
Effizienz der biogeochemischen Kreisläufe

Wie exakt die biogeochemischen Kreisläufe arbeiten, soll an einer kurzen Betrachtung erklärt werden. Vom gesamten Kohlenstoff auf der Erde befinden sich nur geringe Anteile in der lebenden Biomasse (Tafel 17.3). Um mehrere Zehnerpotenzen größere Mengen reduzierter Kohlenstoffverbindungen befinden sich in marinen Sedimenten als Öl, Kohle, Erdgas und zu erheblichem Teil festgefroren in Form von Methanhydraten. Wahrscheinlich stammt dieser Kohlenstoff aus biologischer Produktion. Nach groben Schätzungen handelt es sich um Mengen, die der **jährlichen Primärproduktion** (Fixierung von $\approx 275 \cdot 10^9$ t CO_2) von einigen hundert Jahren entsprechen, aber noch nicht wieder mineralisiert sind. Die Arbeit der Destruenten scheint demnach von mäßiger Gründlichkeit. Bedenkt man jedoch, dass es auf der Erde Leben seit 3,5 Milliarden Jahren gibt, und betrachtet man nur den vergleichsweise kurzen Zeitraum seit dem Kambrium von 560 Millionen Jahren (s. Kap. 18), so schrumpfen die noch nicht aufgearbeiteten Jahre zu einem winzigen Bruchteil, selbst wenn man berücksichtigt, dass ein Teil des organischen Materials durch geologische Aktivitäten im Erdinneren verschwindet.

Dass die Reoxidation der gebildeten Biomasse nicht unmittelbar erfolgt, hat ganz wesentliche Effekte auf alles höhere Leben. Bildung und Mineralisierung von reduziertem Kohlenstoff sind ja mit einer entsprechenden Produktion bzw. dem Verbrauch von Sauerstoff gekoppelt (Abb. 17.4). Nur weil ein geringer Bruchteil der Produktion noch nicht recyclisiert ist, gibt es freien Sauerstoff in der Atmosphäre sowie die fossilen Energievorräte. Hätten die Mikroben die gesamte Produktion sofort dissimiliert, gäbe es uns Menschen sicherlich nicht. Wir leben also nur, weil das **Dogma der biologischen Unfehlbarkeit** nicht ganz verzögerungsfrei erfüllt wird.

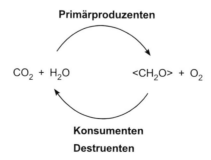

Abb. 17.4 Der Kohlenstoff-Kreislauf grob vereinfacht

17.11
Abbau organischer Substanz

Der größte Teil der organischen Substanz liegt in Form von Polymeren und durch Struktur und Modifikation gegen unmittelbaren Abbau geschützt vor. Kleine organische Moleküle haben außerhalb der Zelle in der Regel sehr kurze Verweilzeiten und liegen meist nur in mikromolaren Konzentrationen vor. Das bedeutet aber nicht, dass sie ohne Bedeutung wären – sie werden lediglich sehr schnell verwertet.

Da der Abbau – mit Ausnahme weniger einfacher organischer und anorganischer Verbindungen – in der Zelle erfolgt, muss ein Substrat zur Metabolisierung in die Zelle transportiert werden. Polymere sind aber nicht transportabel. Pilze und Bakterien sind **osmotroph**. Als **erster Schritt** des Abbaus muss deshalb eine **Depolymerisierung der Polymere** erfolgen. Dabei erfolgt der Angriff nicht auf beliebige Kohlenstoffbindungen. Da die Polymere aus verschiedenen Bausteinen (Zucker, Aminosäuren, Fettsäuren, Nukleotide) unter Abspaltung von Wasser gebildet werden, erfordert die Depolymerisierung die Hydrolyse. Diese erfolgt jedoch auch im Wasser nicht spontan, sondern muss durch Enzyme katalysiert werden. Die hydrolytischen **Ektoenzyme** oder **Exoenzyme** verlassen dazu die Zelle (s. Kap. 10).

$$\text{Polymere} + H_2O \xrightarrow{\textit{Exoenzyme, Ektoenzyme}} \text{Monomere (Dimere, Oligomere)} \qquad [17.5]$$

Die Bildung von Exoenzymen stellt eine erhebliche Investition der Zelle dar. Sie zahlt sich nur aus, wenn genügend Substratmoleküle dadurch nutzbar werden. Die **Kooperation** in Kolonien kann dabei vorteilhaft sein, da von einem Enzym freigesetzte Substratmoleküle verschiedenen Zellen zugute kommen können. Bakterien und Pilze stehen bei dieser Art des Aufschlusses von Polymeren in Konkurrenz. Dabei scheinen Pilze jedoch besonders an größere Strukturen angepasst zu sein, wie sie im Erdboden vorkommen (etwa Cellulosefasern von Holz), während Bakterien im Wasser beim Abbau gelöster Polymere dominieren.

Der **zweite Schritt** des Abbaus ist die **Aufnahme von gelösten Monomeren** oder manchmal auch Oligomeren. Hieran sind spezifische Transportsysteme beteiligt (s. Kap. 10). Je nach Substrat kann die Aufnahme durch primäre (an chemische Reaktionen gekoppelte) oder sekundäre Transportsysteme (getrieben durch den Ausgleich bestehender Gradienten) erfolgen. Erst nach der Aufnahme in die Zelle erfolgt als **dritter Schritt** der Metabolismus. Ein Teil des organischen Substrats wird assimiliert, wobei der Stoffwechsel **divergent** in die verschiedensten Wege mündet. Ein anderer Teil wird dissimiliert, wobei **konvergent** wenige energieliefernde Schritte angesteuert werden. Wegen des höheren Energiegewinns ist der Anteil des assimilierten Substrats, also der Wachstumsertrag, beim **aeroben Abbau** größer als bei anaeroben Prozessen. Er kann 30 bis 50% erreichen. Außerdem dissimilieren aerobe Organismen ihr Substrat in der Regel vollständig zu CO_2. Unter anoxischen Verhältnissen hingegen verläuft die Dissimilation meist in mehreren Stufen und unter Beteiligung mehrerer Organismen.

Bei manchen organischen Verbindungen ist Sauerstoff direkt an der Umsetzung beteiligt (s. Tafel 16.2). **Oxygenase-Reaktionen** leiten die Verstoffwechselung ansonsten

17

schwer angreifbarer Verbindungen ein. Dabei bewirken **Mono-Oxygenasen** den Einbau eines Sauerstoffatoms des O_2-Moleküls in das Substrat, während aus dem zweiten Wasser entsteht. **Di-Oxygenasen** hingegen übertragen beide Sauerstoffatome auf das Substrat. Zu den Substraten, die mit Hilfe von Oxygenase umgesetzt werden, zählen Alkane und aromatische Verbindungen sowie Ammoniak. Diese schwer angreifbaren Verbindungen werden deshalb nur aerob abgebaut, oder aber der Abbau ist unter anoxischen Bedingungen verlangsamt und auf Umwege angewiesen.

17.12
Anaerober Abbau

Auch in Abwesenheit von Sauerstoff kann eine vollständige Oxidation der meisten organischen Substanzen erfolgen. Allerdings ändert sich der Ablauf des Abbaus organischer Verbindungen in seiner **Energetik**, bei manchen Substraten auch im **bioche-**

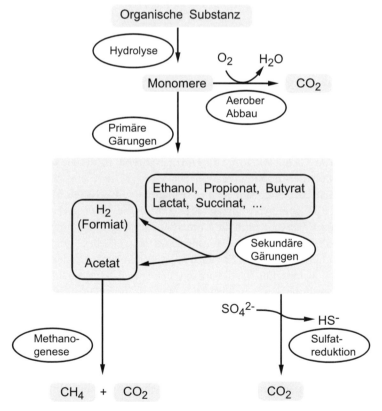

Abb. 17.5 Prinzip des Abbaus organischer Substanz mit und ohne Sauerstoff. Der anaerobe Abbau ist mehrstufig und verläuft über Acetat und Wasserstoff als die wichtigsten Intermediate

mischen **Weg** und vor allem dadurch, dass **mehrere Organismen** sich den Abbau eines Substrats teilen. Obwohl beim anaeroben Abbau deutlich weniger Energie als beim aeroben frei wird, verläuft der anaerobe Abbau meist **mehrstufig** unter Beteiligung verschiedener Bakterien. Aerobe Organismen verwerten normalerweise ein Substrat, das sie aufgenommen haben, vollständig. Anaerobier hingegen sind oft Spezialisten für einzelne Schritte. Der anaerobe Abbau verläuft über Zwischenstufen, an denen verschiedene physiologische Gruppen beteiligt sind (Abb. 17.5). In **syntropher** Weise bilden die zuerst aktiven Bakterien die Substrate der folgenden. Letztere wiederum verbessern die energetische Situation der ersten dadurch, dass sie deren Produkte verbrauchen. Der erste Abbauschritt erfolgt typischerweise durch Gärer, die zwar hohe Umsatzraten haben, aber ihre Substrate nicht oxidieren, sondern nur **disproportionieren** können. Die gebildeten organischen Gärungsprodukte und Wasserstoff sind nun die Leibspeise der **Sulfat-Reduzierer**. Unter diesen gibt es solche (*Desulfovibrio*), die am liebsten Wasserstoff verwerten und organische Substrate (Lactat oder Ethanol) nur unvollständig bis zum Acetat oxidieren. Andere Sulfat-Reduzierer (*Desulfobacter*) oxidieren aber Acetat vollständig. Der anaerobe Abbau mit Sulfat als Elektronenakzeptor verläuft also meist zweistufig.

Steht Sulfat nicht zur Verfügung, wie etwa in vielen Süßwassersedimenten, können **methanogene Archaeen** den letzten Schritt übernehmen. Sie können allerdings (fast) ausschließlich Wasserstoff und Acetat verwerten, nicht aber andere Fettsäuren, Lactat oder Ethanol. Die Umwandlung solcher Gärprodukte zu Acetat und Wasserstoff ist

Abb. 17.6   Kolonien methanogener Archaeen (*graue Punkte*) haben im Agar Methan freigesetzt, das sich in größeren Blasen gesammelt hat. Die Methanogenen sind Spezialisten für die Verwertung von Wasserstoff und Acetat (Aufnahme Sabrina Beckmann)

17

aber doch möglich. Sie wird von **sekundären** oder **acetogenen Gärern** geleistet. Diese können allerdings nur wachsen, wenn methanogene Archaeen dafür sorgen, dass der Wasserstoff effektiv dem Gleichgewicht entzogen wird (Abb. 17.6). Unter Standard-Bedingungen sind die von ihnen katalysierten Reaktionen **endergon**. Der methanogene Abbau organischer Substrate ist dadurch dreistufig. Allerdings bilden die primären Gärer die Vielzahl der Gärprodukte oft nur, um überschüssige Reduktionsäquivalente zu entsorgen. Wenn methanogene Archaeen Wasserstoff effektiv verbrauchen, wird bereits von den primären Gärern fast ausschließlich Wasserstoff und Acetat gebildet. Dadurch kann auch der methanogene Abbau mancher Substanzen zweistufig werden. **Wasserstoff** ist dabei das Schlüssel-Intermediat. Er liegt zwar nur in Spurenkonzentrationen vor, übernimmt aber etwa ein Drittel aller Elektronen, die zwischen verschiedenen Arten übertragen werden (*interspecies hydrogen transfer*).

17.13
Abbau der wichtigsten organischen Verbindungen

Der größte Teil der frischen organischen Substanz auf der Erde besteht aus (polymerisierten) **Kohlenhydraten**, die stark vereinfacht wie Biomasse als $<CH_2O>_n$ dargestellt werden können. Meist handelt es sich um strukturbildende Verbindungen, oft um recht stabile Derivate, etwa die vor allem im Holz enthaltene **Cellulose, Hemicellulosen** und **Pektin,** aber auch **Chitin** der Pilze oder Tiere oder das **Murein** der Bakterien. Ein anderer, leichter abbaubarer Teil sind intrazelluläre Reservestoffe wie **Stärke** und **Glykogen.** Die Hydrolyse von Polysacchariden erfolgt durch verschiedene spezifische Enzyme (z. B. Cellulase, Pektinase, Chitinase, Amylase), die meist an Verzweigungen oder von den Enden her angreifen. **Cellulose** (bis zu 25 000 β-1,4-glykosidisch verknüpfte Glucose-Einheiten) erhält ihre Stabilität durch eine partiell kristalline Zusammenlagerung paralleler Stränge. Den effektivsten Cellulose-Abbau leisten **Actinomyceten** und **Pilze**, die ihre Hyphen parallel zu diesen Strängen anlagern. Eine weit verbreitete, sehr stabile Verbindung ist **Lignin**. Es hat eine unregelmäßige Struktur aus vernetzten Phenylpropan-Derivaten. Bildung und Abbau von Lignin erfolgen durch teilweise unspezifische Reaktionen unter Beteiligung von Wasserstoffperoxid (**Lignin-Peroxidase**) und Radikalen. Lignin ist deshalb unter anoxischen Verhältnissen sehr stabil und wird, wenn überhaupt, nur sehr langsam abgebaut. Typische Ligninverwerter sind die Weißfäule-Pilze (*Phanerochaete*), die nur Lignin und Hemicellulosen verwerten, die helle Cellulose hingegen unangetastet lassen. Umgekehrt bauen verschiedene Braunfäule-Pilze Cellulose, nicht aber Lignin ab.

Proteine werden durch **Proteasen** abgebaut, von denen es auch verschiedene Typen gibt, die spezifisch an bestimmten Aminosäuren angreifen. Der Abbau von **Fetten** wird durch **Lipasen** eingeleitet, die Glycerin, Fettsäuren und eventuell phosphathaltige Gruppen abspalten. Die Fettsäuren werden in einem als β-**Oxidation** bezeichneten Weg zu Acetat umgesetzt, das in den zentralen Stoffwechsel eingebracht werden kann. **Nukleinsäuren** werden durch **Nukleasen** hydrolysiert, die für DNA (DNase) oder RNA (RNase) spezifisch sind und teils vom Ende her (**Exonukleasen**), teils spezifisch an bestimmten Basenpaaren (z. B. **Restriktions-Endonukleasen**) in der Mitte des Moleküls angreifen. Der weitere Abbau umfasst sowohl die Ribosen als auch die Basen, die als C- oder N-Quelle genutzt werden können.

17.14
Xenobiotika

Stoffe, die weder durch biologische noch durch andere natürliche Prozesse gebildet werden, werden als **Xenobiotika** (griech. dem Leben fremde Stoffe) bezeichnet

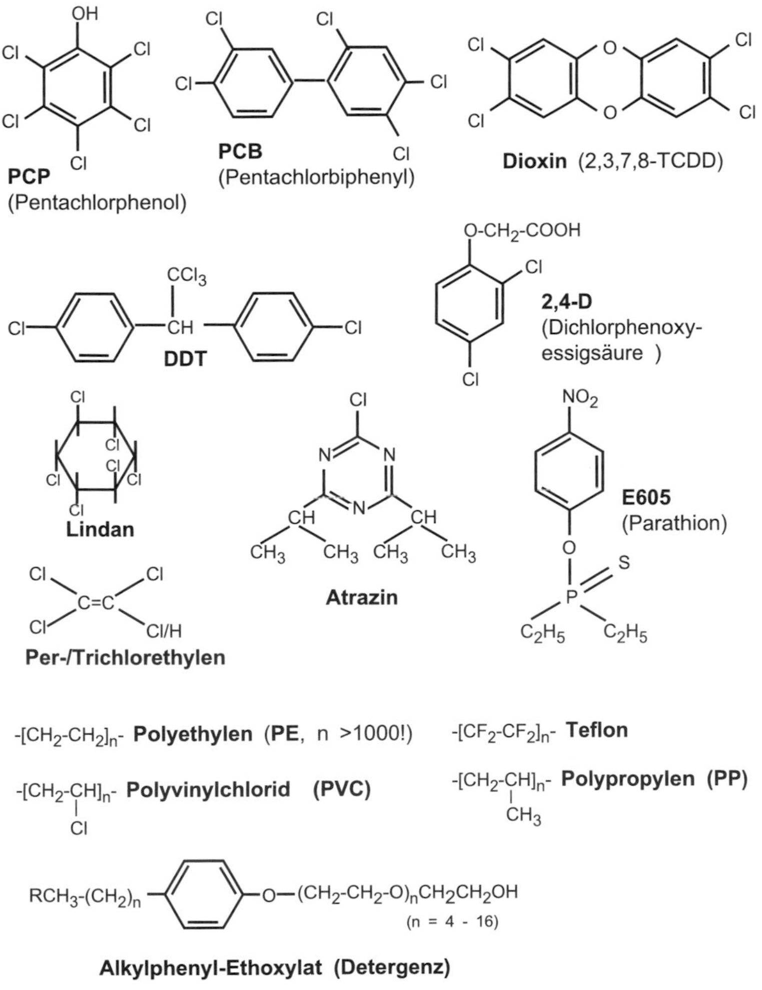

PCP (Pentachlorphenol)

PCB (Pentachlorbiphenyl)

Dioxin (2,3,7,8-TCDD)

DDT

2,4-D (Dichlorphenoxy-essigsäure)

Lindan

Atrazin

E605 (Parathion)

Per-/Trichlorethylen

-[CH$_2$-CH$_2$]$_n$- **Polyethylen (PE, n >1000!)** -[CF$_2$-CF$_2$]$_n$- **Teflon**

-[CH$_2$-CH]$_n$- **Polyvinylchlorid (PVC)**
     |
     Cl

-[CH$_2$-CH]$_n$- **Polypropylen (PP)**
     |
     CH$_3$

RCH$_3$-(CH$_2$)$_n$ —O—(CH$_2$-CH$_2$-O)$_n$CH$_2$CH$_2$OH
(n = 4 - 16)

Alkylphenyl-Ethoxylat (Detergenz)

Abb. 17.7 Beispiele für Xenobiotika

(Abb. 17.7). Viele tausend neuer Verbindungen, die hierzu zu zählen sind, werden durch Menschen jedes Jahr synthetisiert, manche davon in gewaltigen Mengen. Auch wenn Xenobiotika während der Evolution nicht vorhanden waren, können viele von ihnen abgebaut werden. Dabei sind Enzyme beteiligt, die wegen geringer Substrat-Spezifität auch dem natürlichen Substrat ähnliche Verbindungen umsetzen. Viele Xenobiotika weisen aber Strukturen auf, die einen enzymatischen Angriff fast unmöglich machen (z. B. **Polyethylen**), oder sind giftig (oft aufgrund von Halogenresten und durch sehr große Hydrophobizität).

17.15
Stickstoff-Kreislauf

Stickstoff bildet etwa 10% der Biomasse, und der biogeochemische Stickstoff-Kreislauf ist von entsprechender quantitativer Bedeutung. Assimilatorische und dissimilatorische Prozesse sind eng miteinander verzahnt. Der Stickstoff-Kreislauf ist von den Prokaryoten dominiert. Mehrere seiner Schritte werden ausschließlich von Bakterien oder Archaeen katalysiert. Mehrere Schritte sind außerdem nicht direkt reversibel, sondern lassen sich nur über Umwege umkehren. Teils handelt es sich um anaerobe Prozesse, teils ist molekularer Sauerstoff als Reaktionspartner erforderlich (Abb. 17.8).

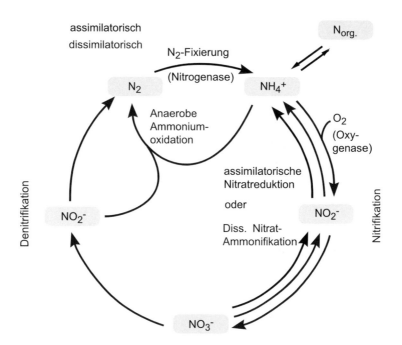

Abb. 17.8 Der Stickstoff-Kreislauf wird von Prokaryoten dominiert und beinhaltet mehrere Schritte, die nicht unmittelbar umkehrbar sind

17.16
N₂-Fixierung

Fast überall steht Stickstoff gasförmig als N_2 hinreichend zur Verfügung. Nur macht der Stickstoff seinem Namen alle Ehre und ist nur unter großem Aufwand nutzbar. Die einzige Reaktion, durch die N_2 biologisch verfügbar wird, ist die Reduktion zur Stufe des Ammoniaks. Zu dieser Umsetzung sind ausschließlich Bakterien und einige Archaeen befähigt. Höhere Pflanzen können von der N_2-Fixierung durch symbiotische Bakterien (*Rhizobium*) in **Wurzelknöllchen** (z. B. Klee- und Bohnenpflanzen) profitieren. Bei dieser Symbiose kommt es zu einer Infektion der Wurzelzellen. Die Rhizobien vermehren sich in den Wirtszellen, wobei sie allerdings veränderte Formen, die **Bacteroide**, ausbilden. Die Knöllchen sind rötlich gefärbt durch **Leghämoglobin**, das durch eine symbiotische Syntheseleistung von Pflanze und Bakterien entsteht. Die Bacteroide bilden die Hämgruppe, während das Protein von der Pflanze synthetisiert wird. Leghämoglobin ist an der Sauerstoffversorgung der Bacteroide beteiligt. Die Umsetzung von N_2 zu Ammoniak ist ein reduktiver Prozess, der viel Energie (ca. 16 ATP pro N_2) verbraucht. Die **Nitrogenase** ist empfindlich gegen Sauerstoff. Aerobe Stickstoff-Fixierer haben oft Schutzmechanismen für die Nitrogenase entwickelt. Bei manchen Cyanobakterien findet die N_2-Fixierung in dickwandigen, als **Heterocysten** bezeichneten Zellen statt, in denen nur das Photosystem I, das keinen Sauerstoff bildet, aktiv ist. Manche aeroben Bakterien (*Azotobacter*) bilden dicke **Schleimkapseln** aus und haben außerdem die Fähigkeit, mit extrem hohen Raten Sauerstoff zu veratmen und so dessen Konzentration gering zu halten.

$$N_2 + 8[H] + \approx 16\,ATP \xrightarrow{\text{\textit{Nitrogenase}}} 2\,NH_3 + H_2 + \approx 16\,P_i \qquad [17.6]$$

Nitrogenasen sind Enzymsysteme aus mehreren Proteinen. Einige der Komponenten enthalten Metall-Ionen, und zwar Eisen und meist auch Molybdän. Kürzlich hat man neue Typen entdeckt, die statt Molybdän Vanadium enthalten. Die Dreifachbindung des N_2 lässt sich nur durch aggressive, aber nicht sehr spezifische Mechanismen spalten. Es ist deshalb nicht verwunderlich, dass eine Reihe anderer Verbindungen durch die Nitrogenase ebenfalls reduziert werden. Für den Nachweis der Aktivität benutzt man häufig Acetylen ($HC{\equiv}CH$), das zu Ethylen ($H_2C{=}CH_2$) reduziert wird.

17.17
Assimilation von Stickstoff

Stickstoff kommt in der Zelle in reduzierter Form als Aminogruppe der Aminosäuren oder Bestandteil von Coenzymen vor. Das durch die Nitrogenase gebildete NH_3 wird zunächst auf Glutaminsäure übertragen und kann von dem gebildeten Glutamin durch **Transaminasen** auf andere Säuren übertragen werden. Auch Nitrat kann von Bakterien, Pilzen und grünen Pflanzen als Stickstoff-Quelle genutzt werden. Während der **assimilatorischen Nitrat-Reduktion** wird Nitrat über Nitrit zu Ammonium reduziert.

17.18
Nitrifikation, Denitrifikation und dissimilatorische Nitrat-Ammonifikation

Obwohl die Bildung von Ammonium aus N_2 stark endergon ist, lässt sich die Reaktion nicht einfach umkehren. Stattdessen ist ein Umweg erforderlich, der sowohl aerobe als auch anaerobe Schritte umfasst. Ammoniak ist chemisch relativ schwer angreifbar. Die **Nitrifikation** beginnt deshalb mit der Oxidation von Ammonium zu Hydroxylamin durch eine **Oxygenase**. Dieser Schritt ist sauerstoffabhängig. Das in der Nitrifikation gebildete Nitrat dient in der **Denitrifikation** hingegen als Elektronenakzeptor für einen **anaeroben Atmungsprozess**. Dabei wird wiederum intermediär Nitrit gebildet.

17.19
Anaerobe Ammonium-Oxidation, ANAMMOX

Die anaerobe Ammoniak-Oxidation ist ein interessanter und wichtiger Spezialfall im Stickstoffkreislauf (Abb. 17.8). Dabei treten in einem lithotrophen Prozess (s. Kap. 16) Stickstoff-Verbindungen sowohl als Elektronendonator (NH_4^+) als auch als Elektronenakzeptor (NO_2^-) auf. Ammonium und Nitrit werden unter anoxischen Bedingungen zu molekularem Stickstoff umgesetzt:

$$NH_4^+ + NO_2^- \rightarrow N_2 + 2H_2O \qquad (\Delta G_0' = 357,8\,kJ) \qquad [17.7]$$

Man könnte die Reaktion als Konproportionierung bezeichnen, also die Umkehrung einer Gärung. ANAMMOX spielt sowohl in Kläranlagen als auch in Sedimenten eine Rolle. Die Bakterien, die den Prozess durchführen, scheinen dazu intrazelluläre Membranstapel zu nutzen.

17.20
Schwefel-Kreislauf

Auch der Schwefel-Kreislauf ist von Prokaryoten dominiert und umfasst assimilatorische und dissimilatorische sowie aerobe und anaerobe Schritte (Abb. 17.9). Mit einem Anteil von bis zu 1% der Trockenmasse ist Schwefel essenzieller Bestandteil aller lebenden Organismen. Für die Biosphäre ist die oxidierteste Form des Schwefels, Sulfat (Oxidationszahl +6), die wichtigste Schwefelquelle. Vor allem die **Ozeane** enthalten Sulfat in hoher Konzentration (28 mM oder 2,7 g/L). In der Biomasse liegt Schwefel jedoch überwiegend in reduzierter Form als Sulfidgruppe (Oxidationszahl –2, in Disulfidbrücken –1) vor. Er ist in den Aminosäuren Cystein und Methionin, in Eisen-Schwefel-Zentren von Proteinen sowie in mehreren Coenzymen enthalten. Grüne

Pflanzen, Pilze und die meisten Bakterien können Sulfat als Schwefelquelle nutzen, während Tiere und der Mensch auf organische Schwefelverbindungen in der Nahrung angewiesen sind. Der Einbau von Sulfat in die Biomasse wird als **assimilatorische Sulfat**-Reduktion bezeichnet. Dieser Prozess ist nicht an Energiekonservierung gekoppelt.

Die **dissimilatorische Sulfat-Reduktion**, die ausschließlich von Prokaryoten geleistet wird, hat ihre größte Bedeutung in marinen Sedimenten. Hier werden 20 bis 80% des Kohlenstoffs mit Sulfat und nicht mit Sauerstoff oxidiert. Grob geschätzt dürften jährlich etwa 10^9 Tonnen Sulfat (10^{13} mol) durch dissimilatorisch Sulfat reduzierende Bakterien zu H_2S reduziert werden. Etwa die gleiche Menge wird durch assimilatorische Sulfat-Reduktion von allen dazu fähigen Lebewesen in Biomasse eingebaut.

Die Reaktionen des Schwefel-Kreislaufs sind nicht weniger kompliziert als die des Stickstoff-Kreislaufs. Außer Sulfid und Sulfat treten verschiedene intermediäre Schwe-

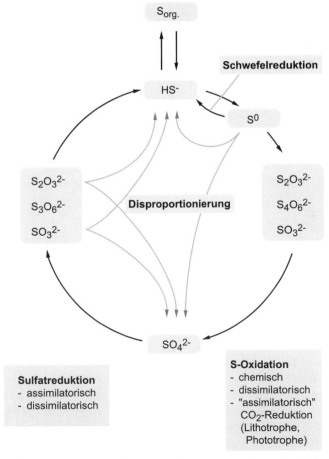

Abb. 17.9 Der Schwefel-Kreislauf umfasst assimilatorische und dissimilatorische Schritte. Die S-Oxidation kann Elektronen für Elektronentransportprozesse oder die Fixierung von CO_2 liefern

felverbindungen auf (Sulfit, Thiosulfat, Trithionat, Tetrathionat). Auch elementarer Schwefel kann als Schwefelquelle oder als Elektronenakzeptor von verschiedenen Bakterien reduziert werden. Wo sowohl Schwefel als auch Sulfid vorhanden sind, bilden sich **Polysulfide** (S_n^-). An Standorten, an denen Schwefelverbindungen und Licht verfügbar sind und eine oxisch-anoxische Übergangszone existiert, entwickelt sich oft eine Lebensgemeinschaft der verschiedensten Schwefel umsetzenden Bakterien, die als **Sulfuretum** bezeichnet wird.

Der größte Teil des durch die **dissimilatorische Sulfat-Reduktion** gebildeten Sulfids erreicht nicht die Atmosphäre, sondern wird entweder reoxidiert oder (zu etwa 10%) in Sedimenten festgelegt (hauptsächlich als Eisensulfid [FeS] und Pyrit [FeS_2]). Die **Oxidation von Schwefelverbindungen** erfolgt durch sehr verschiedene Prozesse. Schwefelwasserstoff kann rein chemisch von Sauerstoff oxidiert werden. Die Raten sind jedoch meist gering. An den meisten Standorten ist die biologische Oxidation von Schwefelverbindungen schneller als die chemische. Autotrophe Schwefeloxidierer nutzen die Elektronen aus der Oxidation von Schwefelverbindungen zur Reduktion von CO_2, also im Rahmen eines assimilatorischen Prozesses, bei dem allerdings nicht der Schwefel selbst assimiliert wird. Die chemolithotrophen Schwefeloxidierer verbrauchen Elektronen aus der Schwefeloxidation vor allem dissimilatorisch für die Atmung. Phototrophe Schwefelbakterien hingegen können mit Hilfe des cyclischen Elektronentransports ATP gewinnen, ohne dafür Schwefel zu oxidieren. Ein nicht unerheblicher Teil des Schwefel-Kreislaufs in Sedimenten scheint über die **Disproportionierung** von anorganischen Schwefelverbindungen zu laufen. Sie bewirkt teilweise Kurzschlüsse im Schwefel-Kreislauf.

17.21
Kreisläufe von Metallen

Wie in den Kapiteln über anaerobe Atmungsprozesse und über Lithotrophie beschrieben, können verschiedene Metalle (Eisen, Mangan, Uran, Chrom, Selen, Tellur usw.) durch Bakterien oxidiert und reduziert werden. Die mikrobiellen Umsetzungen verändern dabei aber nicht nur den **Redoxzustand** der Metalle, sondern oft auch die Löslichkeit und damit die **Mobilität**. Die wichtigsten Kreisläufe sind dabei die von **Eisen** und **Mangan**. Metallisches Eisen ist ein starker Elektronendonator, dessen Korrosion durch Bakterien gefördert werden kann. Unter anoxischen Verhältnissen kann eine **anaerobe Korrosion** auftreten, die darauf zurückzuführen ist, dass an der Oberfläche gebildeter Wasserstoff von Sulfat-Reduzierern verbraucht wird, wobei gleichzeitig Fe^{2+} gebildet wird. Es scheint sogar Bakterien zu geben, die direkt Eisen oxidieren können, ohne dass dabei erst molekularer Wasserstoff gebildet wird. Die **Manganknollen** auf dem Ozeanboden (die auch erhebliche Anteile von Eisen enthalten) sind bewachsen von Bakteriengemeinschaften, die Eisen und Mangan oxidieren und reduzieren können und an der Knollenbildung beteiligt zu sein scheinen.

17.22
Phosphor-Kreislauf

Phosphor durchläuft keine biologischen Redoxcyclen und tritt nicht als Elektronendonator für lithotrophe Prozesse oder als Elektronenakzeptor von anaeroben Atmungsprozessen auf. Er liegt als Phosphatester in verschiedenen Metaboliten, als **Polyphosphat** oder als anorganisches Molekül vor. Obwohl Biomasse nur etwa 1% Phosphor enthält, also etwa so viel wie Schwefel, tritt Phosphat besonders in Gewässern als limitierender Faktor auf. Phosphat fällt mit mehrwertigen Kationen leicht aus. Besonders gering ist die Löslichkeit von Eisen (III)-Phosphat. Dieses fällt aus und wird im Sediment akkumuliert (s. Abschnitt über Stoffkreisläufe im Sediment). Unter anoxischen Bedingungen kann Eisen jedoch zur zweiwertigen Stufe reduziert werden, die sehr viel leichter löslich ist und das gebundene Phosphat freisetzt.

17.23
Marine Mikrobiologie

Meere bedecken etwa 70% der Erdoberfläche bei einer mittleren Tiefe von etwa 3700 Metern. Das macht etwa 99% der Biosphäre aus. Etwa die Hälfte der globalen Primärproduktion findet im Meer statt, und zwar ganz überwiegend durch Mikroben (Tafel 17.4). Im Mittel beträgt die **marine Jahresproduktion** allerdings nur etwa 69 g organischer Kohlenstoff pro m^2, also etwa nur eine Tafel Schokolade, die 4 km Wassersäule versorgt. Je flacher ein Meer ist, desto höher ist in der Regel die Produktion. Dies gilt nicht nur pro Volumen, sondern auch für die Fläche integriert über die gesamte Tiefe. Ursachen für diesen Befund sind vermehrte Einträge vom Land in die flacheren Zonen (**Ästuare**, **Schelfgebiete**) sowie die Nachlieferung von potenziell limitierenden Stoffen (Fe, N, P) aus dem nahen Sediment.

Die **Vertikalverteilung** der Mikroben in der Wassersäule zeigt Maxima in der **euphotischen** (lichtversorgten) Zone, die 50 bis etwa 200 m tief reichen kann, sowie an der Sedimentoberfläche. Die **Anzahl der Phytoplankter** schwankt sehr stark je nach

Tafel 17.4 Marine Primärproduktion in verschiedenen Bereichen

Bereich	Anteile (%) an der	
	Ozeanfläche	Nettoproduktion
Riffe, Algenwälder	0,1	2,7
Ästuare	0,4	4,0
Auftriebsgebiete	0,1	0,4
Kontinental-Schelf	7,4	17,4
Offener Ozean	92,0	75,5

17

Tafel 17.5   Planktongruppen nach Größe (µm)

Femtoplankton	0,02–0,2
Picoplankton	0,2–2
Nanoplankton	2–20
Mikroplankton	20–200
Mesoplankton	0,2–20 mm

den vorherrschenden Populationen. Die wichtigsten Gruppen sind Diatomeen, Dinoflagellaten und Mikroflagellaten. Cyanobakterien, die als Prokaryoten zur Stickstoff-Fixierung befähigt wären, sind weniger häufig. Dies deutet bereits an, dass die Stickstoff-Versorgung meistens nicht der wichtigste wachstumslimitierende Faktor ist.

Die **Anzahl der Bakterien** liegt meist nahe bei 10^6 mL^{-1}. Nur selten übersteigt sie 10^7 mL^{-1}, und nur im tiefen offenen Ozean fällt sie unter 10^5 mL^{-1}. Marine Bakterien sind wie die an vielen substratarmen Standorten meist nur 0,03 bis 0,4 µm groß (Tafel 17.5). Die Ursache für die recht konstante Anzahl ist die, dass Größen im Fließgleichgewicht durch die Summe von Zuwachs und Verlusten bestimmt werden. Bakterien wachsen schnell und effektiv, wenn Substrat zur Verfügung steht. Aber sie werden vom **Zooplankton**, vor allem **heterotrophen Nanoflagellaten**, effektiv abgeweidet (*grazing*, Fressraten 5 bis 300 Bakterien pro Flagellat und Stunde), solange sie einen Titer von mehr als 10^6 mL^{-1} haben. Bei niedrigen Konzentrationen hingegen wird die Futtersuche der *Grazer* energieaufwändiger als die Ausbeute.

Betrachtet man die Verteilung der Bakterien **kleinskalig**, sollte man sich klar machen, dass Wasser auch für frei schwimmende Bakterien eher ein **Gel** als eine dünne Flüssigkeit ist. So wie ein Mensch kaum in tiefem Sand Rad fahren kann, während ein

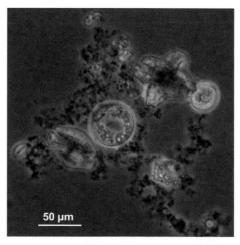

50 µm

Abb. 17.10   Marines Plankton aus dem Pazifischen Ozean. Man erkennt braune Dinoflagellaten, eine Diatomee (*Mitte*) ein Grünalge (*rechts*) sowie zu einer Flocke aggregierte Bakterien (als graue körnige Masse)

Sandlaufkäfer leicht darüber hinwegläuft, stellt Wasser für die Bakterien eine halbfeste Matrix dar, in der sie sich leicht bewegen. In jedem Milliliter Wasser befinden sich **Polymere** mit einer Länge von mehreren tausend Kilometern (wenn auch meist nicht in gestreckter Form). Bereits die DNA von 10^6 Bakterien hat eine Länge von einem Kilometer. DNA liefert aber nur einen kleinen Bruchteil der Polymere. Die meisten sind Proteine und Polysaccharide. Die Masse der **gelösten organischen Substanz** (**DOM**, *dissolved organic matter*), die überwiegend aus Polymeren besteht, übertrifft außerdem die der Bakterien meist um zwei bis drei Größenordnungen.

Der Übergang zwischen gelöster und **partikulärer organischer Substanz** (**POM**, *particulate organic matter*) im Wasser ist fließend. Viele Bakterien siedeln sich auf **Detritus**-Partikeln an, die eine verbesserte und relativ konstante Substratversorgung ermöglichen. Dichtbesiedelte, Schneeflocken ähnelnde **Aggregate** (*marine snow*) können mehrere Millimeter groß werden (Abb. 17.10).

Die Anzahl der **Viren im Meerwasser** scheint die der Bakterien oft um eine oder zwei Größenordnungen zu übertreffen. Ihr Einfluss auf die Lebensgemeinschaften könnte wichtig sein, ist aber noch nicht sehr intensiv erforscht.

17.24
Beispiel Nordsee

Zur Veranschaulichung seien einige Daten aus der Deutschen Bucht vorgestellt (Tafel 17.6). Im Sommer werden dort etwa 10 mg DOC L^{-1} gemessen. Das entspricht etwa 1000 µM C. Organische Phosphorverbindungen und anorganisches Phosphat haben Konzentrationen von nur etwa 0,1 µM. Das C:P-Verhältnis ist also größer als im

Tafel 17.6 Nährstoffe und Plankton in der Deutschen Bucht im Sommer

Gelöster organischer Kohlenstoff (DOC)	10 mg C L^{-1}
Gelöster organischer Phosphor	0,1 µM
Anorganisches Phosphat	0,1 µM
Gelöster organischer Stickstoff	20 µM
Nitrat	1 µM
Phytoplankton-Biomasse	200 µg C L^{-1}
Autotrophe Nanoplankter (<20 µm)	20 000 L^{-1}
Chlorophyll	10 µg L^{-1}
Primärproduktion	400 µg C L^{-1} d^{-1}
Bakterien-Biomasse	60 µg C L^{-1}
Bakterien	$5 \cdot 10^6$ mL^{-1}
Verdopplungszeit der Bakterien	1 d
Biomasse der heterotrophen Nanoplankter	0,6 µg C L^{-1}
Heterotrophe Nanoplankter (< 20 µm)	2 400 mL^{-1}

17

Redfield-Verhältnis ($C_{106}H_{263}O_{110}N_{16}P_1$). Auch das C:N-Verhältnis ist sehr groß, da das Wasser nur etwa 20 µM organische Stickstoff-Verbindungen und 1 µM Nitrat enthält. Den größten Anteil an der Biomasse haben die Phytoplankter. Allerdings erreicht ihre Biomasse nur etwa 2% der des gelösten organischen Kohlenstoffs. Die Primärproduktion pro Tag ist etwa doppelt so groß wie die Phytoplankton-Biomasse. Die Biomasse der Bakterien ist etwa dreimal kleiner als die der Phytoplankter. Sie verdoppeln sich etwa einmal am Tag. Die Anzahl der heterotrophen Nanoplankter ist etwa drei Größenordnungen kleiner als die der Bakterien, ihre Biomasse nur um zwei Größenordnungen.

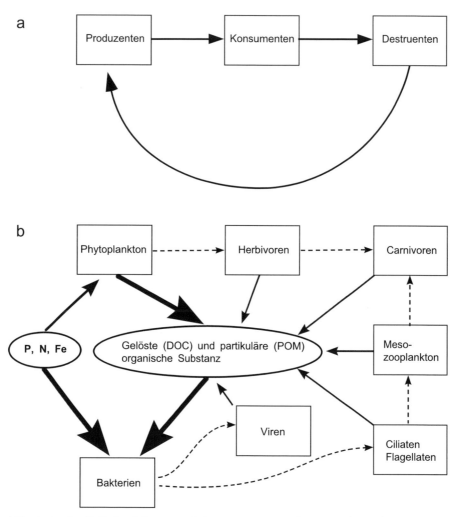

Abb. 17.11 a, b   Rolle der Bakterien **a** als Destruenten am Ende einer Nahrungskette und **b** als dominierende Verwerter der gelösten organischen Substanz und erfolgreiche Konkurrenten um limitierende Ressourcen (P, N, Fe) in einem Gewässer

17.25
Rolle der Bakterien im Nahrungsnetz der Wassersäule

Die klassische Vorstellung der **Nahrungskette** beinhaltet eine Pyramide der Biomassen in der Sequenz der trophischen Ebenen. Die Bakterien als Destruenten am Ende der Kette sollten deshalb einen sehr kleinen Anteil haben. Tatsächlich haben sie aber oft 30% der Biomasse des Phytoplanktons und oft eine Produktion von 30 bis 80% der Primärproduktion. Je stärker oligotroph ein Standort ist (s. Abschnitt über Süßwasser-Seen), desto höher ist der Anteil der Bakterien an Biomasse und Produktion. An extrem oligotrophen Standorten übertrifft die Biomasse der Bakterien sogar oft die der Phytoplankter. Dieser Befund ist nicht mit der Vorstellung vereinbar, dass Bakterien nur als „Müllmänner" die Reste wegräumen. Tatsächlich stehen sie nicht am Ende einer Kette sondern an zentraler Position in einem Netz (Abb. 17.11).

Alle Organismen scheiden gelöste organische Substanzen aus, die von Bakterien verwertet werden. Man hat dies als **microbial loop** (mikrobielle Schleife) bezeichnet, obwohl die Bezeichnung *bacterial loop* treffender wäre. Es stellt sich die Frage, ob die frühzeitige Beteiligung der Bakterien ein Verlust (*sink*) für die Lebensgemeinschaft sei, da hier Ressourcen verbraucht werden, oder ob die Aktivität eher als Verbindungsglied (*link*) anzusehen ist, da die Bakterien gelöste Substanz in partikuläre verwandeln, die vom heterotrophen Plankton genutzt werden kann. Vielleicht erübrigt sich die Frage, wenn man betrachtet, wie es dazu kommt, dass die Bakterien einen so großen Anteil der Produktion verbrauchen. Sie sind durch sehr effektive Transportsysteme starke Konkurrenten um die limitierenden Nährstoffe Phosphor, Stickstoff und – besonders wichtig im marinen Bereich – Eisen. Die Phytoplankter betreiben im Licht in Gegenwart von CO_2 Photosynthese, ohne diese abschalten zu können. Wenn aber essenzielle

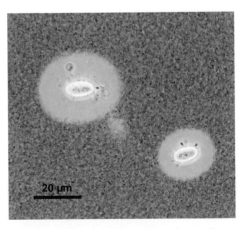

Abb. 17.12 Tuschepräparat von Süßwasser-Algen. Man erkennt die von den Algen gebildeten Schleimhüllen und darin befindliche Bakterien, die offenbar an der Algenzelle angeheftet sind. Wahrscheinlich können die Bakterien von den freigesetzten Kohlenhydraten profitieren. Ob sie die Algen mit Nährstoffen (N, P, Fe) versorgen oder reine Parasiten sind, ist unklar

Nährstoffe fehlen, bleibt ihnen keine andere Möglichkeit als die Ausscheidung von photosynthetisch gebildeten Kohlenstoffverbindungen. Bakterien, welche die Nährstoffe verknappt und gespeichert haben, bekommen nun die Kohlenstoffsubstrate hinzu (Abb. 17.12). Man könnte sie als die heimlichen Chefs bezeichnen, die das Phytoplankton kontrollieren wie Milchbauern das Vieh (oder vielleicht eher wie eine Mafia das Wirtschaftsgeschehen).

17.26
Sedimentation

Der größte Teil der Primärproduktion wird bereits in der photischen Zone abgebaut, weniger als 20% sedimentieren als **Detritus**. Je kürzer die Sedimentationsstrecke ist, desto mehr wird im Sediment akkumuliert. Die Bakterienzahlen steigen an der Sedimentoberfläche bis auf 10^8 bis 10^{10} Zellen cm^{-3} an. In einigen Zentimetern Tiefe sind sie allerdings meist bereits um eine Größenordnung niedriger. Im Sediment wird der größte Teil des ankommenden organischen Materials abgebaut. Die durchschnittliche **Netto-Ablagerung** im Ozean beträgt deshalb nur 0,01 bis 1 g C m^{-2} a^{-1}. Der Sedimentzuwachs beträgt dadurch oft nur 1 mm pro 1 000 Jahre. Der organische Kohlenstoffgehalt der oberen Sedimentschichten ist etwa 0,2 bis 2%. Etwa die Hälfte der Sedimente enthält Kalk aus den Schalen von Phytoplanktern (Foraminiferen und Coccolithophoriden), Silikate von Diatomeen sind weniger häufig.

17.27
Stoffkreisläufe im Sediment

Während in der Wassersäule die oxygene Primärproduktion und aerober Abbau dominieren, laufen im Sediment zahlreiche anaerobe und chemolithotrophe Prozesse ab. Die Sauerstoff-Aufnahme des Sediments ist nur zum Teil direkt auf die Oxidation organischer Substanzen zurückzuführen. Etwa die Hälfte wird für lithotrophe Prozesse verbraucht (s. Kap. 16, Abb. 17.13). Da im Sediment keine turbulente Durchmischung (ausgenommen **Bioturbation** durch Metazoen) stattfindet und die Sauerstoffdiffusion verlangsamt ist, kommt es in geringer Tiefe zum vollständigen Sauerstoffverbrauch. Der Abbau organischer Substanz erfolgt nun primär durch **Gärer**, die aber keine vollständige Oxidation leisten können. Die von ihnen gebildeten Produkte können durch **Sulfat-Reduzierer** vollständig oxidiert werden, wobei Schwefelwasserstoff gebildet wird. Dieser kann mit Eisen zu **Eisensulfid** (FeS) und **Pyrit** (FeS_2) reagieren. Der größte Teil wird aber an der oxisch-anoxischen Grenzschicht **reoxidiert**. Die Oxidation kann zum Teil (Fe^{2+}, Mn^{2+}, H_2S) rein chemisch ablaufen. Normalerweise sind aber die lithotrophen Bakterien sehr viel effektiver als die chemischen Reaktionen.

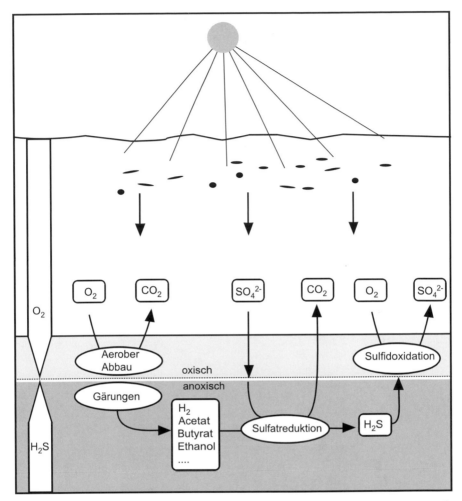

Abb. 17.13 Produktion, Sedimentation und Stoff-Kreislauf in marinen Sedimenten. Etwa die Hälfte des Sauerstoffs wird nicht direkt bei der Oxidation organischer Substanz verbraucht, sondern für die lithotrophe Reoxidation von reduzierten ehemaligen Elektronenakzeptoren, die aus anaeroben Abbauprozessen stammen

Auch **Stickstoff** wird im Sediment aus der organischen Substanz freigesetzt. Das dabei gebildete Ammonium kann an der oxisch-anoxischen Grenzschicht durch **nitrifizierende Bakterien** und **Crenarchaeen** zu Nitrat oxidiert werden. Nitrat steht dann als **N-Quelle für die Assimilation** zur Verfügung oder auch als **Elektronenakzeptor für die Denitrifikation**.

Eisen ist nicht nur Reaktionspartner bei der Ausfällung von Sulfid, es durchläuft an der Oxykline einen Cyclus mit den Oxidationsstufen Fe^{2+} und Fe^{3+}. Dabei sind die oxidierten Formen [$Fe(OH)_3$, $FeO(OH)$ u. a.] unlöslich und ein hervorragendes Fällmittel für Phosphat, das als $FePO_4$ gebunden wird. Das Sediment wirkt so als **Phosphat-Falle und -Speicher**. Allerdings ist diese Funktion nur unter oxischen Bedingun-

17

gen gewährleistet. Unter anoxischen Bedingungen wird Fe^{3+} reduziert zu Fe^{2+}. Dabei wird das reduzierte Eisen löslich oder als Sulfid ausgefällt, und es kommt zu einer Phosphatfreisetzung.

17.28
Tiefe Biosphäre in marinen Sedimenten

Der größte Teil der mikrobiellen Umsetzungen findet in den oberen Zentimetern des Sediments statt. Aber auch in Sedimenten, die Millionen Jahre vom Wasserkörper des Meeres abgeschlossen sind und bis zu **1600 m unter dem Meeresboden,** hat man lebende Bakterien nachgewiesen (Abb. 17.14). Schätzungen zufolge befinden sich hier sogar mehr als 10% der globalen Biomasse. Auch über geologische Zeiträume ab-

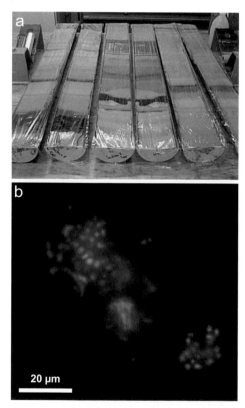

Abb. 17.14 a Sedimentkerne aus dem östlichen Mittelmeer. In den dunklen Schichten, den Sapropelen, die reich an organischem Material sind und vor bis zu 200 000 Jahren abgelagert wurden, lassen sich erhöhte Bakterienzahlen und mikrobielle Aktivitäten nachweisen. **b** Mit SybrGreen angefärbte fluoreszierende Mikrokolonien vom untersten Bereich eines 5 m langen Sedimentkerns

geschlossene Sedimente sind also nicht steril. Vielleicht haben Bakterien hier sogar verbesserte Überlebenschancen, weil ihre Feinde verhungert sind. Es gibt auch außer der Endosporenbildung (s. Kap. 3) zahlreiche **Überdauerungsmechanismen**, die allerdings kaum untersucht sind. Bakterien können aus den verschiedensten Reaktionen Energie für ihr Wachstum gewinnen. Gerade die Anaerobier haben dabei besonders viel „Phantasie". Die Wachstumsraten müssen allerdings extrem gering sein, da es keinen Substrat-Nachschub aus der Wassersäule gibt. Gerade die am unwirtlichsten erscheinenden Standorte bieten aber manchmal besondere Möglichkeiten. So hat man auch in Basaltgesteinen Bakterien entdeckt, die möglicherweise **lithotroph** von der Verwertung reduzierter anorganischer Verbindungen leben, die aus den Steinen stammen.

17.29
Mikrobenmatten

Mikrobenmatten waren in der Erdgeschichte lange die dominierende Wuchsform. Die ältesten fossilen Reste (**Stromatolithe,** griech. Kissensteine) sind 3,8 Milliarden Jahre alt. Heute findet man solche Matten seltener, da sie gern von Metazoen abgeweidet werden (Abb. 17.15). Nur an heißen Quellen oder in extrem salzhaltigem Milieu können sie sich massiv entwickeln. Weniger auffällige, doch bei genauem Hinsehen sehr schöne Mikrobenmatten kann man im Sandwatt entdecken. Im **Farbstreifen-Sandwatt** (Abb. 17.16) finden sich komplexe laminar geschichtete mikrobielle Lebensgemeinschaften. Nahe der Oberfläche, die manchmal sandbedeckt ist, findet man braun, gelb oder grün gefärbte phototrophe Mikroben, bei denen es sich um fädige

Abb. 17.15 Mikrobenmatte in einer Salzmarsch (Sippewisset, Massachusetts)

17

Abb. 17.16 Farbstreifen-Sandwatt, eine geschichtete Lebensgemeinschaft verschiedener phototropher Mikroorganismen in feuchtem Sand

Cyanobakterien (*Oscillatoria, Microcoleus chthonoplastes*) oder Diatomeen handelt. Morgens erscheint die Oberfläche oft auch weißlich. Dies ist auf elementaren Schwefel zurückzuführen, der sich innerhalb oder außerhalb von farblosen schwefeloxidierenden Bakterien (*Beggiatoa*) befindet. Etwas tiefer befindet sich eine rötliche oder lachsfarbene Schicht mit Schwefelpurpurbakterien (*Chromatium, Thiocapsa roseopersicina*). Darunter ist die Matte schwarz gefärbt durch Eisensulfid, noch tiefer ist die Farbe eher grau durch Pyrit. Die stabile Schichtung der Farben ist dabei irreführend, denn die Matte ist ausgeprägten Tagesgängen ausgesetzt. Tagsüber führt die Photosynthese zu einer Sättigung der oberen Schichten mit Sauerstoff. Gleichzeitig werden organische Verbindungen freigesetzt, die auch die heterotrophen Populationen in der Matte ernähren. Im Dunkeln steigt die oxisch-anoxische Grenzschicht bis an die Oberfläche und anaerobe Prozesse dominieren in der Matte. Ein Überschuss von Sulfid wird freigesetzt und an der Oberfläche reoxidiert, wobei elementarer Schwefel sichtbar werden kann.

17.30
Süßwasser-Seen

Der **Anteil des Süßwassers** am Wasser der Erde beträgt weniger als 2%. Dennoch haben Flüsse und Seen essenzielle Bedeutung für alles terrestrische Leben. Die meisten Seen sind erst nach der letzten Eiszeit entstanden und damit **erdgeschichtlich** relativ jung. Sie sind **klimatischen Einflüssen** stärker ausgesetzt als die viel größeren Ozeane. Die geringe Größe von Seen hat einen erhöhten Einfluss von als **allochthon** bezeichneten Einträgen aus der terrestrischen Umgebung und Einflüssen aus dem Sediment zur Folge. Dies ermöglicht auch eine höhere Produktion und Sedimentakkumulation als im Meer.

Tafel 17.7 Typische Kennzeichen oligotropher und eutropher Seen

	Oligotroph	Eutroph
Tiefe	groß	gering
Epilimnion: Hypolimnion	≤ 1	>1
Gesamt-Phosphor ($\mu g\ L^{-1}$)	<10	>30
Primärproduktion ($mg\ C\ m^{-2}\ d^{-1}$)	50–300	≈ 1000
Algenbiomasse ($mg\ C\ L^{-1}$)	0,02–0,1	$>0,3$
Chlorophyll a ($\mu g\ L^{-1}$)	0,3–3	10–500

Man klassifiziert Seen nach dem Nährstoffgehalt als **oligotroph** oder **eutroph** (Tafel 17.7). Typische oligotrophe Seen haben eine relativ große Tiefe. Der Bereich der oberen durchmischten Schicht (**Epilimnion**) ist kleiner als der des unteren Wasserkörpers (**Hypolimnion**). **Phosphat** ist wachstumsbegrenzender Faktor. In oligotrophen Seen findet man typischerweise weniger als 10 µg Gesamt-Phosphor pro Liter, während in eutrophen Seen der Gehalt über 30 µg liegt. Entsprechend sind Primärproduktion, Algen-Biomasse und Chlorophyllgehalt in eutrophen Seen meist drei- bis zwanzigfach höher als in oligotrophen.

17.31
Sommerstagnation eines Sees

Typisch für eutrophe Seen ist die Ausbildung charakteristischer chemischer Gradienten während der **Sommerstagnation**. Die Sonnenstrahlung führt zunächst zur Erwärmung des Epilimnions. Es entsteht ein Temperatur-Gradient, eine **Thermokline**, mit einem Gefälle von etwa 1 °C pro m Wassertiefe. Der Temperatur-Gradient ist gleichzeitig ein Dichte-Gradient, der als Durchmischungsbremse wirkt und Sauerstoffeintrag in das Hypolimnion unterbindet. Aus dem ursprünglich rein physikalischen Gradienten entwickeln sich nun durch mikrobielle Aktivitäten chemische und biologische. Das **Sediment** enthält in konzentrierter Form partikuläre organische Substanz (POC, Detritus), ausgefälltes anorganisches Phosphat und organische Phosphorverbindungen sowie reduzierte Stickstoff-Verbindungen. Die Sauerstoffzehrung im Sediment führt zu dessen vollständigem Verbrauch und danach zu einer **anoxischen Zone** in der Wassersäule, beginnend und aufsteigend vom Sediment. Verwertbare Elektronenakzeptoren werden in der Reihenfolge ihrer Redoxpotenziale verbraucht. Es entwickeln sich charakteristische Gradienten von NO_3^-, NH_4^+, CH_4, SO_4^{2-}, H_2S, P_i, Fe^{2+}. Besonders komplex sind die Verhältnisse in der **Oxykline**, die oft mit der Thermokline übereinstimmt. Man findet dort vermehrt **chemolithotrophe Bakterien** und, falls die anoxische Zone noch vom Licht erreicht wird, auch **anoxygen phototrophe Bakterien**.

17

Diese führen eine Primärproduktion im Licht durch, indem sie H_2S zur Reduktion von CO_2 nutzen. Allerdings kann diese Primärproduktion nicht mit der oxygenen auf eine Stufe gestellt werden. Das verwendete H_2S ist ein Produkt der Oxidation von organischem Material. Man spricht deshalb auch von sekundärer Primärproduktion. Die Temperatur-Gradienten werden normalerweise im Herbst durch Abkühlung und Stürme, die eine Zirkulation des Wassers bewirken, wieder aufgelöst.

17.32
Wirkung von Phosphat auf die Sauerstoffkonzentration

Die Wirkung von Phosphat auf die Biomasse und Sauerstoffkonzentration in einem See ist drastisch. Ein Kilogramm Phosphor enthält etwa 30 mol P. Anhand der molekularen Zusammensetzung von Algen-Biomasse $C_{106}H_{263}O_{110}N_{16}P_1$ (**Redfield-Verhältnis**) lässt sich errechnen, dass 1 kg Phosphor das Wachstum von mehr als 100 kg Algentrockenmasse oder mehr als 1 t frische Algen ermöglicht. Dabei werden zunächst etwa 3 000 (106 · 30) mol CO_2 fixiert und ebenso viel O_2 freigesetzt (s. Photosynthese-Gleichung). Während die Algen im See verbleiben, geht der freigesetzte Sauerstoff aufgrund seiner geringen Löslichkeit in Wasser überwiegend in die Atmosphäre. Kommt es nun zum Absterben der Algen, sinken sie auf den Grund und verursachen eine Sauerstoffzehrung. Die 3 000 mol Sauerstoff, die zur Oxidation der Algen benötigt werden, entsprechen dem Sauerstoffgehalt von etwa 15 000 m³ luftgesättigtem Wasser.

17.33
Mikrobielle Ökologie des Bodens

Böden sind sehr komplexe Biotope. **Heterogenität** ist ihr typisches Merkmal. Es gibt sowohl wassergefüllte als auch gasgefüllte Hohlräume, oxische und anoxische Zonen. Die Bodenpartikel sind meist mit einem Wasserfilm überzogen und bieten sehr große Grenzflächen. **Verwitterung** führt zur Veränderung durch physikalische (Druck, Temperatur-, Frost-, Salzsprengung) und chemische Prozesse (Hydrolyse in saurem Milieu, Reduktion und Oxidation von Metall-Ionen) (Tafel 17.8).

Die größte Fraktion organischer Stoffe im Boden sind die **Huminstoffe**. Dabei handelt es sich um bräunliche Polymere, die aus aromatischen Ringsystemen mit Molekulargewichten zwischen 100 und 10 000 bestehen. Huminstoffe tragen Carbonyl-, Carboxyl- oder Hydroxylreste und wirken wie die Tonminerale des Bodens als Ionenaustauscher. Organische Substanzen können recht effektiv von den Bodenbestandteilen adsorbiert werden und sind dadurch nur schwer verfügbar für Bakterien.

Tafel 17.8 Verwitterungsreaktionen im Boden

Auswaschung von Metallen aus Silikaten (M = Fe, Al, Ca, Mn, Mg u. a.)

$-Si-O-M + H^+ \rightarrow -Si-OH + M^+$

Auflösung von Dolomit zu Calcium- und Magnesium-Hydrogencarbonat

$CaMg(CO_3)_2 + 2\,H_2CO_3 \rightarrow Ca(HCO_3)_2 + Mg(HCO_3)_2$

Oxidation von Eisen- und Mangan-Ionen

$Fe^{2+} \rightarrow Fe^{3+}$

$Mn^{2+} \rightarrow Mn^{4+}$

Böden sind entsprechend ihrer Entstehung geschichtet. Man unterscheidet **organische Schichten** (O-Horziont), eine **humose obere Schicht** (A-Horizont), **mineralische Schichten** (B-Horizont) und **Ausgangsgestein** (C-Horizont).

17.34
Beispiel Wiese

Der Boden einer typischen Wiese hat etwa 50% Hohlräume, welche die Diffusion von Gasen erleichtern. **Staunässe** darin verringert allerdings die Gasdiffusion um etwa den Faktor 1 000. Anorganische Bestandteile haben einen Anteil von etwa 45%, organische von etwa 5%. Davon sind 85% **Humus** und 15% Boden-Flora und -Fauna, vor allem Mikroben (Tafel 17.9).

Pilze spielen im Boden eine viel größere Rolle als im Wasser. Auch unter den Bakterien findet man fädige Typen (Actinomyceten). Als *Grazer* spielen nicht nur Protozoen eine Rolle, sondern auch **Nematoden**. Entsprechend der Heterogenität des Bodens findet man eine gewaltige Diversität seiner Bewohner. Vorsichtigen Abschätzungen zufolge befinden sich in 30 g Waldboden 13 000 verschiedene Bakterienarten, neueren Schätzungen zufolge könnten es auch 500 000 sein.

Tafel 17.9 Biomasse und Organismenzahl im Boden einer Wiese

	Masse	Zahl (g^{-1})
Pilze	≈50%	10^7
Bakterien (viele Actinomyceten)	20%	10^9
Protozoen, Algen	20%	10^6
Nematoden	1%	10^3
Würmer, Mollusken, Insekten	10%	wenige

17.35
Mikroflora tierischer Verdauungssysteme

Nicht nur in jedem Menschen fühlen sich 10^{14} Bakterien wohl – und wir uns mit ihnen. Viele Tiere sind essenziell auf Symbiosen mit Bakterien in ihren Verdauungssystemen angewiesen. Manche Tiere (z. B. Kaninchen) fressen Teile ihres eigenen Kots, um dadurch **mikrobiell gebildete Nährstoffe** (organischen Stickstoff, Vitamine) zu gewinnen, die in ihrer Nahrung nicht vorhanden sind. Andere benötigen eine spezielle Mikroflora zur **Entgiftung** der Nahrung. So würden junge Koalabären ohne von der Mutter als Brei weitergegebene Bakterien an der aus den Eukalyptus-Blättern freigesetzten Blausäure sterben. Termiten können Holz nur durch eine spezielle Mikroflora aufschließen. Selbst Rinder und alle anderen **Wiederkäuer** (u. a. Schaf, Antilope, Giraffe und der „Stinkvogel" Hoatzin) können ihre pflanzliche Nahrung nicht selbst verdauen. Der Pansen ist ein strikt anaerober Fermenter. Die Cellulose des Futters wird aufgeschlossen durch Cellulasen, die von Bakterien, Protozoen und Pilzen stammen. Die weiteren Umsetzungen der freigesetzten Glucose-Einheiten im Pansen lassen sich durch die folgende Gleichung beschreiben

$$57,5 \, \text{Glucose} \rightarrow 65 \, \text{Acetat} + 20 \, \text{Propionat} + 15 \, \text{Butyrat} + 60 \, CO_2$$
$$+ 35 \, CH_4 + 25 \, H_2O \qquad \text{[17.8]}$$

Das Rind lebt von den durch die Gärprozesse gebildeten Fettsäuren, die in seinen Körperzellen letztlich mit Sauerstoff vollständig oxidiert werden, sofern sie nicht dem Wachstum oder der Milchbildung dienen. Durch die schubweise (semikontinuierliche) Fermentation mit relativ geringer Verweilzeit wird ein vollständiger methanogener Abbau verhindert, bei dem aus Glucose nur Methan und Kohlendioxid gebildet würden, die für ein Rind wertlos sind. Das gebildete Methan stammt aus dem Verbrauch von Gärungs-Wasserstoff, der für Rinder ohnehin nicht nutzbar wäre. Dennoch wird versucht, die methanogenen Bakterien im Pansen mit Hemmstoffen (z. B. mit dem Natrium-Ionophor **Monensin**) zu hemmen und so die Milchleistung zu steigern.

17.36
Extremophile Bakterien – Standorte und Anpassungen

Prokaryoten sind Lebenskünstler. Sie gedeihen unter chemischen und physikalischen Bedingungen, die wir als extrem bezeichnen. Allerdings sollte man sich die Abhängigkeit dieses Begriffs von der eigenen Perspektive vor Augen führen. Über lange Zeiträume und an vielen Standorten ist und war das uns extrem Erscheinende normal. Ein eintrocknender Regentropfen auf einem Stein kann bei entsprechenden Klimabedingungen extreme Temperaturen und je nach Art des Gesteins extreme pH-Werte oder Salzkonzentrationen aufweisen. Manche Prokaryoten sind aber nicht nur tolerant gegenüber aggressiven Chemikalien, radioaktiver Strahlung (*Deinococcus radiodurans*) oder hohen Temperaturen, sondern sie sind auf solch lebensfeindliche Bedingungen angewiesen. Viele von diesen extremophilen Organismen gehören zu den **Archaeen**.

Ein Luftballon schrumpft in 1 000 m Wassertiefe auf ein Hundertstel seines Volumens, es sei denn, er ist mit Wasser statt mit Gas gefüllt. Da auch Zellen mit Flüssigkeit gefüllt sind, verwundert es nicht, dass es bis in die größten Tiefe der Meere Leben gibt. Während Tiere aus großen Tiefen stets obligat **barophil** (griech. Druck liebend) sind und nicht ohne Überdruck wachsen, findet man unter den Bakterien auch **barotolerante**, die sowohl unter Druck als auch ohne wachsen können. Von den obligat barophilen Bakterien weiß man allerdings sehr wenig, da es sehr aufwändig ist, diese Organismen zu kultivieren, ohne eine zwischenzeitliche Dekompression zuzulassen. Anpassungen an den hohen Druck kennt man wenige. Man hat erhöhte Anteile an ungesättigten Fettsäuren, durch welche die Membran flexibler wird, in der Membran gefunden. Dies könnte allerdings auch eine Anpassung an die niedrige Temperatur sein. Barophile Bakterien sind fast immer auch **psychrophil** (griech. Kälte liebend).

Bewohner hoch konzentrierter Salzlösungen können sowohl zu den Bakterien als auch zu den Archaeen gehören. Auch hier unterscheidet man zwischen **Halotoleranz** und **Halophilie**. Während manche Bakterien auch ohne Salz wachsen können, sind andere obligat darauf angewiesen. Hohe Salzkonzentrationen würden zu einem Wasserverlust der Zelle führen, wenn sie nicht selbst entsprechende Konzentrationen gelöster Substanzen enthielten. Man findet dabei zwei Strategien. Ein Teil der halophilen Bakterien akkumuliert in der Zelle hohe Konzentrationen von Kalium-Ionen, die den Stoffwechsel weniger hemmen als Natrium-Ionen. Andere bilden **kompatible Solute** oder **Osmolytika**. Dies sind oft einfache organische Moleküle, die in hoher Konzentration den Stoffwechsel weniger stören als Salz.

Während die meisten Bakterien im **pH-Bereich** von 6 bis 8 optimal wachsen, können manche auch Säuren oder Laugen im **pH-Bereich** von 1 bis 11 tolerieren (**Acido-** bzw. **Alkalitoleranz**) oder sogar optimal darin wachsen (**Acido-** bzw. **Alkaliphile**) sein. Dabei kommt den Organismen zugute, dass die Membran undurchlässig für Protonen ist. Die Zellen zeigen im Cytoplasma einen nur leicht veränderten pH-Wert. Das bedeutet aber auch, dass das Protonen-Potenzial anders zusammengesetzt ist als bei neutrophilen Bakterien. Bei den Acidophilen ist der pH-Gradient vergrößert, während das Membranpotenzial von geringer Bedeutung ist. Bei den alkaliphilen Bakterien ist es umgekehrt. Hier ist sogar der pH-Gradient invertiert, das Cytoplasma saurer als die Umgebung. Oft nutzen alkaliphile Bakterien Natrium-Ionen statt Protonen als Kopplungsion bei Atmung und Geißelantrieb.

Der **Temperaturbereich**, der Leben ermöglicht, liegt zwischen etwa −18 und mehr als 120 °C. Die Untergrenze scheint durch die Verfügbarkeit von flüssigem Wasser gegeben zu sein, die Obergrenze durch die thermische Zersetzung verschiedener Moleküle, die bei Temperaturen über 100 °C Halbwertszeiten von wenigen Sekunden haben und ständig neu synthetisiert werden müssen. Viele Lebewesen weisen eine gute **Kältetoleranz** auf. Kälte liebende (**psychrophile**) Organismen findet man nicht nur unter den Prokaryoten, sondern auch bei einigen Protozoen, marinen Algen oder mit der Schneealge *Chlamydomonas nivalis*. Eine typische Anpassung psychrophiler Bakterien ist der erhöhte Anteil ungesättigter Fettsäuren in der Membran (wie bereits bei den barophilen Bakterien erwähnt).

Tafel 17.10   Maximale Wachstumstemperaturen

	°C
Fische	38
Insekten, Crustaceen	50
Gefäßpflanzen	45
Moose	50
Protozoen	56
Algen	60
Pilze	62
Anoxygen phototrophe Bakterien	73
Cyanobakterien	74
Chemoorganotrophe Eubacteria	90
Archaea	121

Bei der Toleranz von Hitze sind die Prokaryoten den Eukaryoten weit überlegen (Tafel 17.10). Zwar gibt es einige **thermophile** Organismen, besonders unter den Protozoen und Algen, die bei Temperaturen von mehr als 45 °C wachsen. **Hyperthermophile** Organismen, die bei Temperaturen über 80 °C optimal wachsen, gibt es aber nur unter den Prokaryoten. Den Rekord halten die Archaeen, von denen einige bei Temperaturen von bis über 100 °C wachsen. Den Rekord hält derzeit ein Archaeon, das in der Nähe von heißen Hydrothermal-Quellen am Boden des Pazifischen Ozeans gefunden wurde und noch bei 121 °C wachsen kann.

Tafel 17.11   Stoffwechsel hyperthermophiler Prokaryoten (nicht stöchiometrisch)

Archaea

Pyrodictium	$H_2 + S \rightarrow H_2S$	(autotroph)
Thermoproteus	$\text{Zucker} + S \rightarrow CO_2 + H_2S$	
Acidianus	$S \rightarrow H_2S \rightarrow S \rightarrow SO_4^{2-}$ $\uparrow \ O_2 \ \uparrow$	
Pyrobaculum	$\text{Peptide} + S \rightarrow H_2S$	
Archaeoglobus	$H_2, \text{org. Substrate} + SO_4^{2-} \rightarrow H_2S$	
Methanopyrus	$H_2 + CO_2 \rightarrow CH_4$	(autotroph)
Sulfolobus	$H_2, \text{Zucker}, S + O_2 \rightarrow CO_2 + H_2O + SO_4^{2-}$	
Pyrococcus	Zucker-Vergärung	
Bacteria		
Aquifex	$S + O_2 \rightarrow SO_4^{2-}$	(autotroph)
	$H_2 + O_2\,(NO_3^-) \rightarrow H_2O\,(N_2)$	
Thermotoga	Zucker-Vergärung $(S \rightarrow H_2S)$	

Hyperthermophile Organismen benötigen verschiedene **Anpassungen**, von denen jedoch erst wenige verstanden sind. DNA denaturiert normalerweise zwischen 90 und 100 °C. Bei manchen hyperthermophilen Organismen hat man eine Verpackung aus schützenden Proteinen gefunden, die den **Histonen** der Eukaryoten ähnelt. Außerdem sorgt ein Enzym (**Gyrase**), das normalerweise an der Entfaltung der DNA beteiligt ist, dafür, dass die DNA stramm verdrillt bleibt. Die Proteine weisen leichte Veränderungen auf, die eine kompaktere Faltung ermöglichen. Außerdem haben viele hyperthermophile Organismen kompatible Solute oder Kalium-Ionen im Cytoplasma angereichert. Die Membranen sind stabilisiert durch **Etherlipide** (Archaeen) und C_{40}-**Lipide** (auch bei dem Eubakterium *Thermotoga*), welche die Membran durchspannen.

17.37
Stoffwechsel hyperthermophiler Prokaryoten

Auffällig ist, dass viele der hyperthermophilen Prokaryoten einen **lithotrophen** Stoffwechsel haben (Tafel 17.11). Sie können ihren Energiebedarf durch Umsetzung rein anorganischer Substrate decken. Viele sind anaerob, einige **autotroph**. Mehrere benötigen sogar nur gasförmige Substrate (H_2, CO_2, O_2). Mehrere leben von der Umsetzung von Schwefelverbindungen, einige benötigen Schwefel auch, wenn sie mit organischen Substraten wachsen. Wahrhaft diabolische Archaeen gehören zur Gattung *Acidianus*. Sie leben in fast kochender Säure (80 °C, pH 2) und setzen Schwefelverbindungen um. Unter anoxischen Bedingungen wird Schwefel reduziert; steht Sauerstoff zur Verfügung, wird er oxidiert.

17.38
Leben an heißen Tiefseequellen

Fast überall gleicht der Ozeanboden einer kalten Wüste. An manchen Stellen jedoch gibt es faszinierende exotische Lebensgemeinschaften mit hoher Populationsdichte und Produktion. Diese findet man in der Nähe heißer untermeerischer Quellen an den Spreizungszentren der mittelozeanischen Rücken. Hier steigt Magma bis in die Nähe des Meeresbodens auf. Es gibt **schwarze Raucher** (*black smoker*), an denen bis auf 350 °C aufgeheiztes Hydrothermalwasser emporströmt. An anderen Stellen beträgt die Temperatur immerhin mehr als 20 °C. Die Hydrothermalflüssigkeit enthält verschiedene Gase (H_2S, NH_3, CH_4, H_2 sowie CO_2) und reduzierte Metall-Ionen (Fe^{2+}, Mn^{2+}, Cu^{2+} usw.), die vom Meerwasser aus dem Basalt gelöst werden. **Schwefelwasserstoff** ist dabei für die Entwicklung der Lebensgemeinschaft die wichtigste Verbindung. Mit Tauchbooten beobachtet man ausgefallenen Schwefel und Matten mit Schwefel oxidierenden Bakterien. In der Nähe entwickeln sich verschiedene Muscheln, Krebse und mehr als 1 m große **Röhrenwürmer** (*Riftia pachyptila*). Sie leben in Symbiose mit Schwefel-oxidierenden Bakterien, die den größten Teil des Wurmes in einem **Trophosom** füllen. Der Wurm hat weder Mund noch After. Er hat aber Kiemen, durch die Blut zirkuliert, das mit Hilfe eines ungewöhnlichen Hämoglobins sowohl Sauerstoff als auch Schwefelwasserstoff in das Trophosom transportiert. In diesem wachsen nun die symbiotischen Bakterien, die chemoautolithotroph Sulfid mit Sauerstoff oxidieren und CO_2 fixieren. Der Wurm lebt entweder von der Verdauung der Bakterien oder von organischen Stoffen, die von diesen freigesetzt werden.

Grundlage für die Existenz der exotischen Lebensgemeinschaft ist die **Primärproduktion im Dunkeln**, die durch die reduzierten anorganischen Verbindungen möglich wird. Die Elektronendonatoren entstammen dem Erdinnern. Dennoch ist die Lebensgemeinschaft nicht unabhängig vom Licht der Sonne. Der wichtigste Elektronenakzeptor Sauerstoff entstammt nämlich der oxygenen Photosynthese. Die Bedingungen haben aber in manchen Punkten Ähnlichkeit mit denen in Szenarien, die man sich für die Umgebung der ersten Lebewesen vorstellt.

Glossar

> **acidophil, acidotolerant:** Saures Milieu bevorzugend bzw. ertragend
> **Ästuar:** Flussmündungsgebiet mit Brackwassereinfluss
> **Alkaliphil, alkalitolerant:** Alkalisches Milieu bevorzugend bzw. ertragend
> **Allochthon:** Von einem anderem Standort eingetragen
> **Amensalismus:** Hemmung einer Art ohne Einfluss auf die andere
> **Antikörper:** Vom Immunsystem gebildetes Protein, das ein spezielles Molekül (Antigen) bindet
> **Autochthon:** Am Standort stets vorkommend
> *Autoinducer*: Molekül, das dichteabhängig als Signalstoff seine eigene Synthese stimuliert
> **Autökologie:** Betrachtung eines Organismus und seiner Umweltbeziehungen
> **Bacteroide:** Verformte Stickstoff fixierende Bakterien in Wurzelknöllchen
> **barophil, barotolerant:** Druck bevorzugend bzw. ertragend
> **β-Oxidation:** Stoffwechselweg, durch den Fettsäuren in Acetat-Reste zerlegt werden
> **Bioturbation:** Umwälzung des Untergrunds durch Lebewesen
> **Cellulose:** Strukturbildendes Polymer aus Glucose-Einheiten
> **Coccolithophoriden:** Kalkschalen bildende Algen
> **Demökologie:** Betrachtung der Beziehungen von Populationen in einem Ökosystem
> **denaturierende Gradienten-Gelelektrophorese:** Methode zur Trennung gleichlanger DNA-Stücke mit verschiedener Sequenz

> **Detritus:** Partikuläres abgestorbenes sedimentierendes Material in einem Gewässer
> **diffusive Grenzschicht:** Schicht unmittelbar über der Sediment-Wasser-Grenze, in der Transport rein diffusiv erfolgt
> **DOM** (*dissolved organic matter*): Gelöste organische Stoffe
> **Epilimnion:** Obere durchmischte Schicht in einem See
> **eutroph:** Nährstoffreich (griech. wohlgenährt)
> **Exonuklease:** Enzym, das DNA von den Enden her abbaut
> **Ficksche Diffusionsgesetze:** Formeln zur Beschreibung des Stoffflusses durch Gradienten
> **Fließgleichgewicht:** Dynamisches System, in dem der Zufluss einer Komponente gleich dem Verbrauch ist
> **Foraminiferen:** Kalkschalen bildende Einzeller mit sehr unterschiedlichen Größenklassen
> **Gesamtzellzahl:** Anzahl aller nachweisbaren Bakterien ohne Rücksicht auf die Kultivierbarkeit, oft mit fluoreszierenden Indikatoren bestimmt
> *Grazing:* Abweiden von Bakterien
> **Gyrase:** Enzym, das die Verdrillung von DNA beeinflusst
> **Halbsättigungskonstante:** Konzentration, bei der durch Substratlimitierung die Aktivität oder Wachstumsrate halbmaximal ist
> **Hemicellulose:** Polysaccharide aus verschiedenen Pentosen und Hexosen, zum Teil mit Säureresten
> **Histone:** Proteine, welche die DNA im Kern von Eukaryoten stabilisieren
> **Homoserinlactone:** Kleine Moleküle mit einem Lactonring, die als Signalstoffe wirken
> **Humus:** Abgestorbene organische Substanz im Boden mit aromatischen und Säuregruppen
> **Hydrophobizität:** Maß für die Abstoßung von Wasser
> **Hypolimnion:** Bereich unter dem Metalimnion in einem See
> **Immunofluoreszenz-Sonde:** Mit einem fluoreszierenden Rest markierter Antikörper, der Zellen mit speziellen Bindungsstellen (Antigenen) sichtbar macht
> **Infektion:** Eindringen von Bakterien in einen anderen Organismus
> *interspecies hydrogen transfer:* Übertragung von Reduktionsäquivalenten zwischen Organismen in Form von molekularem Wasserstoff
> **Kommensalismus:** Gemeinsame Nutzung von Ressourcen durch verschiedene Arten ohne gegenseitige nachteilige Einflüsse
> **Kompatible Solute:** Stoffe, die in hoher Konzentration den Stoffwechsel in der Zelle nicht hemmen
> **Konsumenten:** Organismen, die keine Primärproduktion leisten
> **K-Stratege:** Organismus, der auch bei kleinen Substrat-Konzentrationen überlebt
> **Lebendzellzahl:** Anzahl der Keime, die zur Vermehrung gebracht werden können
> **Lebensgemeinschaft:** Gesamtheit der Populationen an einem Standort

17

> **Lignin:** Komplexer unregelmäßig aufgebauter Baustoff von Holz; Grundbausteine sind Phenylpropan-Derivate
> **Luciferase:** Enzym, das Lichtfreisetzung durch Lebewesen katalysiert
> **Manganknollen:** Eisen- und Mangan-haltige Aggregate auf dem Meeresboden, deren Bildung wahrscheinlich von Bakterien beeinflusst ist
> **Metalimnion:** Sprungschicht in einem See
> **Methylumbelliferyl-Substrate:** Für Aktivitätsmessungen eingesetzte Stoffe, die nach Abspaltung einer Gruppe fluoreszieren
> *microbial loop:* Assimilation gelöster organischer Substanz durch Bakterien auf niedriger Ebene des Nahrungsnetzes
> **Mikrokalorimetrie:** Methode zur Messung der Freisetzung geringster Wärmemengen durch biologische Prozesse
> **mutualistisch:** Wechselseitig
> **Nematoden:** Fadenwürmer
> **oligotroph:** Nährstoffarm
> **Osmolytika:** Kompatible Solute
> **Oxykline:** Sauerstoff-Sprungschicht
> **Pektin:** Polysaccharide der Mittellamellen pflanzlicher Gewebe, reich an veresterten Galacturonsäuren
> **Peroxidase:** Enzym, das Wasserstoffperoxid (H_2O_2) als Cosubstrat nutzt
> **Pheromon:** Signalstoff, der über räumliche Distanz wirksam ist
> **Phytoplankton:** Im Wasser treibende pflanzliche Organismen
> **POM** (*particulate organic material*): Partikuläre organische Substanz
> **Population:** Gesamtheit der Vertreter einer Art an einem Standort
> **psychrophil, psychrotolerant:** Kälte bevorzugend bzw. ertragend
> **Pyrit:** Eisenmineral, FeS_2
> **Restriktions-Endonuklease:** Enzym, das Fremd-DNA in der Zelle an spezifischen Sequenzen zerschneidet
> **RNA-Sonde:** Mit einem fluoreszierenden Rest oder einer radioaktiven Markierung versehenes RNA-Oligonukleotid mit einer Länge von etwa 18 Nukleotiden
> **r-Stratege:** Organismus, der nur bei hohem Substratangebot, dann aber massenhaft zum Wachstum kommt
> **Schelf:** Kontinentalrand eines Ozeanes bis zu einer Wassertiefe von etwa 200 m
> **Sekundärproduktion:** Biomassebildung durch Konsumenten
> **Sommerstagnation:** Ausbildung von vertikalen Gradienten in einem See durch Wärmeeinfluss und biologische Prozesse
> **Stromatolith:** Laminierter Stein, der durch Mikrobenmatten gebildet wurde
> **Sulfuretum:** Von Bakterien des Schwefel-Kreislaufs dominierter Standort
> **Synökologie:** Betrachtung von Wechselwirkungen von Lebensgemeinschaft und Umwelt
> **Thermokline:** Temperatur-Sprungschicht

> *Tracer:* Höchst empfindlich nachweisbarer Stoff, der wie natürliche Substrate umgesetzt und zum Nachweis von Stoffwechsel-Aktivitäten verwendet wird
> **Transaminase:** Enzym, das Aminogruppen überträgt
> **Trophosom:** Mit symbiotischen Schwefel oxidierenden Bakterien angefülltes Organ der Röhrenwürmer (*Riftia pachyptila*) an Hydrothermalquellen im Meer
> *Turnover-Zeit:* Zeit zum Umsatz der aktuellen Konzentration eines Stoffes
> **Verwitterung:** Biologische, chemische und physikalische Prozesse, die zum Zerfall eines Körpers führen
> **Wurzelknöllchen:** Von symbiotischen Stickstoff fixierenden Bakterien ausgebildete Wucherungen von Pflanzenwurzeln
> **Xenobiotikum:** Anthropogener Stoff, der in der Evolution bisher nicht aufgetreten ist
> **Zooplankton:** Im Wasser treibende tierische Organismen

Prüfungsfragen

> Wie sind Autökologie und Synökologie definiert?
> Welche einfache Formel beschreibt sowohl die Photosynthese als auch den aeroben Abbau?
> Was ist Sekundärproduktion?
> Welche Typen von Wechselbeziehungen gibt es zwischen Organismen?
> Was sind Symbiose und Syntrophie?
> Welche Schritte erfordert der Abbau organischer Substanz?
> Was unterscheidet aerobe und anaerobe Abbauprozesse?
> Welche Schritte im Stickstoff-Kreislauf werden nur von Prokaryoten geleistet?
> Welche Dimension hat der K_s-Wert?
> Welche Parameter bestimmen die Diffusion in einem Gradienten?
> Wie bestimmt man Gesamtzellzahl und Lebendzellzahl von Bakterien?
> Was bestimmt die Substrat-Affinität eines Bakteriums?
> Welche Vorteile bieten Fluoreszenz-Techniken?
> Wie analysiert man die Artenvielfalt an natürlichen Standorten?
> Wie viele Bakterien enthält 1 mL See- oder Meerwasser?
> Weshalb ist der Phosphor-Kreislauf von Redoxprozessen im Sediment abhängig?
> Woher kommen die Energiequellen der exotischen Lebensgemeinschaften an heißen Hydrothermalquellen?

Themen und Lernziele: Entstehung der Erde; Erdgeschichte und Lebensgeschichte; Urzeugung und primäre Biogenese; Spuren frühen Lebens; molekulare Evolution; mögliche Kohlenstoff- und Energiequellen der ersten Organismen; ein plausibles Szenarium, wie es gewesen sein könnte; Wasserstoff-Hypothese; Entwicklung größerer Organismen

18.1
Entstehung der Erde

Der **Urknall** als Beginn von Raum, Zeit, Materie und aller Prozesse, über welche die Naturwissenschaften Aussagen machen, hat vor etwa 15 Milliarden Jahren (15 Ga) stattgefunden (Tafel 18.1). Das Alter unserer Milchstraße wird auf etwa 10 Milliarden Jahre geschätzt. Ihr Zentrum ist etwa 25 000 Lichtjahre von uns entfernt (zum Vergleich, der Mond ist etwa eine Lichtsekunde, die Sonne etwa 8 Lichtminuten von uns entfernt). Das Sonnensystem ist mit etwa **5 Milliarden Jahren** relativ jung. Unsere Erde und auch der Mond entstanden etwa gleichzeitig mit der Sonne. Zu Beginn waren sie heftigen Einschlägen von Kometen und Meteoriten ausgesetzt. Deren Spuren kann man auf der Oberfläche des Mondes noch leicht erkennen. Auf der Erde haben die geologischen und biologischen Aktivitäten dazu geführt, dass die ursprüngliche Oberfläche nicht erhalten geblieben ist. Großräumige tektonische Vorgänge in der Erdkruste und im Erdmantel verschieben kontinuierlich die sieben großen Platten der Lithosphäre, auf denen die Erdoberfläche liegt. Vor nur 200 Millionen Jahren bildeten alle heutigen Kontinente noch einen geschlossenen **Urkontinent Pangaea**.

Die ältesten und nur an wenigen Stellen der Erde erhaltenen Gesteine hat man auf etwa 4 Milliarden Jahre datiert. Für die **Altersbestimmung** analysiert man die Zerfallsreihen langsam zerfallender radioaktiver Isotope als „geologische Chronometer". So

H. Cypionka, *Grundlagen der Mikrobiologie,*
© Springer 2010

18

Tafel 18.1 Erdgeschichte und Lebensgeschichte

	vor etwa Mio. Jahren	„Tageszeit" (0–24 h)
Urknall	15 000	0:00
Unsere Milchstraße	10 000	8:00
Sonnensystem, Erde, Mond	4 600	16:40
Sedimentgesteine mit Isotopenfraktionierung (Grönland)	3 800	18:00
Stromatolithe, Mikrofossilien (Australien)	3 500	18:35
Gebänderte Eisensteine, Photosynthese	2 900	19:30
O_2 in der Atmosphäre, einfache Eukaryoten	2 450	20:12
20% O_2 in der Atmosphäre, Skelettragende Tiere	600	23:00
Landpflanzen	475	23:12
Dinosaurier ausgestorben	65	23:54
Mensch (*Homo sapiens*)	1	23:59:54
Altägyptische Pyramiden	0,005	23:59:59,97

zerfallen die **Uran-Isotope** ^{238}U und ^{235}U mit konstanten Halbwertszeiten von 4,5 und 0,7 Milliarden Jahren zu Blei und Helium. Aus der massenspektrometrischen Analyse dieser Elemente in geeigneten Mineralien kann man den Zeitpunkt ihrer Bildung berechnen. Ähnliche Zeiträume kann man mit der **Rubidium-Strontium**- und der **Kalium-Argon-Methode** analysieren. Das radioaktive Kohlenstoff-Isotop ^{14}C hat dagegen eine Halbwertszeit von „nur" 5 700 Jahren. Deshalb reicht der mit der **Radiokarbonmethode** analysierbare Zeitraum kaum weiter als 60 000 Jahre (etwa zehn Halbwertszeiten, nach denen nur noch $(\frac{1}{2})^{10} = \frac{1}{1024}$ vorhanden ist) zurück.

18.2
Spuren des frühen Lebens

Ob der in Sedimentgesteinen abgelagerte Kohlenstoff von Lebewesen stammt, lässt sich nach Milliarden Jahren durch eine chemische Analyse nicht mehr feststellen. Man kann sich jedoch einen grundlegenden Unterschied zwischen chemischen und biologischen Reaktionen zunutze machen. Biologische Prozesse unterscheiden zwischen verschieden schweren Isotopen stabiler Atome und bewirken eine **Isotopenfraktionierung**. Neben den instabilen radioaktiven Isotopen gibt es auch verschiedene stabile Isotope des Kohlenstoffs (^{12}C, ^{13}C) und vieler anderer Elemente (z. B. Schwefel: ^{32}S, ^{34}S; Sauerstoff: ^{16}O, ^{18}O; Stickstoff: ^{14}N, ^{15}N). Rein chemische Reaktionen machen in der Regel kaum Unterschiede zwischen den Isotopen eines Atoms. Die Unterschiede betreffen ja nur den Atomkern, der an den chemischen Reaktionen nicht beteiligt ist. Durch Enzyme katalysierte Reaktionen bevorzugen hingegen geringfügig das leichtere von zwei zur Verfügung stehenden Isotopen. Dieses fügt sich besser in die katalytisch günstigste Position im Reaktionszentrum des Enzyms. Als Folge davon sind die Produkte biologischer Umsetzungen relativ angereichert mit leichteren Isotopen (^{12}C, ^{32}S, ^{16}O, ^{14}N), während die Reservoirs relativ mehr der schweren Isotope zurückbehalten. Verschiedene Enzyme fraktionieren sogar in unterschiedlichem Ausmaß Isotope, so dass man aus der Isotopensignatur auf bestimmte Stoffwechselwege schließen kann.

In Grönland gefundene Sedimentgesteine mit einem Alter von **3,8 Milliarden Jahren** weisen nun bereits eine Anreicherung des leichten Kohlenstoff-Isotops auf, die auf eine biologische Bildung hindeutet. Die ältesten **Mikrofossilien**, im Elektronenmikroskop erkennbare fädige Strukturen aus perlschnurartig aufgereihten Zellen, stammen aus 3,5 Milliarden Jahre alten Gesteinen in Nordwest-Australien. Ihre Formen erinnern an heutige Cyanobakterien. Ob es sich tatsächlich um Verwandte der heutigen Cyanobakterien handelt, ist zumindest unsicher. Es gibt in verschiedenen Bakteriengruppen ähnlich aussehende Formen. Und leider kann man Bakterien niemals allein nach morphologischen Kriterien bestimmen.

An vielen Fundorten aus dem Erdaltertum hat man geschichtete kalkhaltige Sedimentgesteine entdeckt. Diese **Stromatolithe** (griech. Kissensteine, Abb. 18.1) interpretiert man als fossilisierte **Mikrobenmatten**. Sie erinnern an heutige Bildungen, die sich Schicht um Schicht in flachen Gewässern dort entwickeln, wo aufgrund eines

Abb. 18.1 Stromatolith, eine mikrobielle Matte, die über einen Zeitraum von Milliarden Jahren verkieselt ist, jedoch die ursprüngliche Schichtung noch erkennen lässt

18

hohen Salzgehaltes oder einer hohen Temperatur größere Organismen keine Störungen verursachen oder die gebildete Biomasse abweiden. Weitere prominente Formationen aus der frühen Erdgeschichte sind die **gebänderten Eisensteine**. Sie enthalten in wahrscheinlich jahreszeitlich bedingten Schichten Eisen in oxidierter Form (Fe^{3+}). Man hat geglaubt, dass für die Oxidation Sauerstoff aus der Photosynthese verantwortlich sein müsse. Vor einigen Jahren wurde jedoch entdeckt, dass einige anoxygen phototrophe Bakterien eine Eisen-Oxidation im Licht auch ohne Sauerstoff katalysieren können.

18.3
Urzeugung und primäre Biogenese

Wie es zur Entwicklung der ersten Lebewesen, der **primären Biogenese** kam, ist eine der grundlegenden Fragen der Biologie, die philosophische Dimensionen erreicht. Zufall ist niemals beweisbar. Das gilt ebenso für die Entstehung des Lebens auf der Erde, auch wenn man innerhalb der Wissenschaft kein Wirken übernatürlicher Kräfte annehmen darf. Es könnte auch sein, dass die Erde von lebendigen Keimen aus dem Weltall besiedelt wurde. Dies müsste jedoch bereits sehr früh geschehen sein und würde viele der grundlegenden Fragen nicht klären. Alle heutigen Lebewesen folgen offensichtlich denselben biochemischen und genetischen Prinzipien und sind miteinander verwandt.

Die Frage nach der primären Biogenese ist aber erstaunlich jung. Bis weit in das 19. Jahrhundert hinein war die Vorstellung weit verbreitet, dass Mikroorganismen und selbst höhere Tiere (z. B. Fliegenlarven) sich durch **Urzeugung** jederzeit spontan aus Schlamm, faulem Fleisch und ähnlichen Stoffen entwickeln könnten. Erst **Louis Pasteur** hat 1860 überzeugend nachgewiesen, dass die sich entwickelnden Mikroben aus der Luft in das tote Material gelangten und dass Lebewesen nur aus Lebewesen entstehen (*„Omne vivum ex vivo"*). Etwa zur gleichen Zeit (1859) erschien **Charles Darwin**s Hauptwerk über die Entstehung der Arten durch natürliche Auslese.

18.4
Uratmosphäre der Erde

Die **erste Atmosphäre** der sich bildenden und durch die Einschläge aufgeheizten Erde ist wahrscheinlich in den Weltraum entwichen. Danach entwickelte sich eine **zweite**, die Stickstoff, Kohlendioxid, Methan, Ammoniak, Wasserstoff, Schwefelwasserstoff und Wasserdampf enthielt. Diese Atmosphäre hatte **leicht reduzierende** Eigenschaften. Freien Sauerstoff gab es nicht oder nur in Spuren. Durch Hydrolyse von Wasser unter Einwirkung von UV-Licht gebildete O_2-Moleküle wurden durch verschiedene chemische Reaktionen entfernt. Wann genau die Erde sich so weit abgekühlt hatte, dass sich Wasser in flüssiger Form ansammeln konnte, ist nicht klar.

18.5
Molekulare Evolution

Die Bedingungen auf der frühen Erde ermöglichten eine spontane **abiotische Bildung organischer Substanzen**, die man auch in Meteoriten und Simulationsversuchen hat nachweisen können. In erhitzten Gemischen der genannten Gase bilden sich unter dem Einfluss elektrischer Entladungen zahlreiche organische Verbindungen, darunter organische Säuren, Aminosäuren und selbst einzelne Bausteine von Nukleinsäuren. Die Entstehung organischer Verbindungen hat also nicht unbedingt Lebewesen zur Voraussetzung. Von den ersten organischen Molekülen bis zur Entstehung einer lebensfähigen Zelle war jedoch ein weiter Weg zurückzulegen. Fossile Befunde über diese Entwicklung kennt man nicht. Es gibt jedoch verschiedene Theorien, die einzelne der zugrundeliegenden Aspekte experimentell zugänglich machen. Ein allgemein akzeptiertes Gesamtbild gibt es bisher aber nicht.

Die Wahrscheinlichkeit, dass aus einer zufällig entstandenen Sequenz von Aminosäuren oder Nukleotiden ein funktionsfähiges Enzym oder ein entsprechendes Gen entsteht, ist verschwindend gering. Von **Manfred Eigen** stammt die Theorie des **Hypercyclus**, die Mechanismen einer Evolution auf molekularer Ebene beschreibt. Darin führen cyclische Prozesse eines sich selbst reproduzierenden molekularen Systems zur Selektion der sich am schnellsten vermehrenden Species. Die vieldiskutierte Theorie, dass positiv geladene Oberflächen, etwa von Pyrit, das autokatalytische Wachstum von vorzellulären Oberflächen-„Organismen" gefördert haben könnten, wurde von **Günter Wächtershäuser** aufgestellt. Die Bildung von Pyrit und Wasserstoff aus Schwefelwasserstoff und Eisen-Ionen wird als erste Energiequelle für das Leben vorgeschlagen.

$$H_2S + FeS \rightarrow FeS_2 + H_2 \qquad \Delta G'_0 = -38\,kJ/mol \qquad [18.1]$$

Selbst die Erklärung für das Auftreten der optischen Aktivität (Chiralität) von Biomolekülen wird von Wächtershäuser auf Pyrit zurückgeführt.

18.6
Gab es zuerst Proteine oder Nukleinsäuren?

Ähnlich wie organische Moleküle durch rein chemische Reaktionen entstehen können, könnten sich in der „Ursuppe" spontan **Coazervate** gebildet haben, in denen Makro-

18

moleküle sich in tröpfchenförmigen Ausfällungen konzentrieren. Lipide neigen dazu, **membranartige Strukturen** auszubilden, manchmal sogar Doppelschichten, wie sie in den Biomembranen zu finden sind. Auf diese Art entstandene zellartige Gebilde, die vielleicht sogar „wachsen" und sich teilen können, wenn sie zu groß werden, haben aber mit einer lebenden Zelle noch nicht viel gemeinsam: Es fehlen Stoffwechsel und Mechanismen der Vererbung.

Die Frage, ob **Enzymproteine** als Katalysatoren des Stoffwechsels, die auch für die Verdopplung und Umsetzung der genetischen Information verantwortlich sind, vor den Nukleinsäuren entstanden sein können, gleicht der bekannten Frage nach der Henne und dem Ei. Allerdings gibt es einige zusätzliche Aspekte: Die Ribosomen als Zentren der Proteinsynthese aller heutigen Zellen enthalten sowohl zahlreiche Proteine als auch Ribonukleinsäuren (ribosomale RNA). Vor allem aber können RNA-Moleküle eine, wenn auch nicht sehr spezifische, katalytische Funktion haben („**Ribozyme**"). Es gibt die Vorstellung einer „RNA-Welt", in der Ribonukleinsäuren sowohl die informativen als auch einfache enzymatische Funktionen ausgeübt haben könnten.

18.7
Organische und anorganische Kohlenstoffquellen

Jede wachsende Zelle nimmt als wichtigsten Baustoff Kohlenstoffverbindungen aus ihrer Umgebung auf. Dabei kann es sich um anorganisches Kohlendioxid oder um organische Verbindungen handeln (Abb. 18.2). Bereits die ersten Organismen könnten die in ihrer Umgebung vorhandenen organischen Verbindungen aufgenommen haben. Eine solche heterotrophe Lebensweise führt zu einem Verbrauch organischer Substanz, während durch autotrophes Wachstum die organische Substanz vermehrt wird.

Die Beobachtung, dass schon sehr früh eine Isotopenfraktionierung des Kohlenstoffs auftrat, deutet auf eine **frühe Entwicklung autotropher Prozesse** hin. CO_2 war wahrscheinlich kein wachstumsbegrenzender Faktor. Die Erschöpfung verwertbarer organischer Substrate bei heterotrophem Wachstum lässt hingegen nach kurzer Zeit keine weitere Isotopenfraktionierung zu.

18.8
Waren die ersten Lebewesen Viren oder Bakterien?

Viren als die einfachsten biologischen Einheiten können nicht als echte Lebewesen bezeichnet werden, da sie keine vollständigen Zellen haben. Vor allem aber haben Viren nur innerhalb ihrer Wirtszellen Stoffwechsel und sind auf Enzyme des Wirts angewiesen. Die Wirtszellen müssen also zuerst existiert haben.

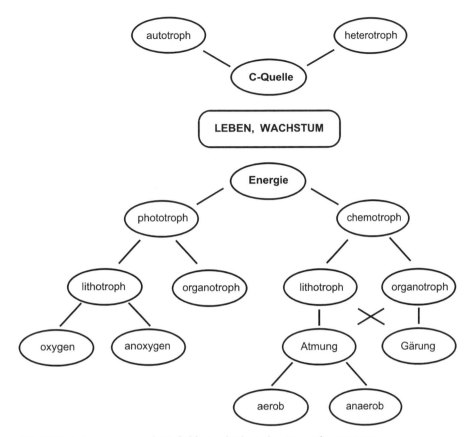

Abb. 18.2 Lebensweisen und Möglichkeiten biologischer Energiekonservierung

18.9
Ein plausibles Szenarium

Die Entwicklung der ersten Lebewesen könnte mehrere hundert Millionen Jahre ge-
dauert haben. Sie wird sich nicht – wie für wissenschaftliche Aussagen gefordert –
durch experimentelle Reproduktion überprüfen lassen. Man kann aber das vorhandene
Wissen zur Formulierung plausibler Modelle nutzen. So kann angenommen werden,
dass aus den Molekülen der Uratmosphäre durch chemische Reaktionen unter Einwirkung von Hitze, UV-Strahlung und Blitzen organische Moleküle entstanden sind. Die
Entstehung der ersten Zellen bleibt ein großes Geheimnis, auch wenn Theorien wie die
des Hypercyclus einige Prinzipien, die dabei eine Rolle gespielt haben könnten, plausi-
bel beschreiben. Wir müssen annehmen, dass die Bedingungen so waren, dass durch
zufällige Ereignisse sich Zellen entwickeln konnten. Es ist vorstellbar, dass zunächst in

18

einer „**RNA-Welt**" RNA-Moleküle sowohl Träger der genetischen Information als auch Katalysatoren des Stoffwechsels waren. Man nimmt heute an, dass mehrfach erste Lebensformen aufgetreten sind und das Leben nicht nur eine einzige Wurzel hat. Der **erste gemeinsame Vorfahr** aller heutigen Zellen hat sicher eine Membran, Nukleinsäuren, Proteine und ATP als Energiewährung gehabt. Da die heutigen **hyperthermophilen** Archaeen und Eubakterien den im phylogenetischen Stammbaum am tiefsten abzweigenden Gruppen zuzuordnen sind, kann man vermuten, dass es noch sehr heiß war, als die ersten Lebewesen sich entwickelten. **Chemiosmotische Energiewandlung** muss es schon gegeben haben, da sie zwangsläufig bei Transportprozessen auftritt. Da es keinen freien Sauerstoff gab, muss es sich um **Anaerobier** gehandelt haben. Wenn diese von der Vergärung der abiotisch gebildeten organischen Moleküle gelebt haben, kann nicht viel Biomasse entstanden sein. Gärer erzielen nur wenig Ertrag und hätten wohl alle verwertbaren Substrate bald verbraucht. Deshalb ist es vernünftig anzunehmen, dass sich sehr früh die **lithotrophe** Verwertung anorganischer Elektronendonatoren und die autotropohe Nutzung von CO_2 **als Kohlenstoffquelle** und eventuell auch als Elektronenakzeptor durchgesetzt hat. Dadurch konnte es zu einer echten **Primärproduktion** kommen und die Assimilation die Dissimilation quantitativ übersteigen. Der **Acetyl-CoA-Weg** dürfte dabei früher als der Calvin-Cyclus von Bedeutung gewesen sein. Die ersten Primärproduzenten hätten demnach **Chemosynthese** im Dunkeln betrieben. Verschiedene Gründe machen es eher unwahrscheinlich, dass sie Photosynthese betrieben haben und damit bereits vom Sonnenlicht abhängig waren. Erstens können alle phototrophen Organismen auch chemotrophen Stoffwechsel betreiben (im Dunkeln sind sie dazu gezwungen), wenn auch nicht immer wachsen. Zweitens gab es ja anorganische Verbindungen, die von den chemolithotrophen Organismen genutzt werden können. Drittens findet man bei der entwicklungsgeschichtlich früh abgezweigten Gruppe der Archaeen heute keine echt phototrophen Organismen. Stattdessen sind in dieser Gruppe verschiedene Gärer und lithotrophe Organismen vertreten. Viele können Schwefelverbindungen und Wasserstoff umsetzen. Auch kann Kohlendioxid als C-Quelle verwendet und sogar in anaeroben Atmungsprozessen zur Energiekonservierung genutzt werden.

Die **anoxygen phototrophen Bakterien** sind wahrscheinlich entwicklungsgeschichtlich älter als die ersten oxygen phototrophen. Sie haben den einfacher aufgebauten photosynthetischen Apparat. Nach neuen Analysen der stabilen Schwefelisotope in Sedimenten ist der Übergang von einer anoxischen zur oxischen Atmosphäre mit freiem **Sauerstoff** vor 2,45 Milliarden Jahren erfolgt. Das Auftreten von **gebänderten Eisensteinen** bereits vor 2,9 Milliarden Jahren kann seit der Entdeckung, dass auch anaerobe Bakterien im Licht Eisen zu oxidieren vermögen, nicht mehr als sicheres Indiz für oxygene Photosynthese gewertet werden. Sicher erscheint, dass Chemolithotrophie und anoxygene Photosynthese, die heute oft als sekundäre Prozesse erscheinen, ursprünglich Grundlage der biologischen Kreisläufe waren. Durch das Auftreten von freiem Sauerstoff als Produkt der oxygenen Photosynthese und die dadurch möglich gewordene aerobe Atmung vor etwa 1,6 Milliarden Jahren kam es zu einer grundlegenden Umstrukturierung der biogeochemischen Kreisläufe.

18.10
Entwicklung größerer Organismen

Dass die eukaryotische Zelle wahrscheinlich aus einer Endosymbiose hervorgegangen ist, wurde in Kapitel 2 bereits begründet. Die **Wasserstoff-Hypothese** liefert eine plausible Erklärung, wie dies abgelaufen sein könnte. Demnach stammt das Cytoplasma der eukaryotischen Zelle und damit der genetische Apparat, von den Archaeen ab. Die eukaryotische Zelle könnte durch die Fusion eines anaeroben methanogenen Archaeons und eines fakultativ aeroben heterotrophen Bakteriums entstanden sein. Dieses könnte durch Gärprozesse Wasserstoff gebildet haben, den der methanogene Partner benötigt und vielleicht in der Umwelt nicht mehr hinreichend vorfand. Die syntrophen Beziehungen zwischen Gärern und Wasserstoffverwertern findet man noch heute als wichtigen Bestandteil des anaeroben Abbaus (s. Kap. 17). Wenn das heterotrophe Bakterium Sauerstoff veratmete, konnte es einerseits anoxische Verhältnisse für den methanogenen Partner herstellen und andererseits durch chemiosmotische ATP-Gewinnung viel mehr Biomasse bilden als durch Gärung, was wiederum auch dem Partner zugute kommen konnte.

Vergleicht man die Entwicklung des Weltalls bis heute mit einem Tag, so entsprechen jeder Minute etwa 10 Millionen Jahre (Tafel 18.1). Das Sonnensystem und die Erde entstanden um 16:40 Uhr. Die ältesten erhaltenen Gesteine stammen von etwa 18 Uhr. Mikroorganismen gab es bereits eine halbe Stunde später. Sie blieben über fünf Sechstel der Erdgeschichte allein. Differenzierte vielzellige Lebewesen und Landpflanzen entwickelten sich erst in der letzten Stunde. Dinosaurier dominierten die Erde für fünfzehn Minuten, bevor sie um 23:54 Uhr ausstarben. Menschen gibt es erst seit den letzten Sekunden, die altägyptischen Pyramiden seit 30 Millisekunden.

Glossar

> **Chiralität:** Händigkeit, zwei mögliche Anordnungen von vier verschiedenen Subsituenten um ein C-Atom, die nicht zur Deckung zu bringen sind
> **Coazervat:** Tröpfchenförmige Ansammlung von organischen Molekülen
> **Darwin, Charles:** Englischer Naturforscher, der die Enstehung der Arten durch Mutation und Selektion erklärte
> **gebänderte Eisensteine:** Laminierte Sedimentgesteine mit oxidiertem Eisen
> **geologisches Chronometer:** Auswertung von radioaktiven Zerfallsreihen zur Alterbestimmung
> **Hypercyclus:** Prozess, der unter Ausnutzung kooperativer Effekte in einem Gemisch zu einer Optimierung führt

> **Isotopenfraktionierung:** Auftrennung von Molekülen nach der Massenzahl des Atomkerns
> **Mikrofossilien:** Sedimentgesteine mit Einschlüssen, die als Reste von Mikroben interpretiert werden
> **Pangaea:** Urkontinent, in dem alle heutigen Kontinente bis vor 200 Millionen Jahren eine zusammenhängende Landmasse bildeten
> **primäre Biogenese:** Historischer Prozess der Entstehung von Leben
> **Radiocarbonmethode:** Altersbestimmung aufgrund des relativen Gehalts von ^{14}C in organischen Proben
> **Ribozym:** RNA mit katalytischen Eigenschaften
> **RNA-Welt:** Vorstellung von einer präbiotischen Situation, in der RNA sowohl Träger der genetischen Information als auch Katalysator des Stoffwechsels war
> **Urknall:** Singuläres Ereignis, dem Zeit, Raum und Materie ihre Entstehung verdanken
> **Urzeugungs-Hypothese:** Vorstellung, dass sich jederzeit aus abiotischen Vorstufen Lebewesen entwickeln können
> **Wasserstoff-Hypothese:** Vorschlag, dass Eukaryoten sich aus hydrogenotrophen methanogenen Archaeen entwickelt haben, die fakultativ aerobe Gärer als Endosymbionten aufgenommen haben

Prüfungsfragen

> Wie alt ist die Erde?
> Welche Atmosphäre hatte die Erde in ihrer Frühzeit?
> Wie kann man das Alter eines Gesteins bestimmen?
> Was sind die ersten Spuren des Lebens?
> Wie entstanden Stromatolithe und gebänderte Eisensteine?
> Was versteht man unter Urzeugung?
> Welche Lebensweisen könnten die ersten Lebewesen gehabt haben?
> Wie lange gibt es „höhere Organismen", wie lange den *Homo sapiens*?

Themen und Lernziele: Prinzipien der Biotechnologie; Lebensmittel- und industrielle Mikrobiologie; Herstellung genetisch veränderter Organismen; mikrobielle Erzlaugung; Umweltmikrobiologie; Sanierung von Böden und Abluft; Abwasserbehandlung

19.1
Biotechnologie

Die Biotechnologie befasst sich mit Verfahren, in denen Produkte durch mikrobielle Aktivitäten hergestellt werden. Zum Teil handelt es sich dabei aber auch um biochemische Verfahren unter Einsatz von aus Mikroben gewonnenen Enzymen. Schon seit Jahrtausenden und ohne Kenntnis der Existenz von Mikroorganismen haben die Menschen Biotechnologie betrieben, indem sie **Lebensmittel** und Genussmittel durch Fermentation herstellten oder verfeinerten. In den letzten Jahrzehnten sind völlig neue Verfahren hinzugekommen, die auf dem Einsatz von **Reinkulturen** in Anlagen mit Volumina von mehreren hundert Kubikmetern beruhen. Noch wichtiger aber ist die Möglichkeit, gezielt **genetisch manipulierte Organismen** einzusetzen.

Aus einem Kilogramm Bakterien-Biomasse lassen sich bei einer Verdopplungszeit von einer Stunde innerhalb eines Tages theoretisch mehr als 16 000 Tonnen herstellen. Dennoch spielt **Einzellerprotein** für die menschliche Ernährung keine Rolle. Es wird lediglich in geringem Umfang als Tierfutter eingesetzt. Wirtschaftlich wichtiger sind die **Stoffwechselprodukte** der Mikroben. Genutzt werden vor allem Produkte des **Primärstoffwechsels**, wie Alkohol und organische Säuren. Zunehmende Bedeutung haben Produkte des **Sekundärstoffwechsels**. Auch gewinnt man **Enzymproteine** nicht zur Ernährung, sondern zum Einsatz etwa in der Lebensmittelindustrie oder in Waschmitteln. Als **Biotransformation** werden Umsetzungen bezeichnet, bei denen

H. Cypionka, *Grundlagen der Mikrobiologie*,
© Springer 2010

man sich die Fähigkeit von Mikroben zunutze macht, einzelne chemische Umsetzungen (etwa bei der Herstellung von Steroid-Hormonen) hoch stereospezifisch durchzuführen. Oft setzt man dazu nicht wachsende Kulturen, sondern **immobilisierte Zellen** oder auch Enzyme ein.

19.2
Lebensmittelmikrobiologie

Die Lebensmittelmikrobiologie beschäftigt sich nicht nur mit der **Überwachung** von Lebensmitteln, um einen Befall mit unerwünschten Keimen zu verhindern. Sie nutzt vor allem die Hilfe von Mikroben bei der Erzeugung von Lebensmitteln. Mikrobielles Wachstum auf oder in Lebensmitteln führt keineswegs immer zu deren Verderb. Die von Pilzen oder Bakterien gebildeten Produkte können sogar im Gegenteil zu einer **Konservierung** führen. Hoch konzentrierte Nährstoffe werden dabei stabilisiert und weiterem Abbau entzogen. Dies ist meist auf **Ansäuerung** oder die Bildung von **Alkohol** zurückzuführen. Oft wird zusätzlich Salz zugesetzt. Außerdem erhalten viele Lebensmittel durch mikrobielle Fermentation ihre typischen **Aromastoffe** und ihre **Konsistenz**.

Die alte Technik der Herstellung von **Wein** bedarf nicht des Zusatzes von **Hefen**, auch wenn die Winzer heute zur Sicherstellung reproduzierbarer Ergebnisse meist **Reinzuchthefen** zusetzen. Bereits auf den Trauben vorhandene, an Säure, hohe Zuckerkonzentrationen und Alkohol angepasste Hefe-Arten setzen sich nach einer anfangs heftigen Vergärung durch verschiedene Bakterien und Hefen letztendlich durch. Da die alkoholische Gärung nur wenig Energiegewinn erlaubt (s. Kap. 14), führt der Prozess zu nur wenig Wachstum der beteiligten Mikroben. Die Wein-, Bier- und Bäckerhefe *Saccharomyces cerevisiae* ist ohnehin bei einem Schritt der Biosynthese von Membransteroiden (Cholesterin) auf molekularen Sauerstoff angewiesen, so dass sie nicht dauerhaft anaerob wachsen kann. Der Gärprozess endet (wenn der Winzer die Hefen nicht durch Filtration entfernt), wenn entweder der Zucker verbraucht ist oder der Alkoholgehalt (mehr als 15 Vol.-%) auch die Alkoholproduzenten hemmt. Das Endprodukt ist durch **Alkohol**, Säuren und den Verbrauch anaerob leicht verwertbarer Substrate vor weiterem Angriff durch Mikroorganismen recht gut geschützt. Durch Destillation von Alkohol und Aromastoffen lässt sich natürlich ein noch länger haltbares Produkt (Weinbrand) gewinnen.

Die Herstellung von **Bier** ist komplizierter als die von Wein. Das Ausgangsprodukt Gerste (außerhalb des Gültigkeitsbereiches des bayrischen Reinheitsgebots aus dem 16. Jahrhundert auch andere Getreidesorten) lässt sich nicht unmittelbar vergären. Zunächst muss die in den Körnern gespeicherte **Stärke** zu Zucker (hauptsächlich Maltose) umgesetzt werden. Dies bewirkt nicht die Hefe, sondern die Stärke-spaltende **Amylase** aus der Gerste. Man erreicht dies dadurch, dass man die Körner zu keimen beginnen lässt. Das Auskeimen wird durch Trocknen und Erhitzen (**Darren**) gestoppt.

Dabei entsteht Malz mit typischen Aroma- und Farbstoffen. Die gebildeten Enzyme bleiben aktiv und setzen in der **Maische** die Stärke zu Maltose um. Nun wird der Ansatz gekocht, um sämtliche enzymatischen Prozesse zu stoppen. Erst danach setzt man Hefe zu und lässt den Ansatz in die alkoholische Gärung übergehen. Der Alkoholgehalt des Produkts hängt von der Maltose-Konzentration des Ansatzes (Stammwürze) ab und ist deutlich geringer (4 bis 8 Vol.-%) als der von Wein. Bier enthält außerdem weniger Säure als Wein und ist nicht so lange haltbar, wenn man es nicht zu Whisky destilliert.

Die mikrobielle **Ansäuerung** von Lebensmitteln ist ein weiterer wichtiger Effekt. Sie wird bei der Herstellung von verschiedenen **Milchprodukten** (Jogurt, Dickmilch, Sauerrahm, Frischkäse) ausgenutzt und führt dabei außerdem durch Ausfällung des Milchproteins (Casein) zu einer Veränderung des Aggregationszustandes. Hartkäse wird allerdings durch Zusatz von **Labferment** (Rennin), das die Milch in Kälbermägen gerinnen lässt. Rennin wird heute kaum noch aus Kälbermägen gewonnen, sondern biotechnisch durch Bakterien hergestellt. In Asien ist Käse weit weniger verbreitet als in den westlichen Staaten. Hier gibt es lange Traditionen der Herstellung von fermentierten Lebensmitteln auf der Basis von Reis und Sojabohnen (Reiswein, Soja-Sauce, Tempeh, Tofu), wobei häufig der Pilz *Aspergillus oryzae* eingesetzt wird.

Auch manche Fleischprodukte werden vergoren. **Salami** erhält ihren typischen Geschmack durch eine Milchsäure-Gärung. Ihre Haltbarkeit wird allerdings auch durch den Zusatz von Salz und oft Nitrit-Pökelsalz verbessert. Auch **Sauerkraut** entsteht aus roh geschnittenen und gesalzenen Kohlblättern durch eine heterofermentative Milchsäure-Gärung. **Essig** hingegen wird meist in einem aeroben Verfahren erzeugt. Das verwendete Bakterium *Gluconobacter* hat einen unvollständigen Citronensäure-Cyclus und oxidiert Ethanol nur bis zu Essigsäure.

19.3
Industrielle Mikrobiologie

Lebensmittelmikrobiologische Verfahren haben oft eine lange Tradition und kommen meist ohne die Verwendung von Reinkulturen aus (auch wenn heute meistens **Starterkulturen** zugesetzt werden, um einen reproduzierbaren Gärverlauf sicherzustellen). Die moderne industrielle Mikrobiologie basiert hingegen auf der Verwendung von Reinkulturen und dem Einsatz aufwändiger **Verfahrenstechnik**. Als Kulturgefäße werden Fermenter mit Volumina von vielen Kubikmetern eingesetzt. Die Fermenter werden sterilisiert und nach dem Beimpfen mit hohem Aufwand durchmischt und belüftet. Verschiedene Parameter (Temperatur, pH-Wert, Sauerstoffgehalt, Schaumbildung, Substratnachschub usw.) werden überwacht und geregelt. Meist erfolgt die Produktion in **Batch**-**Kulturen**, lediglich bei Prozessen, die geringe Kontaminationsgefahren bergen, da die Bedingungen selektiv die gewünschten Mikroben bevorteilen, lässt sich die Produktion kontinuierlich betreiben.

19

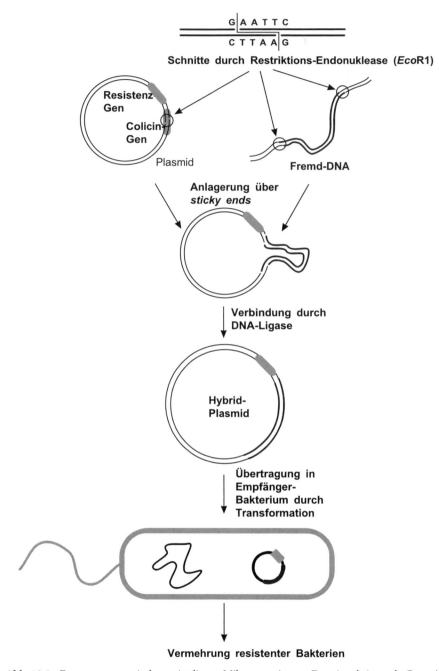

Abb. 19.1 Erzeugung genetisch manipulierter Mikroorganismen. Das einzubringende Gen wird wie das Plasmid, das übertragen werden soll, mit einer Restriktions-Endonuklease geschnitten, mit dem Plasmid vereinigt und durch Transformation in die Empfängerzelle eingebracht. Erfolgreich transformierte Zellen tragen ein Resistenz-Gen, während das Colicin-Gen, das den Tod von nicht in gewünschter Weise transformierten Zellen bewirkt, zerschnitten ist

19.4
Herstellung und Klonierung gentechnisch veränderter Organismen

Die systematische Suche und Veränderung nach dem am besten geeigneten Produzenten (*Screening*) wird mit großem Aufwand betrieben. Die eingesetzten Stämme besitzen spezielle Eigenschaften, die entweder auf **Mutation** und **Selektion** oder aber auf gezielte **genetische Manipulation** zurückzuführen sind. Mit den modernen Techniken der Genmanipulation lassen sich Stämme erzeugen, die Gene aus fremden Organismen, auch Eukaryoten, tragen und fast beliebige Produkte in Massenproduktion liefern. Bei der Erzeugung gentechnisch veränderter Organismen nutzt man meistens **Plasmide**. Das doppelsträngige Molekül wird durch eine **Restriktions-Endonuklease** geschnitten. Diese Enzyme erkennen spezielle Sequenzen, bei denen es sich um **Palindrome** handelt. Sie schneiden die doppelsträngige DNA so, dass überlappende Enden entstehen (Abb. 19.1). Plasmid und die zu übertragene Fremd-DNA werden mit demselben Enzym geschnitten und zusammengebracht. Die überstehenden Enden (*sticky ends*) der verschiedenen DNA-Moleküle sind komplementär zueinander und ermöglichen eine Anlagerung. Durch eine **DNA-Ligase** kann nun ein Hybrid-DNA-Molekül gebildet werden. Das neue Plasmid kann durch **Transformation** in Bakterienzellen gebracht werden, wo es sich mit jeder Teilung vervielfältigt und so **kloniert** wird. Häufig trägt das Plasmid neben der übertragenen Fremd-DNA ein **Resistenzgen** (z. B. Tetracyclin-Resistenz), das es ermöglicht, transformierte Empfängerzellen in Gegenwart eines Hemmstoffs selektiv zum Wachsen zu bringen. Außerdem trägt das verwendete Plasmid das Strukturgen für **Colicin**, das, falls es exprimiert wird, die Zelle umbringt. Durch den Schnitt der Endonuklease und die Insertion der Fremd-DNA wird dieses Gen aber inaktiviert. Empfängerzellen, welche die Fremd-DNA tragen, sind also resistent gegen Tetracyclin und bilden kein Colicin.

19.5
Produkte der industriellen Mikrobiologie

Zu den **Primärmetaboliten**, die in großen Mengen biotechnisch erzeugt werden, gehören neben Essigsäure und Milchsäure verschiedene andere organische Säuren und Aminosäuren. Große Mengen von **Citronensäure** (vor allem für die Lebensmittelindustrie) werden mit Hilfe von *Aspergillus niger* in aeroben Verfahren hergestellt. Auch die Aminosäure **Glutaminsäure** (Geschmacksverstärker) wird in aeroben Prozessen durch *Corynebacterium glutamicum* produziert. Bei der Produktion von **Lösungsmitteln** (Butanol, Aceton) durch Clostridien ist wie bei der Alkoholproduktion die Toleranz der Produzenten gegenüber den Produkten zu berücksichtigen.

Die wichtigsten biotechnisch erzeugten **Sekundärmetabolite** sind **Antibiotika**. Die Bildung von Sekundärmetaboliten ist nicht unmittelbar an die Hauptwege des Katabolismus und Anabolismus gekoppelt. Häufig erfolgt die Produktion in der stationären

19

Wachstumsphase. Dabei ist für reproduzierbare Ergebnisse eine sehr genaue Einhaltung jeweils spezifischer Bedingungen erforderlich. Viele der produzierten Stoffe werden in der anschließenden Verarbeitung chemisch modifiziert.

Immer wichtiger wird die biotechnische Produktion von **komplexen Zellbestandteilen**, die nicht als Biomasse, sondern als Funktionsträger für diverse Anwendungen benötigt werden. Hierzu zählt die Produktion von **Vitaminen**, vor allem aber die von **Enzymen**. Den meisten **Waschmitteln** werden heute Fett, Protein oder Zucker spaltende Enzyme zugesetzt. Auch **Hormone** wie menschliches Insulin werden mit Hilfe von Bakterien bereits preisgünstig hergestellt. Die in industriellen Prozessen eingesetzten Organismen haben meist veränderte Regulationsmechanismen, die eine **Überproduktion** und Freisetzung des gewünschten Produkts bewirken. Es ist unabsehbar, welche Möglichkeiten in Zukunft für die biotechnische Produktion biologisch aktiver Moleküle genutzt werden.

In der Lebensmittelmikrobiologie ist die Bildung eines komplexen, aber typischen Produktgemisches akzeptiert und wird sogar gezielt gefördert, wie bei der Produktion von Wein oder Käse. Bei der industriellen Produktion einzelner Stoffe hingegen werden die produzierenden Mikroorganismen und die Produkte getrennt. Es erfolgt eine aufwändige Gewinnung, Aufarbeitung und eventuell Modifikation der Produkte. Dabei bleibt die Grenze zwischen Mikrobiologie und Biochemie nicht immer sichtbar. In manchen Fällen lässt man Bakterien nur eine einzige Reaktion ausführen, die den Chemikern nicht gelingt. Man bezeichnet diese Umsetzung als **Biotransformation** (zu unterscheiden von der als Transformation bezeichneten Übertragung von DNA in Bakterienzellen). So modifizieren Bakterien manche Steroide gezielt und stereospezifisch an bestimmten Gruppen. Während einer solchen Reaktion ist das Wachstum der Bakterien nicht erforderlich oder sogar störend. Man versucht deshalb, Bakterien auf festen Oberflächen zu fixieren (**Immobilisation**). Hierbei kann auf ein komplexes Substratgemisch und die anschließende Abtrennung der Bakterien vom Produkt verzichtet werden. Die konsequente Weiterführung derartiger Techniken führt zur Immobilisierung nicht mehr von ganzen Bakterien, sondern nur noch von einzelnen Enzymen, die nur eine einzige Reaktion katalysieren.

19.6
Mikrobielle Erzlaugung

Zwischen Biotechnologie und Umweltmikrobiologie ist die mikrobielle Erzlaugung einzuordnen. Hierbei werden mit Hilfe von Bakterien Metalle aus Erzen mit geringem Metallgehalt gewonnen. Der Prozess basiert auf den Aktivitäten aerober **lithotropher Bakterien**. Die meisten ihrer Umsetzungen bewirken eine Freisetzung von **Säure**. Lässt man solche Bakterien in erzhaltigem Minen-Abraum wachsen, kann die Säurebildung zur Herauslösung gebundener Metall-Ionen (z. B. Cu) führen. Man gewinnt weltweit auf diese Weise Tausende Tonnen von Metallen aus Gesteinen, deren Verhüttung ohne die mikrobielle Hilfe nicht wirtschaftlich wäre.

Tafel 19.1 Umweltmikrobiologische Einsatzfelder

Boden
> Kompostierung
> Müllvergärung
> Altlastensanierung

Wasser
> Abwasserreinigung
> Sickerwasserbehandlung
> Trinkwasseraufbereitung

Luft, Gas
> Desodorierung und Reinigung von Industrie- und Stallabluft
> Entfernung von Schwefelwasserstoff aus Biogas

19.7
Umweltmikrobiologie

Während die mikrobielle Ökologie sich mit den Beziehungen zwischen Mikroorganismen und ihrer biotischen und abiotischen Umgebung beschäftigt, versucht die Umweltmikrobiologie, sich die Fähigkeit der Mikroben zunutze zu machen, **Schadstoffe aus der Umwelt** zu entfernen (Tafel 19.1). Mikrobiologische Verfahren zur Reinigung von Boden, Wasser oder Luft sind mit relativ geringem technischen und finanziellen Aufwand verbunden.

Das Prinzip ist sehr einfach. Man versucht, Bedingungen zu schaffen, unter denen Mikroorganismen den gewünschten Prozess möglichst schnell und effektiv leisten. Nach dem Dogma der mikrobiellen Unfehlbarkeit können alle biologisch gebildeten Stoffe mikrobiell auch wieder abgebaut werden. Darüber hinaus greifen Bakterien und Pilze auch viele Xenobiotika an, also Stoffe, die nicht biologisch produziert und während der Evolution nicht in der Umwelt vorhanden waren. Das Dogma gilt aber nicht unabhängig von den äußeren Bedingungen.

19.8
Bodensanierung

An Standorten von Schadensfällen, industriellen Produktionsanlagen oder Deponien tragen Böden oft **Altlasten**. Die quantitativ wichtigsten sind Reste von Mineralöl, aliphatische und aromatische, zum Teil polycyclische Kohlenwasserstoffe. Häufig findet man auch leichtflüchtige chlorierte Kohlenwasserstoffe als Reste von Reinigungs- und Lösungsmitteln. Schwerflüchtige Chlorverbindungen werden als **Pestizide** eingesetzt.

19

Hier kann eine Sanierung in vielen Fällen durch Mikroben erfolgen. Dabei nutzen die Bodenorganismen die Problemstoffe entweder als Kohlenstoff- und Energiequelle zum Wachstum, als Quelle essenzieller Nährstoffe (Stickstoff oder Phosphor), oder sie setzen die Stoffe um, ohne einen nachweisbaren Vorteil davon zu haben. Dies wird als **Cometabolismus** bezeichnet, der auf die Unspezifität mancher Enzyme zurückzuführen ist, die neben ihrem eigentlichen Substrat auch chemisch ähnliche Verbindungen umsetzen, ohne dass die Zelle von den Produkten der Umsetzung profitiert.

Manchmal ist es am sinnvollsten (und vor allem kostengünstigsten), einen belasteten Standort sich selbst zu überlassen (*natural attenuation*) und einige Jahre zu warten, bis ein großer Teil der Schadstoffe abgebaut ist. In vielen Fällen kann die Sanierung beschleunigt und effektiver gemacht werden, wenn man die Bedingungen für Wachstum und Aktivität der Mikroben verbessert. Die Verbesserung kann dadurch erreicht werden, dass die Verfügbarkeit der Stoffe, die oft nur schlecht löslich sind, erhöht wird. Manchmal kann Stickstoffmangel den Abbau limitieren. In vielen Fällen wird der Abbau durch eine verbesserte Sauerstoffversorgung beschleunigt. Sauerstoff dient dabei sowohl als Elektronenakzeptor für die Atmung als auch als Reaktionspartner beim Abbau schwer angreifbarer Verbindungen. So werden etwa Kohlenwasserstoffe und aromatische Verbindungen nur oder deutlich schneller abgebaut, wenn molekularer Sauerstoff zur Verfügung steht, der durch **Oxygenase-Reaktionen** in die Substrate eingebaut wird. Die Behandlung kann *in situ* (vor Ort) geschehen, indem man belüftet oder den Boden mit geeigneten Lösungen spült. Noch intensiver kann man Boden in **Mieten** behandeln, die fein durchmischt und vom Grundwasser-Kreislauf abgetrennt werden.

Auch der Zusatz von Reinkulturen mit erforderlichen Eigenschaften oder der von gentechnisch veränderten Bakterien, denen man die Fähigkeit zum Abbau bestimmter Problemstoffe übertragen hat, wird erprobt. Allerdings setzen sich Laborstämme in der natürlichen Umgebung nicht immer durch.

19.9
Behandlung von Abluft

Auch zur Behandlung von Abluft können mikrobiologische Verfahren eingesetzt werden. Als Beispiele seien Deponiegase und Abluft aus Stallanlagen genannt. Auch bei der Behandlung von Boden ist darauf zu achten, dass etwa durch die Belüftung nicht flüchtige Schadstoffe freigesetzt werden.

19.10
Abwasserbehandlung

Ein Problem, das jeden betrifft, ist die Reinigung des Abwassers. In modernen Industriestaaten wird ein erheblicher Teil des gesamten Niederschlags als Brauchwasser genutzt, etwa zwei Drittel davon als Kühlwasser durch die Energiewirtschaft. Das restliche Drittel hat ein Volumen von etwa 200 L pro Einwohner und Tag und enthält Komponenten, die keinesfalls in die Seen und Flüsse eingeleitet werden dürfen. Die Prozesse während der Abwasserbehandlung umfassen die typischen Schritte des Abbaus organischer Substanz.

In 1 mL **häuslichem Abwasser** findet man 10^6 bis 10^8 Bakterien und 10^3 bis 10^5 niedere Pilze, vor allem Hefen. Ebenso treten Viren auf, deren Anzahl jedoch nur wenig untersucht ist. Die Anzahl echt pathogener Keime liegt jedoch durchschnittlich unter $10 \, mL^{-1}$. Bei der hygienischen Charakterisierung von Abwasser werden nicht routinemäßig pathogene Keime kultiviert, da durch deren Vermehrung eine neue Gefahr entstehen könnte. Stattdessen analysiert man das Darmbakterium *Escherichia coli*. Dieses kann als Indikator für fäkale Verunreinigungen dienen und zeigt eine potenzielle Kontamination mit pathogenen Darmbakterien an. Wie die meisten pathogenen Bakterien vermehrt sich *E. coli* im Abwasser nicht, was eine Voraussetzung für den Einsatz als Indikatororganismus ist.

Die organischen Verbindungen im häuslichen Abwasser sind in ihrer Zusammensetzung der von lebender Biomasse ähnlich. Typisch sind etwa 50% Kohlenhydrate, 40% Proteine und Harnstoff und 10% Fette und Derivate (z. B. Waschmittel). Nicht unbeträchtlich ist die Menge an **Harnstoff**, von dem durchschnittlich pro Tag und Person 47 g ausgeschieden werden. Harnstoff führt nicht nur zu einem erheblichen Sauerstoffbedarf, sondern liefert durch den Stickstoff einen wichtigen potenziellen Pflanzennährstoff. Die Phosphatgehalte betrugen in der Vergangenheit bis zu 20 mg Phosphat pro Liter. Sie sind durch die Verwendung von phosphatfreien Waschmitteln um mehr als die Hälfte zurückgegangen.

Um Abwasser zu charakterisieren, bestimmt man den **chemischen Sauerstoffbedarf** (CSB), der angibt, wie viel chemisches Oxidationsmittel (Chromschwefelsäure) zur Oxidation der Inhaltsstoffe benötigt wird. Vergleichend wird der **biochemische Sauerstoffbedarf** (BSB_5 in g O_2) bestimmt, der angibt, wie viel Sauerstoff innerhalb von fünf Tagen durch Belebtschlamm verbraucht wird, der mit dem Abwasser inkubiert wird. Der biochemische Sauerstoffbedarf erfasst nicht die Oxidation des Stickstoffs und ist (umgerechnet in Reduktionsäquivalente) etwa 1,7-mal kleiner als der chemische Sauerstoffbedarf.

Pro Einwohner fallen täglich etwa **60 g BSB_5** (definiert als 1 Einwohnergleichwert, EGW) in 200 L häuslichem Abwasser an. Der Gesamtverbrauch, der die wirtschaftlichen Aktivitäten mit erfasst, ist etwa dreimal so hoch. Die 60 g Sauerstoff in 1 EGW entsprechen etwa 2 mol Sauerstoff und würden bei einer Direkteinleitung des Abwassers etwa 10 000 L Wasser anoxisch machen. Der Harnstoff führt zusätzlich zu einem doppelt so großen Sauerstoffbedarf. Er wird zunächst durch das Enzym **Urease** hydrolysiert:

$$NH_2CONH_2 + H_2O \rightarrow 2\,NH_3 + CO_2 \qquad [19.1]$$

Der gebildete Ammoniak wird mit Sauerstoff durch nitrifizierende Bakterien (z. B. *Nitrosomonas* und *Nitrobacter*) über Nitrit zu Nitrat oxidiert:

$$2\,NH_3 + 3\,O_2 \rightarrow 2\,NO_2^- + 2\,H_2O + 2\,H^+ \qquad [19.2]$$

$$2\,NO_2^- + O_2 \rightarrow 2\,NO_3^- \qquad [19.3]$$

Pro mol **Harnstoff** werden insgesamt 4 mol Sauerstoff verbraucht. Entsprechend verbrauchen 47 g Harnstoff den Sauerstoff aus etwa 16 000 L luftgesättigtem Wasser.

Das im Abwasser vorhandene **Phosphat** kann, falls es nicht entfernt wird, zunächst die Primärproduktion im Vorfluter (dem Gewässer, in das gereinigtes Abwasser entlassen wird) fördern. Dabei wird zunächst Sauerstoff freigesetzt, der aber wegen der geringen Löslichkeit weitgehend in die Atmosphäre aufsteigt. Sterben die Algen später ab, wird die gleiche Menge Sauerstoff für den Abbau benötigt. Dies kann zu Sauer-

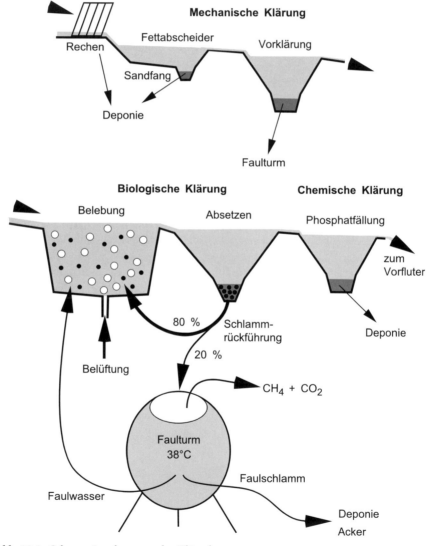

Abb. 19.2   Schema einer kommunalen Kläranlage

stoffmangel führen. Der Tagesmenge von 2 g Phosphor pro Person entspricht dabei der Sauerstoffgehalt von 8 000 L luftgesättigtem Wasser.

Der Sauerstoffbedarf der täglich pro Einwohner in das Abwasser abgegebenen Stoffe beläuft sich damit auf mehr als 36 000 L, ist also 180-mal größer als der Sauerstoffgehalt des abgegebenen Volumens. Das bedeutet, dass die Abwasserbehandlung eine 180-fache Luftsättigung leisten sollte, bevor das Wasser in den Vorfluter abgegeben wird. Dadurch, dass man einen erheblichen Anteil der Inhaltsstoffe auf mechanischem Wege entfernen und deponieren kann, ist der Bedarf nicht ganz so groß. Dennoch ist die Belüftung der aufwändigste Schritt der modernen Abwasserbehandlung.

19.11
Schritte der Abwasserreinigung

Ziele der Abwasserbehandlung (Abb. 19.2) sind die **Hygienisierung**, das heißt die Entfernung von pathogenen Bakterien, Viren und Wurmeiern, die **Mineralisierung** der organischen Substanz sowie die **Entfernung von Pflanzennährstoffen** (N, P), die zur Eutrophierung der Gewässer beitragen würden. Durch **mechanische Behandlung** in Rechenanlagen, Sandfang und Fettabscheider werden aus dem typischen kommunalen Abwasser absetzbare Stoffe, die einen Anteil von etwa 30% an den Inhaltsstoffen haben, entfernt und deponiert. In einem **Vorklärbecken** erhält man bei geringer Bewegung einen sich langsam absetzenden Schlamm, der zur weiteren Behandlung in den **Faulturm** gebracht wird. Gelöste Stoffe werden im **Belebtschlamm-Verfahren** abgebaut. Dabei wird das Abwasser für einige Stunden homogen gemischt und belüftet. Das System arbeitet ähnlich wie ein **Chemostat**. Zufluss an frischem Abwasser und Abfluss in das Nachklärbecken haben das gleiche Volumen. Im Nachklärbecken setzen sich die im Belebtschlamm-Becken gebildeten Flocken ab, so dass klares gereinigtes Abwasser entsteht. Allerdings gibt es einen wichtigen Unterschied zum Chemostat. Man **führt** nämlich einen großen Teil des gebildeten **Belebtschlamms zurück** in das Belebtschlamm-Becken. Hier ist also mehr Biomasse, als durch den Nachschub an frischem Abwasser jeweils ernährt werden kann. Auch wenn die dicke Konsistenz reiches Nahrungsangebot anzuzeigen scheint, herrscht Hunger. Es tritt eine **Biomasse-Reduzierung** durch Selbstverzehr ein. Außerdem gewinnt das System Elastizität gegenüber Abwasserschüben, wie sie in kommunalen Kläranlagen typischerweise auftreten.

Außerordentlich wichtig für den Klärvorgang sind die **Belebtschlamm-Flocken** (Abb. 19.3), die sich im **Nachklärbecken** absetzen und klares Wasser zurücklassen. Die Flocken bestehen neben anorganischen und organischen Gerüstsubstanzen typischerweise aus Bakterien, von denen viele in Schleim gehüllt oder fädig sind. Die Bildung der Flocken erfolgt unter dem Selektionsdruck von zahlreichen Protozoen, die teils freischwimmend, teils auf den Flocken sessil (z. B. *Vorticella*) sind. Die Protozoen ernähren sich von freischwimmenden Partikeln und Bakterien. Dabei werden auch pathogene Keime recht effektiv entfernt. Belebtschlamm-Flocken sind hingegen als Nah-

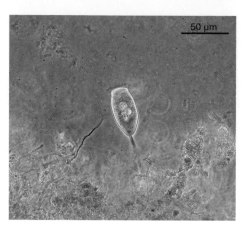

Abb. 19.3   Belebtschlammflocke mit sessilem Ciliat (Glockentierchen) und fädigen Bakterien

rungspartikel zu groß für sie. Im Belebtschlamm-Becken werden abbaubare gelöste Substanzen sehr effektiv aufgenommen und zum Teil mineralisiert, zum Teil in Biomasse überführt. Durch die Schlammrückführung wird eine Reduzierung der Biomasse erreicht. Ein Teil des Schlamms wird jedoch in den Faulturm überführt.

19.12
Stickstoff-Eliminierung

Stickstoff liegt in der Biomasse und in frischem Abwasser in reduzierter Form als Aminogruppe oder Ammoniak vor. Seine Entfernung kann mikrobiell in zwei Schritten erfolgen, der Oxidation zu Nitrat (**Nitrifikation**) und der anschließenden Reduktion zu N_2 (**Denitrifikation**). Diese Vorgänge erfordern einen Wechsel zwischen oxischen und anoxischen Bedingungen. Ein Problem ist, dass die Nitrifikation durch hohe organische Belastung gehemmt wird und nur bei einer langen Verweildauer im Belebtschlamm-Becken abläuft. Die Denitrifikation kann man am einfachsten dadurch erreichen, dass man für kurze Zeit die **Belüftung** im Belebtschlamm-Becken **abschaltet** (Gl. 19.4).

$$5\langle CH_2O\rangle + 4\,NO_3^- + 4\,H^+ \rightarrow 5\,CO_2 + 7\,H_2O + 2\,N_2 \qquad\qquad [19.4]$$

Dadurch kommt es sehr schnell zur vollständigen Sauerstoffzehrung und zum Einsetzen der Denitrifikation, bei der statt Sauerstoff Nitrat als Elektronenakzeptor genutzt wird.

Da die genannten Verfahren einen Wechsel zwischen anoxischen und oxischen Verhältnissen erfordern und nicht leicht zu steuern sind, versucht man heute zunehmend, das ANAMMOX-Verfahren (s. Kap. 17) als Alternative.

19.13
Phosphat-Eliminierung

Anders als Nitrat kann Phosphat relativ leicht mit mehrwertigen Metall-Ionen **ausgefällt** werden. Man verwendet dazu Salze von Eisen, Aluminium oder Calcium. Außerdem werden manchmal organische Flockungsverbesserer zugesetzt. Die Fällung erfolgt entweder in einem der Belebung nachgeschalteten Schritt (dritte oder **chemische Reinigungsstufe**) oder – einfach, aber weniger effektiv – bereits im Vorklär- oder Belebungsbecken (Vor- oder Simultanfällung). Auch mit biologischen Mitteln lässt sich eine Phosphat-Entfernung erreichen. Viele Bakterien (z. B. *Acinetobacter*) speichern unter oxischen Bedingungen Polyphosphate, die unter Sauerstoffmangel abgebaut und als Energiereserve genutzt werden. Durch zwischenzeitliche Überführung des Belebtschlamms in eine anoxische Kammer lässt sich akkumuliertes Phosphat freisetzen und ausfällen.

19.14
Bei der Abwasserbehandlung nicht entfernte Stoffe

Schwermetalle (Pb, Cu, Hg, Cd, Cr u. a.) können anders als organische Stoffe nicht durch Abbau aus dem System entfernt werden. Man findet sie meist akkumuliert im Faulschlamm. Nur die **Vermeidung** der Verunreinigung des Wassers mit solchen Stoffen kann dieses Problem lösen. Aber auch einige organische Stoffe werden nicht vollständig entfernt. Schwer abbaubare wasserlösliche Verbindungen (etwa Textilfarbstoffe) passieren die Kläranlage unverändert. Reststoffe mit geringer Wasserlöslichkeit (polycyclische aromatische Kohlenwasserstoffe, Pestizide usw.) werden im Faulschlamm akkumuliert.

19.15
Faulturm und Faulschlamm-Entsorgung

Der im Vorklär- und Belebungsbecken anfallende Schlamm (etwa 1 % des Abwasservolumens) wird im **Faulturm** unter Sauerstoffausschluss und leichter Erwärmung für zwei bis drei Wochen inkubiert. Hierbei läuft ein **anaerober methanogener Abbau** ab, der den organischen Gehalt des Schlamms um 80 % reduziert und gleichzeitig den Schlamm geruchsarm und besser entwässerbar macht. Das gebildete Methan kann zu **Heizzwecken** und für einen Teil der Energieversorgung der Belüftung genutzt werden. Ob man den Schlamm nach einer Erhitzung (oder Alkalisierung) zur Abtötung von Wurmeiern als Dünger auf den Acker bringen kann oder ihn auf eine Deponie verbringen muss, hängt von der Belastung durch Schwermetalle und organische Reststoffe ab. Langfristig ist nur die Rückführung in die natürlichen Kreisläufe sinnvoll.

19

Glossar

> **Amylase:** Stärke spaltendes Enzym
> **Belebtschlamm:** Flocken aus anorganischen und organischen Stoffen mit Bewuchs von Bakterien und Protozoen, welche die biologische Abwasserreinigung bewirken
> **Belebung:** Stufe in der Abwasserbehandlung, in der aerober Abbau durch Belebtschlamm erfolgt
> **biochemischer Sauerstoffbedarf (BSB$_5$):** Maß für die O_2-Aufnahme innerhalb von Belebtschlamm in fünf Tagen bei Zusatz von frischem Abwasser
> **Biotechnologie:** Entwicklung von Produktionsverfahren mit Hilfe von Mikroorganismen, häufig unter Einsatz spezieller Stämme oder genetisch veränderter Mikroorganismen
> **Biotransformation:** Durchführung einzelner spezifischer chemischer Reaktionen durch Mikroorganismen
> **chemischer Sauerstoffbedarf (CSB):** Maß für den Verbrauch an chemischem Oxidationsmittel durch frisches Abwasser
> **Colicin:** Bacteriocin der Enterobakterien; Protein, das nah verwandte oder artgleiche Bakterien umbringt
> **Cometabolismus:** Umsetzung von Stoffen ohne erkennbaren Nutzen für den Energie- oder Biosynthesestoffwechsel, meist auf Unspezifität von Enzymen zurückzuführen
> **Darren:** Unterbrechung des Keimvorgangs der Gerste durch Hitze und Wasserentzug bei der Bierherstellung
> **Faulschlamm:** Produkt der anaeroben Schlammbehandlung in der Kläranlage
> **Faulwasser:** Bei der Entwässerung des Faulschlamms anfallendes Wasser, das in das Belebungsbecken zurückgeführt wird
> **Fermentation:** Herstellung von Produkten durch mikrobielle Umsetzungen
> **Immobilisation:** Fixierung von Mikroorganismen, Zellen von Eukaryoten oder Enzymen zur Durchführung gezielter biochemischer Reaktionen
> **Klonierung:** Gewinnung von genetisch identischen Tochterzellen
> **Labferment:** Milch verfestigendes Enzym aus Kälbermagen, heute meist aus gentechnisch veränderten Mikroorganismen gewonnen
> **Maische:** Umsetzung der gedarrten Gerste zu Zucker (Maltose) durch Gerste-eigene Enzyme
> **mikrobielle Erzlaugung:** Freisetzung von Metallsalzen durch mikrobiellen Stoffwechsel, hauptsächlich aufgrund von Ansäuerung und Redox-Prozessen
> **Palindrom:** Sequenz, die von vorne und hinten gelesen gleich ist
> **Rennin:** Labferment
> **Schlammrückführung:** Prozess, durch den die Biomasse im Belebungsbecken einer Kläranlage über den möglichen Wachstumsertrag hinaus erhöht wird, um Elastizität gegen Stoßbelastungen zu erreichen
> *Screening:* Systematische Suche nach den am besten geeigneten Organismen

> **Transformation:** Genetische Veränderung eines Bakteriums durch direkte Aufnahme von DNA in die Zelle, erfolgt nur im Zustand der Kompetenz der Rezipientenzelle
> **Überproduktion:** Erhöhte Bildung eines Stoffes durch Beeinflussung der Regulationsmechanismen
> **Urease:** Enzym, das Harnstoff zu Ammoniak und Kohlendioxid spaltet
> **Vorfluter:** Gewässer, das den Abfluss einer Kläranlage aufnimmt

Prüfungsfragen

> Welche erwünschten Einflüsse können Mikroorganismen auf Lebensmittel ausüben?
> Wodurch unterscheiden sich die Verfahren zur mikrobiellen Erzeugung von Essigsäure und Milchsäure?
> Welche Molarität hat Alkohol in Bier mit 5 Vol.-% und in Blut bei einer Konzentration von 0,8 ‰?
> Was sind Primär- und Sekundärmetabolite?
> Welche Umsetzungen bewirken die mikrobielle Erzlaugung?
> Wie werden gentechnisch veränderte Bakterien hergestellt?
> Welche Rolle spielen Protozoen im Belebtschlammverfahren?
> Welche Prozesse laufen im Faulturm ab?

Themen und Lernziele: Mikroflora des Menschen; Resistenz und Immunität; Verlauf einer Infektion; Beispiele: Bakterien-Ruhr, Lebensmittelvergiftung, Legionärskrankheit und HIV; Viroide und Prionen; pathogene Pilze und Protozoen; Behandlung von Infektionskrankheiten

20.1
Sind die Mikroben unsere Feinde?

Die meisten Mikroben sind für die menschliche Gesundheit ebenso harmlos wie die meisten Tiere und Pflanzen. Im Gegenteil, die **Mikroflora** (Tafeln 20.1 und 20.2) ist unserer Gesundheit sehr förderlich. Dennoch genießt sie einen schlechten Ruf. Die Vorstellung, dass sich auf jedem Quadratzentimeter **Haut** 100 bis 10 000 Bakterien befinden, ruft ein gewisses Gruseln hervor. Dabei sollte man sich klar machen, dass dies bedeutet, dass Haut sehr keimarm ist. Wer würde ein Stadion für 80 000 Zuschauer als voll bezeichnen, wenn darin vier Leute sind? So aber ist das Verhältnis von Platzangebot und Bakterienbesiedlung auf unserer Haut. Von den 10^4 bis 10^6 Bakterien in einem Milliliter besten **Trinkwassers** geht normalerweise keine Gefahr aus. Die Bedingungen in einem nährstoffarmen Wasser sind von denen im Inneren eines Warmblüters so grundlegend verschieden, dass man speziell angepasste Mikroben-Populationen erwarten kann.

Alle höheren Lebewesen verfügen über verschiedene **Abwehrmechanismen** gegen pathogene (krank machende) Keime. Diese wiederum müssen stets spezielle Eigenschaften (**Pathogenitätsfaktoren**) haben, wenn sie Krankheiten auslösen sollen. Und sie nutzen dabei Fähigkeiten und Reaktionen des Wirts gezielt aus. Der Wirt ist also nicht nur hilfloses Opfer, sondern aktiv an einer wechselseitigen Beziehung beteiligt.

Tafel 20.1 Keimzahlen der menschlichen Bakterienflora

Körperteil	Anzahl	Bemerkung
Haut	10^2–10^4 cm^{-2}	
Speichel	10^9 mL^{-1}	
Zahn-Plaque	10^{11} mL^{-1}	70% des Materials
Magensaft	10^2 mL^{-1}	pH = 1,5
Dünndarm	10^7 mL^{-1}	100 m^2
Dickdarm	10^{11} mL^{-1}	
weibl. Genitaltrakt	10^8 mL^{-1}	pH = 3,5; 90% Anaerobier, auch Hefen, eventuell Protozoen

Tafel 20.2 Typische Vertreter der menschlichen Mikroflora

Körperteil	
Zähne:	*Streptococcus salivarius, S. mutans* (s. Abb. 20.1)
Magen:	*Lactobacillus, Streptococcus, Helicobacter pylori* (Entzündung)
Darm:	*Bacteroides, Bifidobacterium, Eubacterium*
Enddarm:	*Clostridium, Fusobacterium, Escherichia coli*
Weiblicher Genitaltrakt:	*Lactobacillus, Candida, Torulopsis* (Pilze) *Trichomonas vaginalis* (Protozoon)

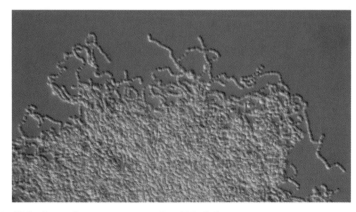

Abb. 20.1 Kolonie von Streptococcen aus dem Zahnbelag

20.2
Mikroflora des Menschen

Ein Mensch enthält mehr Bakterien als Körperzellen – einschließlich der etwa 10^{13} Gehirnzellen. Die meisten Bakterien sind strikte **Anaerobier**, die im Darm leben. Die von außen her erreichbaren Körperteile sind nicht steril. Sie sind von **Kommensalen** besiedelt, Keimen, deren Wachstum keinen Schaden hervorruft, evtl. jedoch Achsel- oder Fußgeruch. Innere Organe wie die Harnblase oder der Bronchialtrakt hingegen sind normalerweise bakterienfrei. Zur gesunden Mikroflora gehören nicht nur Bakterien, sondern durchaus auch **Pilze** (Hefen) und manchmal **Protozoen**. Das Auftreten von Flagellaten der Art *Trichomonas vaginalis* (bei 3 bis 60% aller Frauen in Europa) ist meistens nicht mit Krankheitssymptomen verbunden.

20.3
Resistenz und Immunität

Alle größeren Organismen weisen Eigenschaften auf, die sie gegen Infektionen durch Mikroorganismen schützen. Die unspezifischen, nicht durch eine Infektion ausgelösten Faktoren verleihen dem Träger **Resistenz** gegen Infektionen. **Mechanischer Schutz** wird bereits durch die Haut bewirkt. Sehr wichtig sind teilweise mit Flimmerhärchen besetzte **Schleimhäute** in der Nähe von Körperöffnungen, die Mikroorganismen und Viren nicht nur immobilisieren, sondern durch Schleimfluss auch aus dem Körper transportieren. Zu den **biochemischen Mechanismen** der unspezifischen Infektabwehr zählt die Regulation des **pH-Wertes** auf der Haut, im Genitalbereich und vor allem im Magen, wo durch Salzsäure-Freisetzung pH-Werte unterhalb von 1,5 erreicht werden. Die **Feuchtigkeitsregulation** hat einen Einfluss auf das Wachstum von Mikroben. Auch das **Lysozym** in der Augenflüssigkeit gehört zu den Resistenzfaktoren. Die **Limitierung des verfügbaren Eisens** wirkt wachstumshemmend auf in den Organismus eingedrungene Keime.

Den Resistenzfaktoren sind die **Immunreaktionen** gegenüberzustellen, die eine spezifische Abwehr in Reaktion auf Kontakt mit einem Erreger bewirken. Das vor allem im Lymphgewebe beheimatete komplexe Immunsystem bildet **Antikörper** (als Immunglobuline bezeichnete Proteine), die körperfremde Strukturen (**Antigene**) über sterische Wechselwirkungen erkennen, binden und unschädlich machen können.

20

20.4
Infektionsverlauf

Pathogene Keime und Viren sind Spezialisten. So findet man bei *Salmonella* sieben verschiedene **Pathogenitätsfaktoren**. Spezielle **Fimbrien** sind an der Anlagerung an den Wirt beteiligt. Die Geißeln und die Zelloberfläche tragen jeweils **Antigene**, die hemmend auf Fresszellen wirken. Die Lipopolysaccharidschicht wirkt als fieberauslösendes **Endotoxin**. Außerdem werden ein Durchfall-auslösendes **Enterotoxin** und ein die Proteinsynthese der Wirtszellen hemmendes **Cytotoxin** gebildet. Die genetische Information für mehrere dieser Faktoren befindet sich auf einem **Virulenzplasmid**. Zu den Pathogenitätsfaktoren gehören bei manchen pathogenen Bakterien **Siderophore**, niedermolekulare Eisen-Carrier, die es den Zellen ermöglichen, das im Wirt meist an Proteine gebundene und schwer verfügbare Eisen zu gewinnen.

Der typische Verlauf einer Infektionskrankheit beginnt mit dem **Eindringen** in den Körper des Wirts durch Einatmen, Nahrungsaufnahme, sexuellen Kontakt oder eine Verletzung. Infektionen geschehen alltäglich. Die meisten führen jedoch nicht zu einer Erkrankung. Ob sich eine Infektionskrankheit entwickelt, hängt vom Training des Immunsystems gegenüber dem Erregerstamm und von dessen **Virulenz**, dem Grad der Pathogenität, ab.

Im Falle einer **Infektionskrankheit** siedelt sich der Eindringling im Wirt an und vermehrt sich, entweder innerhalb von Wirtszellen oder außerhalb, teils lokal an der Stelle der Infektion, teils über den ganzen Körper verbreitet, teils in spezifischen Organen.

Vor dem Eindringen heftet sich der Parasit aufgrund spezifischer Wechselwirkungen an die Wirtszelle (Adhäsion). Dies wird durch **Adhäsine** vermittelt, wobei es sich um Fimbrien oder auch um Lipide oder Glykane handeln kann. Die Aufnahme in die Zelle (**Invasion**) erfolgt typischerweise durch **Phagocytose**, also unter aktiver Mitarbeit der Wirtszelle. Die eigentliche pathogene Wirkung der Infektionskrankheit wird ausgelöst durch vom Erreger gebildete **Toxine**. Dabei kann es sich um freigesetzte Proteine handeln (**Exotoxine**). Aber auch die Lipopolysaccharide der äußeren Membran Gram-negativer Bakterien können als **Endotoxin** wirken. Bei den Toxinen kann es sich um Enzyme handeln, die Membranen oder Proteine der Wirtszelle abbauen, oder auch um Stoffe, die weit ausstrahlende Immunreaktionen im Wirt auslösen. Zu diesen vom Wirt aktiv betriebenen Reaktionen gehören die **Apoptose**, **Fieber** oder sogar der **septische Schock**. Bei der Apoptose handelt es sich um den programmierten Tod von Zellen, der eine Kette von Reaktionen beinhaltet. Wenn die Infektionserkrankung nicht **letal** endet, gelingt es dem Wirt meistens, den Eindringling schließlich zu eliminieren. Es gibt aber auch das Eintreten einer dauerhaften **Koexistenz**. Hierzu bedarf es einer Unterdrückung der Immunreaktion gegenüber dem Erreger.

Angesichts der Komplexität des Ablaufs von Infektionskrankheiten dürfte verständlich werden, dass nur Spezialisten unter den Bakterien pathogen sind. Als primitiv lässt sich das Geschehen kaum einordnen. Im Folgenden werden nur einige Beispiele dargestellt, die der Vielfalt des Lebens kaum gerecht werden können.

20.5
Bakterien-Ruhr

Die durch Bakterien der Gattung *Shigella* verursachte **Bakterien-Ruhr** zeigt typische Merkmale einer Infektionskrankheit. Durch sie sterben jährlich mehrere hunderttausend Menschen, meist Kleinkinder. **Shigellen** werden oral aufgenommen, passieren den Magen und vermehren sich im Darm. Die eigentliche Krankheit wird durch Invasion der Dickdarm-Schleimhaut ausgelöst und umfasst eine Reihe von Reaktionen des Immunsystems (Abb. 20.2). Zunächst können die Bakterien die Schleimhaut nicht von der Darmseite her durchdringen. Einige werden jedoch durch **M-Zellen** an die Rückseite der Darmepithelzellen transportiert. M-Zellen gehören zum Immunsystem und leisten normalerweise einen Transport von Antigenen. Das Auftreten an der Rückseite der Darmepithelzellen scheint zunächst nicht gefährlich zu sein. Die Shigellen werden nämlich von **Makrophagen** entdeckt und phagocytiert. Allerdings können sie die sie umschließende **Phagosomen-Membran** lysieren und eine **Apoptose** der Makrophagen auslösen. Dies wirkt als Alarmsignal für das Immunsystem. Es werden entzündungsfördernde Botenstoffe, die **Cytokine**, freigesetzt. Diese locken **Granulocyten** an, die normalerweise Entzündungen bekämpfen. Sie wandern in das Epithel und vermögen vielleicht auch einige der Shigellen aufzunehmen. Jedoch öffnet ihre Invasion in die Darmschleimhaut den Shigellen den Weg zwischen Granulocyten und Schleimhautzel-

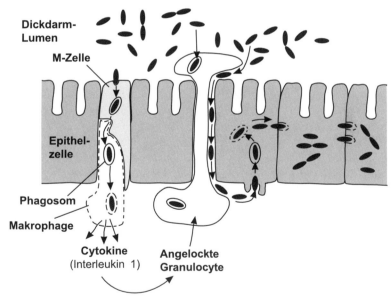

Abb. 20.2 Vorgänge bei einer Ruhr-Infektion. Die Erreger durchwandern M-Zellen im Darmepithel und werden von Makrophagen phagocytiert, können aber die Phagosomen auflösen, wodurch eine Apoptose der Makrophagen ausgelöst wird. Durch dabei freigesetzte Cytokine angelockte Granulocyten greifen ein, phagocytieren Shigellen, öffnen aber auch einen Weg zur Penetration der Epithelzellen von hinten. Aufgenommene Shigellen können wiederum Phagosomen lysieren und sich im Plasma der Epithelzellen vermehren

len hinter das Epithel des Dickdarms. Von hinten können sie in die Epithelzellen eindringen, wobei von letzteren geeignete Membranausstülpungen gebildet werden. Auch
in den Epithelzellen können die Shigellen die Phagosomen lysieren. Sie vermehren sich
im Cytoplasma und können anschließend in Nachbarzellen einwandern und einen
massiven Befall des Dickdarms und schwere Durchfälle bewirken.

20.6
Lebensmittelvergiftung

Nicht in allen Fällen muss sich ein pathogener Organismus als Parasit im Wirt vermehren. Eine **Lebensmittelvergiftung** etwa kann von **Toxinen** ausgelöst werden, die
bereits in dem infizierten Lebensmittel gebildet worden sind. **Botulismus-Toxine**,
Proteine, die in geringsten Spuren als tödliches Nervengift wirken, werden von *Clostridium botulinum* gebildet, das in schlecht konservierten Fleisch- oder Bohnenkonser-
ven anaerob wächst. Das ebenfalls sehr gefährliche Tetanus-Toxin wird hingegen erst
im Körper des Wirts durch *Clostridium tetani* gebildet, nachdem der Keim sich in
einer Wunde hat vermehren können.

20.7
Legionärskrankheit

Nach einem epidemischen Ausbruch von **Pneumonien** bei einer Tagung amerikani-
scher Legionäre im Jahr 1976 wurde als Erreger eine neues Bakterium isoliert, das den
Namen *Legionella* erhielt. Dieses Bakterium scheint normalerweise in Wassersystemen
zu leben. Es war zunächst überraschend, dass das Bakterium von solch substratarmen
Standorten in die Lunge von Menschen wechselt. Dann fand man jedoch heraus, dass
Legionellen sich in der Natur in Süßwasseramöben vermehren und beim Menschen
eine **intrazelluläre Infektion,** bevorzugt in Makrophagen der Lunge, verursachen.
Legionella scheint also speziell an amöboide Zellen angepasst zu sein.

20.8
HIV

Das HI(*human immunodeficiency*)-Virus befällt Zellen des Immunsystems, **T4-Lym-
phocyten**, die als Helferzellen an der Antikörper-Bildung beteiligt sind. Die äußere
Hülle der kugelförmigen Teilchen besteht aus einer Doppelschicht von Lipidmolekü-
len, die vom letzten Wirt, also einem Menschen stammt. Sie ist mit Proteinen besetzt,
von denen ebenfalls einige menschlicher Herkunft sind. Dabei handelt es sich um

Histokompatibilitäts-Antigene (MHC-Moleküle), die wichtig für die Steuerung der Immunantwort sind. Außerdem ragen aus der Hülle zahlreiche viruseigene **Glykoproteine**. Diese Proteine der Virushülle spielen eine entscheidende Rolle bei der Adhäsion und Invasion in die Wirtszelle. Unter der Hülle liegt ein kegelförmiges **Capsid** aus einem Protein. In seinem Innern befindet sich das genetische Material, zwei **RNA**-Stränge mit jeweils etwa 9200 Nukleotiden. Das Capsid enthält neben einigen anderen Proteinen das Enzym **reverse Transkriptase**, das RNA in DNA umschreibt, sobald das Virus in eine Zelle eingedrungen ist.

Bei einer Infektion heftet sich das Viruspartikel an ein Protein namens **CD4-Rezeptor** der Wirtszelle (Abb. 20.3). In der Folge verschmelzen die Membranen von Virus und Wirtszelle. Das Capsid gelangt ins Zellinnere und entleert dort seinen Inhalt. Die

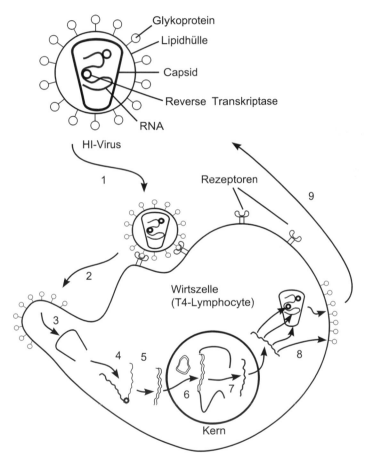

Abb. 20.3 Vorgänge bei der Vermehrung des HI-Virus. 1: Anheftung an CD4-Rezeptor, 2: Verschmelzen mit Wirtszellenmembran, 3: Freisetzung des Capsid-Inhalts, 4: Umschreibung von RNA in DNA, 5: Bildung des komplementären DNA-Strangs, 6: Eindringen in Zellkern, Integration in Wirts-Chromosom, 7: Transkription der Virus-DNA als mRNA, 8: Translation der Virusgene, Verpackung der mRNA und Proteine in Capsid, Einbau der Glykoproteine in Membran, 9: Freisetzung neuer Viren

reverse Transkriptase schreibt die virale RNA in DNA um. Durch die zelleigene DNA-Polymerase wird die zunächst einsträngige DNA doppelsträngig, wandert in den Zellkern und wird dort in ein Chromosom eingebaut. Dabei tritt als Zwischenstufe ringförmig geschlossene DNA auf. Die integrierte DNA kann mit der Wirtszelle vermehrt werden, ohne Schaden anzurichten. Sie kann aber irgendwann zur Bildung neuer Viren führen. Dann wird aus der dem Virus entstammenden DNA *messenger*-RNA gebildet, die sowohl zur Bildung der Virenproteine abgelesen als auch in Capside verpackt wird. Das Glykoprotein wandert in die Zellmembran. Bei der Freisetzung von neuen Viren durch **Exocytose** gelangt so eine Hülle um die Partikel wie ein Schafspelz um den Wolf. Im Verlauf der AIDS-Krankheit scheint es sogar so zu sein, dass gar nicht erst neue Viruspartikel freigesetzt werden müssen. Die mit Glykoprotein ausgestattete Wirtszelle kann direkt an eine mit dem passenden Rezeptor ausgestattete Nachbarzelle binden und mit dieser verschmelzen.

20.9
Viroide und Prionen

Dass ein kurzes Stück einer Nukleinsäure ausreichend sein kann, eine Krankheit zu erzeugen, zeigen die **Viroide**. So können bereits RNA-Stücke mit nur 359 Nukleotiden Pflanzenkrankheiten hervorrufen, bei denen das pathogene Viroid unter Absterben der Wirtszelle vermehrt wird.

Bei den vermuteten Erregern des Rinderwahnsinns (*bovine spongiform encephalitis*, **BSE**), der Traberkrankheit der Schafe (**Scrapie**) und der **Creutzfeldt-Jakob-Krankheit** scheint es sich um ein ganz anderes Prinzip der Krankheitsübertragung zu handeln. Als **Prionenprotein** wird ein Protein bezeichnet, das in gesunden Gehirnzellen vorkommt, jedoch im pathogenen Fall eine veränderte Form aufweist. Nach der gängigen Theorie soll das veränderte Protein, wenn es in die Gehirnzellen gelangt, diese als Effektor dazu bringen können, nun die veränderte Form zu produzieren. Die kann aber nicht wie die normale Form in die Membran eingebaut werden, sondern fällt, im Übermaß gebildet, im Cytoplasma aus, wo als Folge die bekannten schwammartigen Veränderungen auftreten. Die Krankheit soll durch die veränderten Proteine übertragbar sein. Es wären also keinerlei Nukleinsäuren an der Übertragung beteiligt – ein bisher in der Biologie einzigartiger und noch nicht zweifelsfrei geklärter Fall.

20.10
Pathogene Pilze

Die Pathogenität der Pilze ist insgesamt gering. Nur etwa 100 von 70 000 Arten sind Krankheitserreger des Menschen. Oft findet man **opportunistische Sekundärinfektionen** mit Hefen (z. B. *Candida*). Auch Infektionen der Haut mit Pilzen (Dermatomykosen, z. B. Fußpilz) entwickeln sich meist nur an geschwächten Stellen. Bei massivem Auftreten können Pilzsporen **Allergien** hervorrufen. Gefährlicher sind die von vielen Pilzen gebildeten **Mykotoxine**, wie etwa die von *Aspergillus flavus* beim Wachstum auf Erdnüssen gebildeten Aflatoxine oder die Mutterkorn-Alkaloide, die durch *Claviceps purpurea* gebildet werden.

20.11
Pathogene Protozoen

Eine große Zahl von menschlichen Todesfällen durch Infektionskrankheiten wird nicht etwa durch Viren oder Bakterien, sondern durch Protozoen verursacht. **Malaria** befällt mehrere 100 Millionen Menschen pro Jahr. Sie wird durch **Plasmodien** ausgelöst, die durch die *Anopheles*-Mücke übertragen werden und Leberzellen und rote Blutkörperchen befallen. Auch die **Schlafkrankheit** wird von Protozoen (**Trypanosomen**) ausgelöst, die extrazellulär im Blut leben. Die **Amöben-Ruhr** wird durch *Entamoeba histolytica* hervorgerufen.

20.12
Behandlung von Infektionskrankheiten

Bereits im 18. Jahrhundert, also vor der Entdeckung von Viren und dem Nachweis von Bakterien als Krankheitserregern, wurde von **Edward Jenner** entdeckt, dass durch eine Infektion mit **Kuhpocken** eine Immunisierung gegen Pocken erreicht werden konnte. Auch heute noch unterstützen medizinische Maßnahmen gegen virale Infektionen meist das Immunsystem.

Nach der Widerlegung der Urzeugungs-Hypothese durch **Louis Pasteur** (1861) konnte **Robert Koch** als erster nachweisen, dass Krankheiten (Milzbrand, 1876, und Tuberkulose, 1882) durch Bakterien ausgelöst werden können. Seine Forderungen für einen sicheren Nachweis eines Bakteriums als Krankheitserreger, die **Kochschen Postulate** haben noch heute Gültigkeit, lassen sich allerdings nicht in allen Fällen erfüllen. Danach soll der Erreger bei einer Krankheit stets nachweisbar sein und in Reinkultur isoliert werden können. Durch Übertragen auf einen gesunden Wirt soll auch bei diesem die Krankheit ausgelöst werden und der Erreger reisolierbar sein.

Nach der Entdeckung des Penicillins durch **Alexander Fleming** (1928) wurde die Bekämpfung bakterieller Infektionskrankheiten durch den Einsatz immer neuer **Antibiotika** revolutioniert. Da Antibiotika Hemmstoffe spezifisch prokaryotischer Prozesse sind, wirken sie allerdings nicht gegen Viren. Waren am Anfang des Jahrhunderts Infektionskrankheiten die häufigsten Todesursachen, sind es heute Herz- und Kreislauferkrankungen, Krebs und Unfälle. Allerdings droht die Effizienz des Einsatzes von

Antibiotika stark nachzulassen. Viele pathogene Keime tragen Plasmide, auf denen nicht nur Pathogenitätsfaktoren codiert sind, sondern auch Resistenzfaktoren gegen mehrere Antibiotika. Das größte Problem im Klinikbetrieb stellen multiresistente Stämme von *Stapylococcus aureus* (so genannte MRSA) dar. *S. aureus* kommt fast überall in der Natur und auch auf der Haut und in den oberen Atemwegen vieler Menschen vor, ohne Krankheitssymptome auszulösen. Bei Menschen mit geschwächtem Immunsystem kann das Bakterium aber Hautinfektionen und zahlreiche, sogar lebensbedrohliche Erkrankungen auslösen. Erschwerend kommt hinzu, dass die **Resistenzplasmide** artübergreifend (**horizontal**) übertragen werden können und damit bei vielen verschiedenen Erregern auftreten.

Glossar

> **Adhäsin:** An der Anheftung an Wirtszellen beteiligtes Protein
> **Allergie:** Durch das Immunsystem bewirkte Überempfindlichkeit gegen einen Stoff
> **Apoptose:** Programmierter Zelltod, aktiv von der Zelle bewirkter Prozess mit vielen Schritten
> **Creutzfeldt-Jakob-Krankheit:** Möglicherweise durch Prionen ausgelöste Krankheit des zentralen Nervensystems
> **Cytokin:** Signalstoff des Immunsystems
> **Endotoxin:** In der Lipopolysaccharid-Schicht der äußeren Membran Gram-negativer Bakterien lokalisiertes, nicht freigesetztes Toxin
> **Enterotoxin:**   Im Darm freigesetztes Toxin
> **Epidemie:** Gehäuftes Auftreten einer Infektionskrankheit an einem Ort zu einer Zeit
> **Exotoxin:**   Freigesetztes Toxin
> **Fleming, Alexander:**   Entdecker des Penicillins
> **Glykoprotein:**   Protein mit kovalent gebundenen Zuckerresten
> **Granulocyten:** Zellen des Immunsystems, die Fremdkörper phagocytieren können
> **horizontaler Gentransfer:**   Art-überschreitende Genübertragung
> **Immunität:** Durch das Immunsystem hervorgerufene spezifische Unempfindlichkeit
> **Jenner, Edward:**   Englischer Entdecker der Immunisierung durch Impfung
> **Kochsche Postulate:**   Forderungen zum sicheren Nachweis eines Krankheitserregers
> **letal:** Tödlich
> **Lipopolysaccharide** (LPS):   Komplexe Lipide, die Zuckermoleküle enthalten, bei Gram-negativen Bakterien wichtig für die Beschaffenheit der äußeren Membran, potenzielle Pathogenitätsfaktoren

> **Makrophagen:** Zellen des Immunsystems, die Fremdkörper phagocytieren können
> **Mikroflora:** Natürliche mikrobielle Lebensgemeinschaft
> **MRSA:** Methycillin-resistente (meist multiresistente) *Staphylococcus aureus-*Stämme
> **M-Zellen:** Zellen des Immunsystems, die Antigene transportieren
> **opportunistisch:** Die Gelegenheit ausnutzend
> **pathogen:** Leid hervorrufend
> **Phagosom:** Durch Phagocytose gebildetes Vesikel in der Zelle
> **Pneumonie:** Lungenentzündung
> **Prion** (von *proteinaceous infectious particle*): Infektiöses Agens aus Protein ohne Nukleinsäure. Soll BSE (*bovine spongiform encephalitis*), Scrapie und ähnliche Krankheiten auslösen
> **Resistenz:** Angeborene Unempfindlichkeit
> **Scrapie:** Möglicherweise durch Prionen ausgelöste Krankheit der Schafe
> **Septischer Schock:** Zusammentreffen mehrerer Reaktionen (Syndrom) des Immunsystems, die zu einem Schockzustand führen
> **T4-Lymphocyten:** Weiße Blutzellen des Immunsystems, die an der Bildung von Antikörpern beteiligt sind
> **Toxin:** Mikrobiell produzierter Giftstoff
> **Viroid:** RNA-Molekül mit Virus-ähnlicher Wirkung
> **Virulenz:** Grad der Pathogenität

Prüfungsfragen

> Wie viele Bakterien passen nebeneinander auf einen Quadratzentimeter Haut?
> Was bedeuten Infektion, Entzündung und Virulenz?
> Was ist der Unterschied zwischen Immunität und Resistenz?
> Was sind Pathogenitätsfaktoren und Resistenz-Mechanismen?
> Wie ist der Infektionsverlauf durch das HI-Virus?
> Was sind Viroide?
> Was sind Prionen?
> Durch welche Mikroben werden die meisten Todesfälle bei Menschen hervorgerufen?
> Wodurch sind Pilze vor allem gefährlich?
> Was fordern die Kochschen Postulate?
> Wie kann man die Wirkung von Antibiotika allgemein beschreiben?

Von den etwa 7 000 Artnamen von Bakterien (und der weit größeren Anzahl der Arten eukaryotischer Mikroben) kennt auch ein Mikrobiologie-Professor nur einige hundert auswendig. Für ein einführendes Lehrbuch dürften hundert Art- oder Gattungs-Namen genug sein. Um das Kapitel nicht zu einer unübersichtlichen Tabelle erstarren zu lassen, werden jeweils nur wenige markante Charakteristika angesprochen. Viele der hier aufgelisteten Mikroben werden in diesem einführenden Buch ansonsten nicht erwähnt. Das mag zum weiteren Studium in den dickeren Lehrbüchern oder auch den mehrbändigen Handbüchern anregen. Viele der besonders interessanten Mikroorganismen kann man in Farbe und zum Teil auch in Bewegung im virtuellen mikrobiologischen Garten näher kennen lernen. Die Internet-Adresse ist: **www.mikrobiologischer-garten.de**

Acetobacter: Gattung Essigsäure bildender aerober Bakterien, die zur Gewinnung von Essig aus Alkohol in industriellem Maßstab eingesetzt werden. Das Verfahren erfordert intensiven Sauerstoffkontakt, der durch große Oberflächen (z. B. Verrieselung über Buchenholz-Späne) oder durch Belüftung in Submersverfahren erreicht wird

Acetobacterium: Vielseitige Gattung von Homoacetat-Gärern, die sowohl mit Wasserstoff Carbonat-Atmung als auch eine Vergärung von Glucose zu Acetat durchführen können

Achromatium: Eiförmiges Riesenbakterium (bis 125 µm Länge), das in seinem Inneren Calcium-Carbonat-Kristalle und Schwefeltröpfchen enthält. Gleitend beweglich. Lebt an der Sediment-Wassergrenze von Seen als Schwefelwasserstoff-Oxidierer (Abb. 21.1)

Acidianus infernus: Hyperthermophiles acidophiles Archaeon, das je nach den Bedingungen in seiner Umgebung Schwefelverbindungen mit Sauerstoff oxidiert oder unter anoxischen Bedingungen Schwefel zu Schwefelwasserstoff reduziert

Acinetobacter: Gattung unbeweglicher aerober Bakterien, die große Mengen Polyphosphat speichern können. In anoxischem Milieu wird Polyphosphat als Energiereserve genutzt und Phosphat freigesetzt. Man versucht, dieses Verhalten zur Entfernung von Phosphat aus Abwasser zu nutzen

H. Cypionka, *Grundlagen der Mikrobiologie,*
© Springer 2010

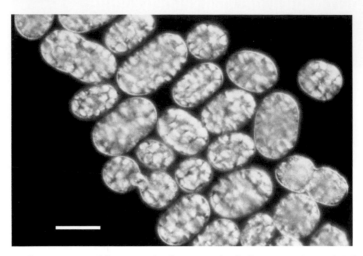

Abb. 21.1   *Achromatium oxaliferum.* Maßstab = 50 μm (Aufnahme Hans-Dietrich Babenzien)

Anabaena: Fädiges, Heterocysten bildendes Cyanobakterium (Abb 21.2)

Aquifex: Wasserstoff oxidierendes hyperthermophiles Eubakterium, einer phylogenetisch früh abzweigenden Gruppe zuzuordnen

Archaeoglobus: Gattung Sulfat reduzierender hyperthermophiler Archaeen

Arthrobacter: Gattung von Bodenbakterien mit variabler Morphologie. Trockenresistent

Aspergillus: Gießkannenschimmel, häufig auf Lebensmitteln (s. Abb 4.3)

Azotobacter: Gattung freilebend Stickstoff fixierender Bakterien. Typischerweise von einer dicken Schleimkapsel umhüllt und mit sehr hohen Atmungsraten, die geeignet scheinen, die Nitrogenase vor Sauerstoff zu schützen

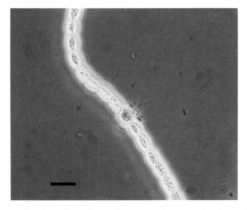

Abb. 21.2   Kette von Zellen des Cyanobacteriums *Anabaena* mit einer Heterocyste. Diese hat eine dicke Zellhülle, macht nur anoxygene Photosynthese und fixiert Stickstoff. Die an der Heterocyste anheftenden Bakterien scheinen davon zu profitieren. Maßstab = 10 μm

Abb. 21.3 Kolonie eines linksdrehenden Stamms von *Bacillus megaterium* auf Agar. Die mycel-ähnlichen Ausläufer der Kolonie winden sich alle nach links. Andere Stämme können auch rechtsdrehend sein. Maßstab = 1 cm

Bacillus megaterium: Gram-positiver Sporenbildner, der sich leicht aus Erde isolieren lässt und auf Agar pilzähnlich aussehende Kolonien bildet (Abb. 21.3)

Bacillus subtilis: „Heubacillus", Gram-positiver Sporenbildner, der sich leicht aus einem Heuaufguss isolieren lässt

Bacillus thuringiensis: Produzent eines Proteins, das in kristalliner Form im Cytoplasma vorliegt und ein sehr effizientes Insektengift ist

Bacteroides: Dominierendes Bakterium im menschlichen Enddarm, strikt anaerober Gärer, der eine gemischte Säure-Gärung durchführt

Bifidobacterium: Heterofermentatives Milchsäurebakterium, typisch für die Darmflo-ra brusternährter Säuglinge

Bdellovibrio: Aerobes parasitisches Bakterium mit kräftiger Geißel. Durchdringt die Zellwand seines bakteriellen Opfers, siedelt sich im periplasmatischen Raum an, wächst dort zu einem Schlauch aus, der sich nach Aufzehrung des Wirts-Protoplasten durch Vielfachteilung in Tochterzellen auflöst

Beggiatoa: Fädiges, gleitend bewegliches Schwefel oxidierendes Bakterium. Die zylin-derförmig aufgereihten Zellen enthalten typischerweise Schwefeltröpfchen. Diese Bakterien haben S. Winogradsky auf das Konzept des chemolithotrophen Wachs-tums gebracht

Bodo: Heterotropher Nanoflagellat, Bakterien-*Grazer* in Gewässern

Candida: Weit verbreitete Hefe-Gattung, z. T. pathogen

Caulobacter: Gestieltes Bakterium, das sich an oligotrophen Standorten an Oberflä-chen anheftet

Ceratium: Hörnchen-Alge mit Cellulose-Platten, ein begeißelter Dinoflagellat, typi-scher Vertreter des marinen Phytoplanktons (Abb. 1.1b)

Chlamydien: Sehr kleine obligat parasitische Bakterien, z. B. Erreger der Papageien-krankheit

Chlamydomonas nivalis: Psychrophile Schneealge, deren Sporen Schnee blutrot fär-ben können

Chlorella: Kugelförmige Grünalge (s. Abb. 4.3)

Chlorobium: Gattung grüner und brauner anoxygen phototropher Schwefelbakterien

„Chlorochromatium aggregatum": Konsortium aus unbeweglichen Chlorobien, die (meist wohlgeordnet) auf einem farblosen beweglichen Bakterium sitzen und sich von diesem an die günstigsten Standorte tragen lassen, wobei Phototaxis durch Kommunikation zweier Arten möglich wird (www.mikrobiologischer-garten.de)

Chloroflexus: Fädiges gleitend bewegliches grünes Bakterium, das im Gegensatz zu Chlorobien heterotroph im Dunkeln wachsen kann

Chromatium okenii: Bis zu 20 µm langes ovales Schwefel-Purpurbakterium mit typischen Einschlüssen von intrazellulär abgelagertem Schwefel

Clostridium botulinum: Erreger des Botulismus, der durch ein extrem wirksames Toxin hervorgerufen wird

Clostridium butyricum: Buttersäure-Gärer

Clostridium tetani: Erreger des Wundstarrkrampfs durch ein Toxin

Corynebacterium: Gattung Gram-positiver keulenförmiger Bakterien, darunter Erreger der Diphtherie

Coscinodiscus: Weit verbreitete marine Kieselalge (Diatomee), deren Schalenaufbau dem einer Käseschachtel mit Deckel ähnelt (Abb. 1.1c)

Deinococcus radiodurans: Bakterium, das eine außerordentliche Resistenz gegen radioaktive Strahlung aufweist

Desulfosporosinus orientis: Sporen bildender Sulfatreduzierer (Abb. 3.3)

Desulfovibrio desulfuricans: Dissimilatorisch Sulfat reduzierendes Bakterium, das Wasserstoff, Ethanol und einige organische Säuren verwertet, die zu Acetat oxidiert werden (Abb. 21.4)

Desulfovibrio sulfodismutans: Sulfatreduzierer, der auch davon leben kann, Thiosulfat oder Sulfit zu Sulfat und Sulfid zu disproportionieren

Desulfobacter: Sulfat reduzierendes Bakterium, das Acetat vollständig zu CO_2 oxidiert

Desulfuromonas: Gattung Schwefel reduzierender Bakterien, die einfache Substrate wie Ethanol oder Acetat verwerten

Dictyostelium: Gattung zelliger Schleimpilze, die aus amöboiden Zellen einen vielzelligen sporenbildenden Fruchtkörper aufbauen

Dunaliella: Rot gefärbte begeißelte Alge, dominierend an hypersalinen Standorten (Abb. 21.5)

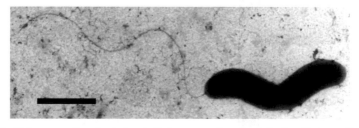

Abb. 21.4 Elektronenmikroskopische Aufnahme von *Desulfovibrio desulfuricans*, Transmissions-Aufnahme nach Kontrastierung mit Uranylacetat. Maßstab = 1 µm (Aufnahme Jan Kranczoch und Erhard Rhiel)

Enterobacter: Bodenbakterium mit viel Ähnlichkeit zu *Escherichia coli*

Escherichia coli: Das wichtigste Untersuchungsobjekt, sozusagen das Hausschwein der Mikrobiologen, über das es viele tausend Arbeiten gibt

Euglena: Augentierchen, grün gefärbter Photosynthese treibender Süßwasser-Flagellat mit einem roten Augenfleck, kann auch heterotroph leben (Abb. 4.1a, 21.6 und www.mikrobiologischer-garten.de)

Gallionella: Auf einem spiraligen Stiel aus Schleim mit inkrustierten Eisenausfällungen aufsitzendes Bakterium, lebt lithoautotroph als Eisen-Oxidierer (s. Abb. 3.2)

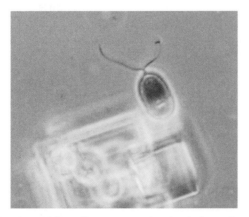

Abb. 21.5 *Dunaliella* neben Salzkristallen in einer Saline (Aufnahme Aharon Oren)

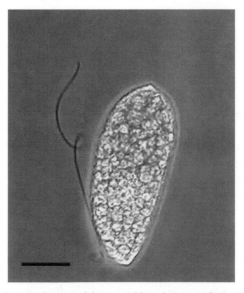

Abb. 21.6 Augentierchen *Euglena*. Auf diesem Bild ist der Augenfleck nicht zu erkennen, wohl aber die kräftige Geißel. Maßstab = 25 μm

21

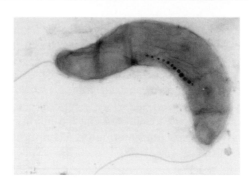

Abb. 21.7 Elektronenmikroskopische Aufnahme von *Magnetospirillum gryphiswaldense*. Man erkennt die Geißeln an den Enden und eine Kette von Magnetitkristallen im Inneren der Zelle (Aufnahme Dirk Schüler)

Halobacterium: Gattung halophiler Archaeen, die Energie aus einer von Licht getriebenen Protonen-Translokation konservieren können

Helicobacter pylori: Säuretoleranter Erreger der Magenschleimhaut-Entzündung

Heliobacterium: Gattung Gram-positiver gleitender anoxygen phototropher Bakterien

Lactobacillus: Gattung homofermentativer Milchsäurebakterien, wichtige Jogurt-Produzenten

Legionella: Erreger der Legionärs-Krankheit, einer Pneumonie, kommt in Warmwasserleitungen als Symbiont von Amöben vor

Magnetospirillum gryphiswaldense: Bewegliches magnetisches Bakterium, das sich mit Magnetfeld der Erde orientieren kann (Abb. 21.7). Näheres auch unter www.mikrobiologischer-garten.de

Methanococcus jannaschii: Hyperthermophiles Wasserstoff oxidierendes methanogenes Archaeon

Methanosarcina barkeri: Relativ vielseitiges (Acetat und Wasserstoff verwertendes) methanogenes Archaeon (Abb. 15.9)

Methylococcus: Gattung Methan und andere C_1-Verbindungen oxidierender Bakterien. Die Synthese von Zellsubstanz erfolgt über Formaldehyd als Zwischenprodukt

Microcoleus chthonoplastes: Fädiges Cyanobakterium, das in Scheiden lebt und an der Verfestigung von Mikrobenmatten wichtigen Anteil hat

Mycobacterium tuberculosis: Erreger der Tuberkulose

Mycoplasma: Gattung zellwandloser parasitischer Bakterien

Myxococcus: Gattung der Myxobakterien, die gleitend beweglich sind und bei Nahrungsmangel kleine Sporen tragende Fruchtkörper aus vielen Einzelzellen ausbilden können

Nevskia ramosa: Bakterium, das auf der Oberfläche ruhiger Gewässer flächige Rosetten aus verzweigten Schleimstielen ausbildet (Abb. 7.7)

Nanoarchaeum equitans: Ein nur 400 nm großer Prokaryot aus der Gruppe der Archaea, lebt symbiotisch oder parasitär auf anderen Archaeen in 70 bis 110 °C heißem, schwefelhaltigem, sauerstofffreiem Milieu. Seinen Namen (übersetzt: reitender Urzwerg) erhielt der Organismus wegen seiner geringen Größe und weil er sich auf andere Archaea heftet. Das Genom ist mit nur 490 Kilobasenpaaren das kleinste bislang beschriebene Genom eines Mikroorganismus. Allerdings ist *Nanoarchaeum equitans* offensichtlich nicht in der Lage, alle essentiellen Stoffe selbst herzustellen und ist deshalb abhängig von seinem Wirt

Nitrobacter: Gattung nitrifizierender Bakterien, die Nitrit zu Nitrat oxidieren

Nitrosomonas: Gattung nitrifizierender Bakterien, die Ammoniak zu Nitrit oxidieren

Nitrosopumilus maritimus: sehr kleines nitrifizierendes marines Archaeon, das Ammoniak zu Nitrit oxidiert (Abb. 1.1i)

Oligotropha carboxidovorans: Aerobes Kohlenmonoxid oxidierendes autotrophes Wasserstoffbakterium

Oscillatoria: Gleitend bewegliches fädiges Cyanobakterium, das keine Heterocysten ausbildet, aber Stickstoff fixieren kann

Paracoccus denitrificans: Fakultativ anaerobes Bakterium, dessen Elektronentransportsystem dem von Mitochondrien ähnelt

Paramecium: Pantoffeltierchen, ein Ciliat (Abb. 4.6)

Pelomyxa: Anaerobe Amöbe, die im Schlamm lebt und typischerweise endosymbiotische methanogene Bakterien beherbergt

Penicillium: Pinselschimmel, u. a. wichtige Antibiotika-Produzenten (Abb 21.8)

Photobacterium phosphoreum: Marines Leuchtbakterium. Das Leuchten ist Sauerstoff- und Energie-abhängig und wird durch Signalstoffe in Populationen gesteuert (Abb. 21.9)

Plasmodium: Gattung amöboider pathogener Protozoen, Erreger der Malaria, übertragen durch die Anopheles-Mücke

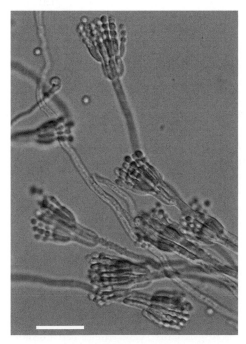

Abb. 21.8 Pinselschimmel *Penicillium crustosum* (Aufnahme Nina Gunde-Cimerman)

21

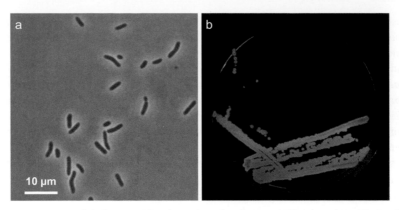

Abb. 21.9 a Das Leuchtbakterium *Photobacterium phosphoreum* isoliert von einem Hering. **b** Das blaugrüne Leuchten ist nicht etwa Fluoreszenz, sondern wird von Bakterien erzeugt (a Aufnahme Heike Oetting)

Propionibacterium: Propionsäure-Gärer, Aroma-Lieferant im Käse

Propionigenium modestum: Bakterium, das von der Decarboxylierung von Succinat zu Propionat und der daran gekoppelten Translokation von Natrium-Ionen lebt

Pseudomonas fluorescens: Gram-negatives Bodenbakterium, das einen fluoreszierenden Farbstoff ausscheidet

Pyrolobus fumarii: Hyperthermophiles Archaeon, das bei 113 °C wächst

Rhizobium: Gattung Stickstoff fixierender Bakterien, die in Symbiose mit Pflanzen Wurzelknöllchen ausbilden können

Rhodopseudomonas: Gattung vielseitiger u. a. organotropher anoxygen phototropher Bakterien

Roseobacter: Weit verbreitete Gruppe mariner Bakterien, von denen einige Bakteriochlorophyll enthalten und in oxischem Milieu anoxygen lichtabhängig ATP konservieren können (Abb. 21.10)

Ruminococcus: Strikt anaerober Gram-positiver Gärer im Pansen von Wiederkäuern

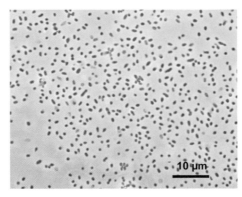

Abb. 21.10 *Dinoroseobacter denitrificans*, ein Vertreter der Roseobacter-Gruppe (Aufnahme Sarah Hahnke)

Saccharomyces cerevisiae: Wein-, Bier- und Bäckerhefe (s. Abb. 1.1f)

Salmonella: Pathogenes Gram-negatives Enterobakterium

Sphaerotilus natans: Fädiges, in einer röhrenförmigen Polysaccharid-Scheide lebendes Gram-negatives Bakterium, typisch für verschmutzte Gewässer und Belebtschlamm

Spirulina: Spiralig gewundenes fädiges Cyanobakterium

Staphylococcus aureus: Traubenartig wachsender Gram-positiver Eitererreger, im Klinikbetrieb gefürchtet, da viele Stämme multiple Resistenzen gegen Antibiotika aufweisen

Streptococcus: Gattung von Milchsäurebakterien, u. a. typisch für Zahnbelag

Streptomyces: Gattung fädiger Bakterien aus der Gruppe der Actinomyceten (Strahlenpilze). Es handelt sich um typische Bodenbakterien, die ein Pilz-artiges Mycel ausbilden können. Wichtige Produzenten von Antibiotika.

Sulfolobus: Gattung thermoacidophiler Archaeen

Thermotoga: Gattung hyperthermophiler Eubakterien, einer frühen Abzweigung des phylogenetischen Stammbaums zuzuordnen

Thermus aquaticus: Hyperthermophiles Eubakterium, Lieferant einer häufig in der PCR verwendeten DNA-Polymerase

Thiomargarita namibiensis: Größter bekannter Prokaryot; die Perlen-ähnlichen Zellen haben Durchmesser von bis zu 750 µm und sind mit bloßem Auge erkennbar, wurden aber erst 1999 entdeckt. Schwefeloxidierer, der eine Vakuole enthält, in der Nitrat als Elektronenakzeptor akkumuliert ist (Abb. 3.14)

Thiobacillus: Gattung von Schwefel oxidierenden Bakterien, die meistens aerob atmen, manchmal auch denitrifizieren. Die meisten Vertreter sind strikt lithoautotroph, viele acidophil. Einige können auch Eisen oxidieren und sind an der mikrobiellen Erzlaugung beteiligt

Thioploca: Fädiges Schwefelbakterium von bis zu einigen Zentimetern Länge. Lebt in Maccaroni-ähnlichen Scheiden, die auf einer Strecke von 3 000 km dichte Rasen ($50 \, \mathrm{g \, m^{-2}}$) entlang der chilenischen Küste bilden. Die Zellen enthalten Vakuolen, in denen sie Nitrat (500 mM) akkumulieren. Sie pendeln in den Scheiden zwischen der Nitrat-haltigen Oberfläche und dem Sulfid-haltigen Untergrund, und leben lithotroph von der Oxidation von Sulfid gekoppelt an die Reduktion von Nitrat zu Ammonium

Thiovulum: Großes Schwefel oxidierendes Bakterium, dessen Populationen Schleier an der Sulfid-Sauerstoff-Grenzschicht in Gewässern bilden. Die Bakterien können sich durch Geißeln mit 600 µm pro Sekunde bewegen

Treponema pallidum: Spirochaet, Erreger der Syphilis

Trypanosoma: Gattung pathogener Protozoen, in manchen Stadien begeißelt, Erreger der Schlafkrankheit

Vorticella: Gattung sessiler Ciliaten, typisch für Belebtschlamm (Abb. 19.3)

Yersinia pestis: Erreger der Pest

Zymomonas mobilis: Zucker vergärendes Bakterium, produziert den Alkohol im mexikanischen Agaven-Schnaps Tequila. Der Zuckerabbauweg (KDPG-Weg) unterscheidet sich von dem der Hefe

Empfohlene Lehrbücher und weiter führende Literatur

Antranikian G (2005) Angewandte Mikrobiologie. Springer, Berlin Heidelberg New York Tokyo

Bast E (2001) Mikrobiologische Methoden. Spektrum, Heidelberg

Fuchs G, Schlegel HG (2006) Allgemeine Mikrobiologie, 8. Aufl. Thieme, Stuttgart

Fritsche W (2007) Mikrobiologie, 3. Aufl. Spektrum, Heidelberg

Gottschalk G (2009) Welt der Bakterien. Wiley-VCH

Madigan MT (2008) Mikrobiologie. Pearson, München

Munk K (Hrsg) (2008) Taschenlehrbuch Biologie. Mikrobiologie. Thieme, Stuttgart

Steinbüchel A, Oppermann-Sanio FB (2003) Mikrobiologisches Praktikum. Versuche und Theorie. Springer, Berlin Heidelberg New York Tokyo

Wöstemeyer J (2009) Mikrobiologie. UTB, Stuttgart

Hilfreiche Internet-Seiten

www.grundlagen-der-mikrobiologie.de
www.mikrobiologischer-garten.de
www.mikrobiologie-studieren.de

Index

Printing and Binding: Stürtz GmbH, Würzburg